중학
신입생
예비과정

과학

정답과 해설 PDF 파일은 EBS 중학사이트(mid.ebs.co.kr)에서 내려받으실 수 있습니다.

효과가 상상 이상입니다.

예전에는 아이들의 어휘 학습을 위해 학습지를 만들어 주기도 했는데,
이제는 이 교재가 있으니 어휘 학습 고민은 해결되었습니다.
아이들에게 아침 자율 활동으로 할 것을 제안하였는데,
"선생님, 더 풀어도 되나요?"라는 모습을 보면,
아이들의 기초 학습 습관 형성에도 큰 도움이 되고 있다고 생각합니다.

ㄷ초등학교 안00 선생님

어휘 공부의 힘을 느꼈습니다.

학습에 자신감이 없던 학생도 이미 배운 어휘가 수업에 나왔을 때 반가워합니다.
어휘를 먼저 학습하면서 흥미도가 높아지고
동기 부여가 되는 것을 보면서 어휘 공부의 힘을 느꼈습니다.

ㅂ학교 김00 선생님

학생들 스스로 뿌듯해해요.

처음에는 어휘 학습을 따로 한다는 것 자체가 부담스러워했지만,
공부하는 내용에 대해 이해도가 높아지는 경험을 하면서
스스로 뿌듯해하는 모습을 볼 수 있었습니다.

ㅅ초등학교 손00 선생님

앞으로도 활용할 계획입니다.

학생들에게 확인 문제의 수준이 너무 어렵지 않으면서도
교과서에 나오는 낱말의 뜻을 확실하게 배울 수 있었고,
주요 학습 내용과 관련 있는 낱말의 뜻과 용례를
정확하게 공부할 수 있어서 효과적이었습니다.

ㅅ초등학교 지00 선생님

학교 선생님들이 확인한
어휘가 문해력이다의 학습 효과!
직접 경험해 보세요

학기별 교과서 어휘 완전 학습
<어휘가 문해력이다>
예비 초등 ~ 중학 3학년

중학 신입생 예비과정

과학

Structure

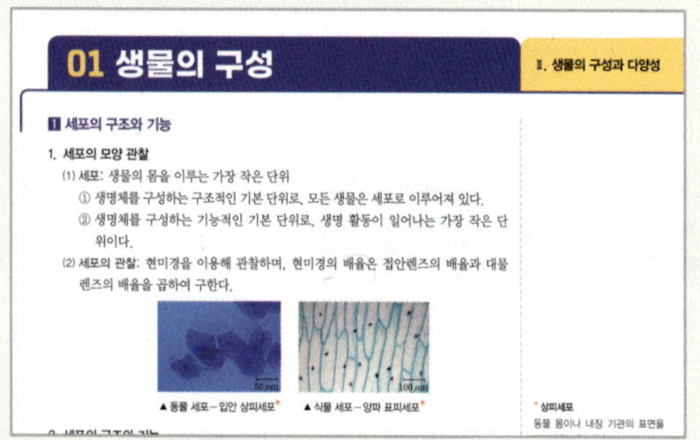

교과서 내용 정리

중학 과학의 핵심 개념을 꼼꼼히 정리할 수 있도록 구성하였고, 보조단의 보충 설명으로 주요 개념의 이해를 도왔습니다.

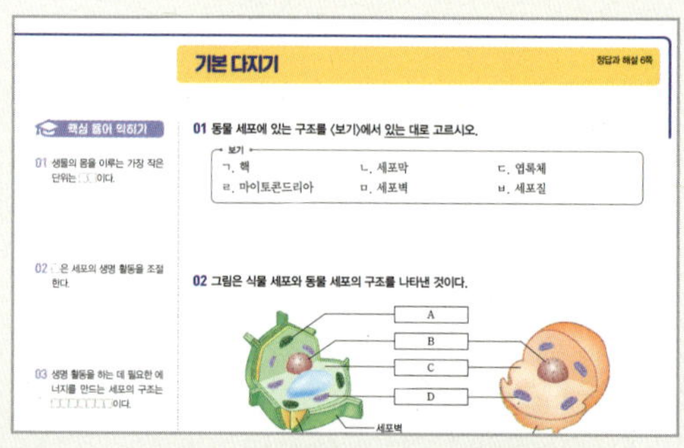

기본 다지기 & 핵심 용어 익히기

간단한 문제를 풀어보면서 주요 개념을 이해하였는지 확인하고, 빈칸 채우기 문제로 핵심 용어를 복습할 수 있도록 구성하였습니다.

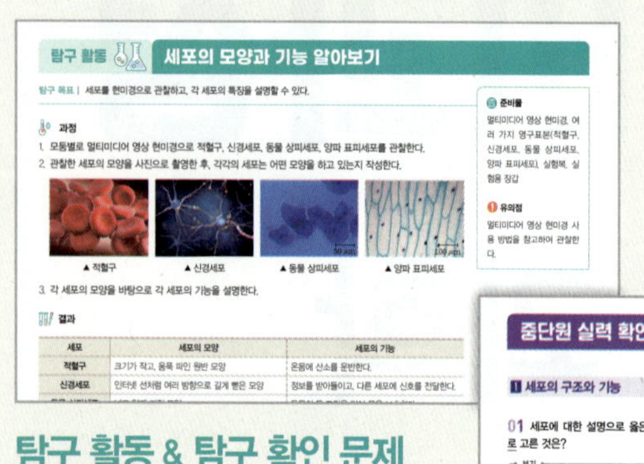

탐구 활동 & 탐구 확인 문제

탐구 활동을 통해 학습한 개념을 다시 한번 정리해 보고, 탐구 결과와 관련된 문제를 풀면서 문제 해결 능력을 키울 수 있도록 하였습니다.

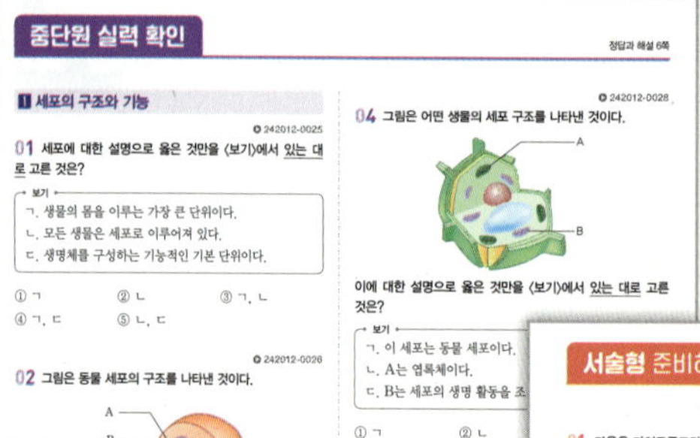

중단원 실력 확인

주제별 문제를 풀어보며 중단원의 주요 개념을 정리하고 학교 시험을 미리 준비할 수 있도록 하였습니다.

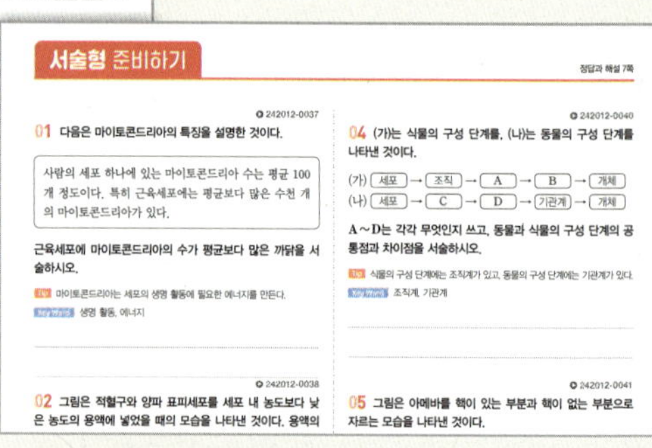

서술형 준비하기

수행평가를 대비할 수 있는 서술형, 논술형 문제로, 문제 풀이에 필요한 팁과 키워드를 함께 제시하였습니다.

Contents

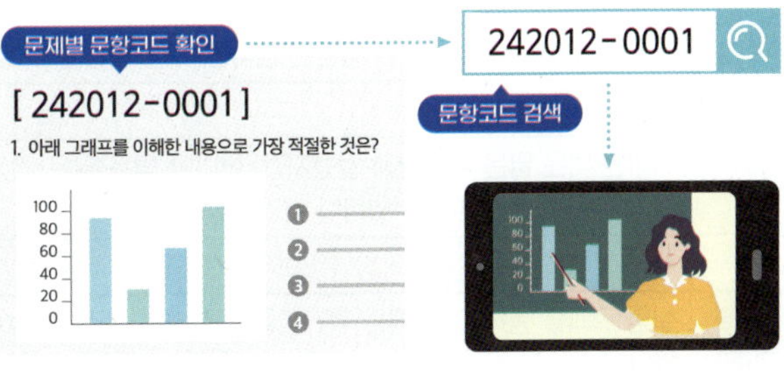

인공지능 DANCHOQ
푸리봇 문|제|검|색
EBS 중학사이트와 EBS 중학 APP 하단의
AI 학습도우미 푸리봇을 통해 문항코드를
검색하면 푸리봇이 해당 문제의 해설 강의를
찾아 줍니다.
문제별 문항코드 확인
242012-0001
[242012-0001]
1. 아래 그래프를 이해한 내용으로 가장 적절한 것은?
문항코드 검색

01 과학적 탐구

1 과학적 탐구 방법

1. 과학적 탐구

(1) 과학적 탐구*: 의문에 대한 답을 찾는 과학적 과정
　① 호기심을 갖고 주변에서 궁금한 점을 찾거나 의문을 품는 것으로부터 시작된다.
　② 과학에서는 궁금한 점이 생겼을 때 탐구를 통해 이를 해결한다.

(2) 탐구 활동
　① 조사: 책, 컴퓨터 등을 이용하여 필요한 정보를 찾는 활동이다.
　② 실험: 문제를 해결하기 위해 실행하는 모든 활동이다.
　③ 토의: 문제에 대한 해결 방법을 찾기 위해 의견을 교환하고 협의하는 활동이다.

2. 과학적 탐구 방법의 절차

(1) 과학적 탐구 방법의 절차

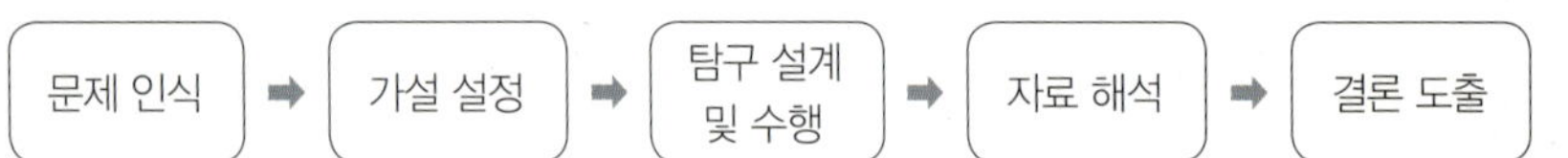

　① 문제 인식*: 현상을 관찰하고 의문을 갖는 과정으로, 문제에 대한 질문을 분명히 나타낸다.
　② 가설* 설정: 문제에 대한 잠정적인 해답을 세우는 과정이다.
　③ 탐구 설계*: 가설을 검증하기 위해 실험을 설계하는 과정으로, 탐구 과정과 준비물, 주의 사항을 정하고 변인 통제 계획을 세워야 한다.
　④ 탐구 수행*: 계획한 실험을 진행하는 과정으로, 실험 과정을 여러 번 반복하면 더 정확한 결과를 얻을 수 있다.
　⑤ 자료 해석*: 자료에서 어떤 경향이나 규칙성을 찾아내는 과정이다.
　⑥ 결론 도출*: 실험 결과를 종합하여 결론을 내리는 과정으로, 결론이 가설과 맞지 않다면 가설을 수정하여 탐구를 다시 설계한다.

(2) 과학적 탐구 방법의 예: 에이크만이 각기병*의 원인을 찾아내는 과정

문제 인식	각기병에 걸렸던 닭이 나은 것을 보고 '닭이 어떻게 나았을까?'하고 의문을 가졌다.
가설 설정	닭의 모이가 백미에서 현미로 바뀐 것을 알게 되어, '현미에는 각기병을 치료하는 물질이 들어 있을 것이다.'라는 가설을 세웠다.
탐구 설계 및 수행	닭을 두 집단으로 나누어 한 집단은 현미만, 다른 집단은 백미만 먹이로 주었다.
자료 해석	백미만 먹은 닭은 각기병에 걸렸지만, 현미만 먹은 닭은 건강했다. 또, 각기병에 걸린 닭에게 현미를 먹였더니 건강해졌다.
결론 도출	실험 결과를 통해 '현미에는 각기병을 치료하는 물질이 들어 있다.'고 결론지었다.

＊ 탐구
진리와 학문 따위를 파고들어 깊이 연구하는 것이다.

＊ 문제 인식
자연이나 일상생활의 현상을 관찰하여 궁금한 점을 찾고, 탐구 문제를 정한다.

＊ 가설
문제에 대한 잠정적인 해답이다. 가설은 예측 가능해야 하고, 참인지 거짓인지 실험이나 관측을 통해 확인할 수 있어야 한다.

＊ 탐구 설계
가설을 증명하기 위한 자료를 조사하고, 구체적인 실험을 계획한다.

＊ 탐구 수행
계획에 맞게 실험을 수행하면서 관찰, 측정, 조사한 자료를 수집한다.

＊ 자료 해석
수집한 자료를 모아 표나 그래프로 정리하여 해석한다.

＊ 결론 도출
해석한 자료를 이용하여 탐구의 결론을 내리고 공유한다.

＊ 각기병
바이타민 B_1이 부족하여 일어나는 영양실조 증상이다.

기본 다지기

01 □□□ □□는 의문에 대한 답을 찾는 과학적 과정이다.

02 과학에서는 궁금한 점이 생겼을 때 □□를 통해 이를 해결한다.

03 문제에 대한 잠정적인 해답을 □□이라고 한다.

04 □□ □□는 가설을 검증하기 위해 실험을 설계하는 과정이다.

05 자료 해석은 □□에서 어떤 경향이나 □□□을 찾아내는 과정이다.

06 실험 결과를 종합하여 결론을 내리는 과정을 □□ □□이라고 한다.

---

01 과학적 탐구 방법의 절차에 포함되는 것만을 〈보기〉에서 있는 대로 고르시오.

> 보기
> ㄱ. 문제 인식   ㄴ. 가설 설정   ㄷ. 주의 사항
> ㄹ. 탐구 설계   ㅁ. 결론 도출

02 다음에서 설명하고 있는 탐구 활동은 무엇인지 쓰시오.

(1) 책, 컴퓨터 등을 이용하여 필요한 정보를 찾는 활동이다. (   )

(2) 문제에 대한 해결 방법을 찾기 위해 서로 의견을 교환하고 협의하는 활동이다.
(   )

03 다음은 과학적 탐구 방법의 절차를 순서대로 나타낸 것이다. 빈칸에 들어갈 알맞은 단계를 쓰시오.

> 문제 인식 → (   ) → 탐구 설계 → 탐구 수행 → 자료 해석 → (   )

04 과학적 탐구 방법의 절차에 대한 설명으로 옳은 것은 ○표, 옳지 않은 것은 ×표를 하시오.

(1) 가설은 실험을 통해 확인 가능해야 한다. (   )

(2) 자연 현상을 관찰하여 궁금한 점을 찾고 탐구 문제를 정한다. (   )

(3) 탐구를 수행할 때 측정한 내용이 예상과 다르면 고치거나 빼도록 한다. (   )

(4) 결론 도출 단계에서는 해석한 자료와 가설을 비교하여 결론을 내린다. (   )

② 탐구 계획서 작성

1. 탐구 문제를 정할 때 생각할 점

(1) 스스로 탐구 수행이 가능해야 한다.

(2) 탐구는 구체적이고 범위가 좁아야 한다.

(3) 탐구 내용이 분명히 드러나야 한다.

2. 탐구 계획서

(1) 탐구 계획서* 작성하기

① 탐구 문제: 일상생활에서 궁금한 점이나 의문점을 토대로 탐구해 보고 싶은 문제를 정한다.

② 가설*: 탐구 문제에 관한 가설을 설정한다.

③ 실험 과정*: 같게 할 조건과 다르게 할 조건(변인*), 관찰하거나 측정해야 할 것 등을 논의하고, 실험 과정을 구체적으로 정한다.

④ 준비물: 탐구에 필요한 실험 기구, 재료 등을 적는다.

⑤ 예상되는 결과: 탐구 결과를 예상하고, 그렇게 생각한 까닭을 적는다.

⑥ 주의 사항*: 탐구 결과가 잘 나오게 하는 방법이나 안전 사고가 일어나지 않기 위해 주의해야 할 점을 적는다.

(2) 탐구 계획서 작성의 예

탐구 문제	막대자석 두 개를 길게 이어 붙이면 막대자석 한 개보다 클립이 더 많이 붙을까?
가설	막대자석 두 개를 길게 이어 붙이면 막대자석 한 개보다 클립이 더 많이 붙을 것이다.
실험 과정	1. 막대자석 한 개를 클립 더미에 가까이 가져갔다가 들어 올려 자석에 붙은 클립의 개수를 세고, 이 과정을 두 번 더 반복한다. 2. 막대자석 두 개를 길게 이어 붙인 것을 클립 더미에 가까이 가져갔다가 들어 올려 자석에 붙은 클립의 개수를 세고, 이 과정을 두 번 더 반복한다.
준비물	크기가 같은 막대자석 두 개, 클립 여러 통
예상되는 결과	막대자석 두 개를 길게 이어 붙이면 막대자석 한 개보다 클립이 두 배 더 많이 붙을 것 같다.
주의 사항	막대자석과 클립은 모양과 크기가 동일한 것을 사용한다.

탐구 문제	물체가 햇빛을 받을 때 물체의 색깔에 따라 온도 변화가 다를까?
가설	물체가 햇빛을 받으면 검은색, 파란색, 흰색 순으로 온도가 높아질 것이다.
실험 과정	1. 유리컵 3개를 각각 검은색, 파란색, 흰색 색종이로 감싼다. 2. 각 컵에 물을 100 mL씩 넣은 후 처음 물의 온도를 잰다. 3. 컵 3개를 햇빛이 잘 비치는 곳에 놓아둔 후 각 컵에 든 물의 온도를 1시간 간격으로 2시간 동안 잰다.
준비물	유리컵 3개, 비커, 상온의 물, 색종이(검은색, 파란색, 흰색), 디지털 온도계
예상되는 결과	물체의 색깔이 진할수록 물체의 온도가 더 높아질 것 같다.
주의 사항	유리컵을 깨뜨리지 않게 주의한다.

*** 탐구 계획서**

탐구 계획서는 과학적 탐구 방법의 요소를 포함하여 다양한 방식으로 작성할 수 있다.

*** 가설 설정 시 유의점**

가설은 쉽고 간결하게 표현하고, 설정한 가설이 맞는지 탐구로 확인할 수 있어야 한다.

*** 실험 과정**

실험 과정을 작성할 때는 실험 결과를 비교할 수 있는 기준이 되는 집단과 실험 조건을 변경한 집단을 설정하여 비교하는 실험이 될 수 있도록 작성한다.

*** 변인**

실험 결과에 영향을 주는 조건을 변인이라고 한다. 실험에서 다르게 할 조건과 같게 할 조건을 확인하고 통제하는 것을 변인 통제라고 한다.

*** 주의 사항**

실험 결과에 영향을 줄 수 있는 모든 요소를 고려하여 주의 사항을 작성한다.

기본 다지기

07 ☐☐ ☐☐를 정할 때에는 탐구하고 싶은 내용을 구체적으로 나타내야 하고, 스스로 탐구할 수 있어야 한다.

08 ☐☐은 쉽고 간결하게 표현하고, 설정한 가설이 맞는지 ☐☐로 확인할 수 있어야 한다.

09 ☐☐ 과정은 구체적으로 작성한다.

10 실험 결과에 영향을 주는 조건을 ☐☐이라고 한다.

11 실험 과정을 작성할 때는 ☐☐ 할 조건과 ☐☐☐ 할 조건을 정한다.

05 탐구 문제를 정할 때 고려할 점으로 옳은 것만을 〈보기〉에서 있는 대로 고르시오.

> 보기
> ㄱ. 탐구할 내용이 분명하게 드러나는가?
> ㄴ. 선생님이 흥미를 가지는 문제인가?
> ㄷ. 실제로 수행할 수 있는 탐구인가?
> ㄹ. 우리 몸에 해로운 영향을 주지 않는가?

06 다음은 탐구 계획서의 일부를 나타낸 것이다. 빈칸에 들어갈 알맞은 말을 쓰시오.

(㉠)	땅에 떨어뜨린 탄산음료 캔을 언제 열면 음료가 흘러넘치지 않을까?
가설	탄산음료 캔을 흔들고 5분 뒤에 캔을 열면 음료가 흘러넘치지 않을 것이다.
(㉡)	탄산음료 캔을 같은 횟수로 흔들고 10초씩 시간을 늦춰 가면서 열어 본다.
(㉢)	탄산음료 캔, 초시계

07 탐구 계획서에 포함되는 내용과 설명을 옳게 연결하시오.

(1) 탐구 문제 •　　　　　• ㉠ 탐구 문제에 대한 잠정적인 해답

(2) 가설 •　　　　　• ㉡ 탐구 문제를 해결하기 위한 실험 방법

(3) 실험 과정 •　　　　　• ㉢ 탐구 결과에 대한 예상

(4) 예상되는 결과 •　　　　　• ㉣ 실험할 때 주의해야 할 점

(5) 주의 사항 •　　　　　• ㉤ 탐구해 보고 싶은 문제

08 탐구 계획서 작성에 대한 설명으로 옳은 것은 ○표, 옳지 <u>않은</u> 것은 ×표를 하시오.

(1) 가설은 어렵고 복잡하게 작성한다. （　　　）

(2) 같게 할 조건과 다르게 할 조건을 논의하고 정한다. （　　　）

(3) 스스로 탐구할 수 없는 것도 탐구 문제가 될 수 있다. （　　　）

(4) 과학적 탐구 방법의 요소를 포함하여 다양한 방식으로 작성할 수 있다. （　　　）

탐구 목표 | 탐구 문제를 해결하기 위해 탐구 계획서를 작성할 수 있다.

과정

1. 모둠별로 일상생활에서 경험한 내용 중 과학적으로 탐구하고 싶은 문제를 정한다.
   - 정해진 기간 내에 끝낼 수 있는지, 실제로 수행할 수 있는 탐구인지 등을 고려한다.
2. 탐구 문제를 해결하려면 어떤 것들을 알아야 하는지 조사하고 가설을 설정한다.
3. 탐구 문제를 해결하기 위한 방법과 과정을 자세히 적는다.
   - 모둠이 설정한 가설을 확인하기 위해 통제해야 할 조건(다르게 할 조건, 같게 할 조건)과 측정해야 할 것을 찾는다.
4. 준비물과 주의 사항을 확인한다.
5. 탐구 계획서를 작성하여 공유 플랫폼에 올리고 발표한다.

준비물
스마트 기기, 연필, 지우개, 공책, 참고 자료

유의점
1. 탐구 계획서를 작성할 때 안전한 실험이 될 수 있도록 계획한다.
2. 실험 과정을 구체적으로 작성한다.

결과

예

탐구 문제	종이비행기의 날개 크기에 따라 비행 시간이 어떻게 달라질까?
가설	종이비행기의 날개 크기가 클수록 비행 시간이 길어질 것이다.
실험 과정	1. 크기가 다른 종이로 각각 종이비행기를 접는다. 이때 종이비행기를 접는 방법은 같게 한다. 2. 각 종이비행기의 날개 길이를 측정한다. 3. 종이비행기를 각각 날리고 비행 시간을 10회씩 측정한다. 4. 종이비행기 각각의 평균 비행 시간을 구한다.
준비물	A4 용지, 칼, 30 cm 자, 초시계
주의 사항	종이비행기를 날리는 방법이나 던지는 힘의 세기를 같게 한다.

정리

다른 모둠의 탐구 계획서를 확인하고, 탐구 계획이 적절한지 평가한다.

탐구 확인 문제

정답과 해설 2쪽

1. 위 탐구 과정에서 같게 한 조건은 무엇인지 쓰시오.

2. 위 탐구 과정에서 다르게 한 조건은 무엇인지 쓰시오.

3. 과학적 탐구에 대한 설명으로 옳은 것만을 〈보기〉에서 있는 대로 고르시오.

〈 보기 〉
ㄱ. 가설은 예측 가능해야 한다.
ㄴ. 실험을 할 때에는 같게 할 조건을 통제한다.
ㄷ. 해석한 자료와 처음 설정한 가설이 일치하지 않으면 가설을 다시 설정하여 탐구를 수행할 수 있다.
ㄹ. 실험 결과를 조금 수정하는 것은 괜찮다.

1 과학적 탐구 방법

▶ 242012-0001

01 다음은 과학적 탐구 방법의 절차를 순서 없이 나타낸 것이다.

(가) 가설 설정하기
(나) 문제 인식하기
(다) 결론 도출하기
(라) 자료 해석하기
(마) 탐구 설계 및 수행하기

(가)~(마)를 과학적 탐구 방법의 절차에 맞게 순서대로 나열한 것은?

① (가) → (나) → (라) → (마) → (다)
② (나) → (가) → (마) → (라) → (다)
③ (나) → (라) → (가) → (마) → (다)
④ (라) → (가) → (마) → (나) → (다)
⑤ (라) → (나) → (가) → (마) → (다)

▶ 242012-0002

02 가설에 대한 설명으로 옳은 것만을 〈보기〉에서 있는 대로 고른 것은?

보기
ㄱ. 예측이 가능하지 않아야 한다.
ㄴ. 실험을 통해 확인할 수 있어야 한다.
ㄷ. 탐구 문제에 대한 잠정적인 해답이다.

① ㄱ
② ㄴ
③ ㄱ, ㄴ
④ ㄱ, ㄷ
⑤ ㄴ, ㄷ

▶ 242012-0003

03 탐구 설계 및 수행 단계에 대한 설명으로 옳은 것은?

① 가설을 설정한다.
② 한 번만 실시해야 한다.
③ 실험 결과와 가설의 일치 여부를 확인한다.
④ 수집한 자료를 모아 표나 그래프로 정리한다.
⑤ 실험을 할 때에는 계획에 따라 실험하고, 그 결과를 사실대로 기록한다.

▶ 242012-0004

04 다음은 에이크만이 각기병의 원인을 찾아내는 과정의 한 단계에 대한 설명이다.

전에는 닭을 기르는 사람이 백미를 먹이로 주고 있었으나, 바뀐 사람이 현미를 주었더니 각기병에 걸린 닭이 건강을 되찾았다. 에이크만은 '각기병에 걸린 닭을 낫게 한 것은 무엇이었을까?'라고 생각하였다.

과학적 탐구 방법의 절차 중 이 단계에 해당하는 것은?

① 문제 인식
② 가설 설정
③ 결론 도출
④ 자료 해석
⑤ 탐구 수행

▶ 242012-0005

05 다음은 세균 A가 우유를 상하게 하는지 알아보기 위해 수행한 과학적 탐구를 순서 없이 나열한 것이다.

(가) 세균 A는 우유를 상하게 한다.
(나) 세균 A를 넣은 우유는 상하였고 세균 A가 많이 관찰되었으나, 세균 A를 넣지 않은 우유에서는 아무런 변화가 없었다.
(다) 세균 A가 우유를 상하게 하였을 것이라고 가정하였다.
(라) 완전히 멸균한 우유가 든 병 두 개를 준비하였다. 한 병에만 상한 우유에서 분리한 세균 A를 넣고, 두 병 모두 적당한 온도를 유지하였다.

과학적 탐구 방법의 절차에 맞게 순서대로 나열하시오.

▶ 242012-0006

06 다음은 과학적 탐구 방법의 절차 중 한 단계에 대한 설명이다.

• 수집한 자료를 모아 표나 그래프로 정리한다.
• 자료에서 어떤 경향이나 규칙성을 찾아내는 과정이다.

이 단계에 해당하는 것은?

① 문제 인식
② 가설 설정
③ 탐구 수행
④ 자료 해석
⑤ 결론 도출

2 탐구 계획서 작성

▶ 242012-0007

07 탐구 문제를 정할 때 생각할 점에 대한 설명으로 옳은 것만을 〈보기〉에서 있는 대로 고른 것은?

> **보기**
> ㄱ. 스스로 탐구 수행이 가능해야 한다.
> ㄴ. 탐구 내용이 분명히 드러나야 한다.
> ㄷ. 실험할 때 주의 사항을 생각한다.

① ㄱ   ② ㄴ   ③ ㄱ, ㄴ
④ ㄱ, ㄷ   ⑤ ㄴ, ㄷ

▶ 242012-0008

08 탐구 계획서 작성에 대한 설명으로 옳지 <u>않은</u> 것은?

① 구체적으로 작성한다.
② 정해진 방식으로만 작성한다.
③ 탐구 문제에 관한 가설을 설정한다.
④ 과학적 탐구 방법의 요소를 포함한다.
⑤ 안전한 실험이 될 수 있도록 계획한다.

▶ 242012-0009

09 다음은 소화효소 X가 녹말을 분해한다는 것을 확인하기 위한 탐구 과정의 일부를 나타낸 것이다.

> [탐구 설계 및 수행]
> 같은 양의 녹말 용액이 들어 있는 시험관 Ⅰ과 Ⅱ에 표와 같이 물질을 첨가한 다음 37 ℃로 유지하였다.
>
> | 시험관 | Ⅰ | Ⅱ |
> |---|---|---|
> | 첨가한 물질 | 소화효소 X | 증류수 |
>
> [탐구 결과]
> 시험관 Ⅰ에서만 녹말이 분해되었다.

같게 한 조건과 다르게 한 조건을 옳게 짝 지은 것은?

	같게 한 조건	다르게 한 조건
①	온도	소화효소 X의 첨가
②	온도	녹말의 양
③	소화효소 X의 첨가	온도
④	소화효소 X의 첨가	녹말의 양
⑤	녹말의 양	온도

▶ 242012-0010

10 다음은 탐구 계획서의 일부를 나타낸 것이다.

탐구 문제	같은 모양의 모래시계가 측정하는 시간이 각각 다른 까닭은 무엇일까?
(가)	모래의 양에 따라 모래시계가 측정하는 시간이 다를 것이다.
실험 과정	1. 초시계로 각 모래시계의 모래가 모두 떨어지는 데 걸린 시간을 측정한다. 2. 모래시계 안 모래의 양을 저울로 측정한다.

(가)에 해당하는 것은?

① 가설   ② 준비물   ③ 주의 사항
④ 같게 할 조건   ⑤ 다르게 할 조건

▶ 242012-0011

11 종이비행기의 날개 길이에 따라 비행하는 시간이 달라지는지 알아보기 위한 탐구를 하려고 한다. 이 탐구에서 다르게 할 조건으로 옳은 것은?

① 종이비행기를 접는 방법
② 종이비행기의 날개 길이
③ 종이비행기를 날리는 방법
④ 종이비행기를 접는 종이의 종류
⑤ 종이비행기를 던지는 힘의 세기

▶ 242012-0012

12 다음은 감자의 색 변화에 대한 탐구 과정의 일부를 나타낸 것이다.

> [가설] 노란색 감자는 빛을 받으면 초록색으로 변할 것이다.
> [탐구 설계 및 수행] 표와 같이 실험을 설계하고 일정 시간이 지난 뒤 관찰하였다.
>
> | 구분 | 놓아둔 감자의 종류 | 빛 | 온도 |
> |---|---|---|---|
> | 상자 A | (가) | 빛을 비춤. | 25 ℃ |
> | 상자 B | 노란색 감자 | (나) | 25 ℃ |

(가)와 (나)에 들어갈 내용을 옳게 짝 지은 것은?

	(가)	(나)
①	초록색 감자	빛을 비춤.
②	초록색 감자	빛을 비추지 않음.
③	노란색 감자	빛을 비춤.
④	노란색 감자	빛을 비추지 않음.
⑤	노란색 감자와 초록색 감자	빛을 비춤.

01 다음은 모기와 관련하여 철수가 품게 된 의문이다.

▶ 242012-0013

> 철수는 향수를 뿌린 사람이 그렇지 않은 사람보다 모기에 더 잘 물린다는 신문 기사를 읽고, '향수 냄새가 모기를 유인하는 역할을 하지 않을까?'라고 의문을 품게 되었다.

철수의 의문을 해결하기 위한 가설을 서술하시오.

Tip 가설은 의문에 대한 잠정적인 해답이다.　　Key Word 향수 냄새, 모기

---

02 다음은 일상생활에서 발견한 탐구 문제이다.

▶ 242012-0014

> 마당에서 잘 자라던 식물 화분을 집 안에 들여놓았더니 며칠 후 식물이 시들었다. 빛의 세기에 따라 식물이 자라는 정도가 다르다고 생각하여 이를 탐구해 보려고 한다.

위 탐구를 설계할 때 다르게 할 조건과 같게 할 조건을 서술하시오.

Tip 빛의 세기 조건은 다르게 하고 나머지 조건은 모두 같게 한다.
Key Word 빛의 세기

---

03 다음은 과학적 탐구 과정의 일부이다.

▶ 242012-0015

> '소화효소 X가 녹말을 분해할 것이다.'라고 생각하고 같은 양의 녹말 용액이 들어 있는 시험관 Ⅰ에는 증류수를, 시험관 Ⅱ에는 소화효소 X를 넣고, 37 ℃에서 10분간 반응시켰더니 시험관 Ⅱ에서만 녹말이 분해되었다.

위 탐구 과정의 결론을 서술하시오.

Tip 소화효소 X를 넣은 시험관에서만 녹말이 분해되었다.
Key Word 소화효소 X, 녹말, 분해

---

04 콩이 싹 트는 데 수분이 미치는 영향을 알아보기 위하여 A, B 두 개의 화분에 콩을 심고 다음과 같은 탐구를 설계하였다.

▶ 242012-0016

화분	장소	온도	수분
A	양지 바른 곳	25 ℃	마른 상태
B	양지 바른 곳	5 ℃	습한 상태

위 탐구 설계에서 잘못된 부분을 찾아 바르게 고치고, 그 까닭을 서술하시오.

Tip 실험 과정에서는 같게 할 조건과 다르게 할 조건을 논의하고 정한다.
Key Word 온도, 변인 통제

---

05 다음은 과학적 탐구 과정의 일부이다.

▶ 242012-0017

> 방에서 키운 식물이 거실에서 키운 식물보다 더 느리게 자라는 것을 발견하고 식물이 자라는 정도가 다른 까닭이 궁금해졌다. 의문을 해결하기 위해 같은 종류의 식물 화분을 2개 준비하였다. 한 개는 햇빛이 잘 들게 하고 나머지 한 개는 햇빛이 잘 들지 않게 한 뒤, 같은 양의 물을 주며 자라는 정도를 비교하였다.

위 탐구 과정에서 설정한 가설을 서술하시오.

Tip 햇빛 조건만 다르게 하고 식물이 자라는 정도를 비교하였다.
Key Word 햇빛

---

06 땅에 떨어뜨린 탄산음료 캔을 언제 열면 음료가 넘치지 않을지 알아보기 위한 탐구를 하려고 한다. 이 탐구에서 같게 할 조건을 3가지 서술하시오.

▶ 242012-0018

Tip 캔을 여는 시간은 다르게 하고 나머지 조건은 모두 같게 한다.
Key Word 캔의 온도, 캔의 모양, 떨어뜨리는 높이

02 인류의 지속가능한 삶

1 과학과 인류 문명

1. 인류 문명에 영향을 준 과학 원리

과학 원리 (과학자)	내용	인류 문명에 끼친 영향
태양 중심설 (코페르니쿠스)	지구와 다른 행성들은 태양 주위를 돌고 있다고 주장하였다.	지구가 우주의 중심이라고 생각하던 우주관이 변화되었다.
세포 발견(훅)	현미경으로 세포를 관찰하였다.	생물체를 바라보는 시각이 변화되었다.
만유인력 법칙 (뉴턴)	질량을 가진 물체 사이에는 서로 끌어당기는 힘이 작용한다.	자연현상을 이해하고 예측하는 토대를 마련하였다.
전자기 유도 (패러데이)	코일 속에서 자석을 움직이면 유도 전류*가 흐른다.	전기 에너지를 생활에 사용할 수 있게 되었다.

2. 인류 문명에 영향을 끼친 과학기술

과학기술 분야	인류 문명에 끼친 영향
인쇄	• 금속 활자를 이용한 인쇄술 개발로 책의 대량 인쇄가 가능해져 새로운 사상과 지식이 널리 퍼졌다. • 전자 출판의 발달로 다양한 분야의 출판물이 생산되고 자료 검색이 편리해졌다.
산업 및 교통	• 증기 기관*을 사용하는 기계의 개발로 기계가 물건을 생산하는 산업 사회로 변화하였다. • 증기 기관차의 개발로 물자와 사람의 이동이 빨라져 상업이 발달하였다. • 자동차, 비행기의 개발로 먼 곳까지 더욱 빠르게 이동이 가능해졌다.
농업	• 암모니아 합성법*의 개발로 질소 비료를 대량 생산하게 되어 농업 생산량이 늘어나 식량 문제 해결에 기여하였다. • 생명공학을 이용해 농산품의 품종을 개량하였다.
정보 통신	• 전파를 이용한 무선 통신 개발로 전화기, 텔레비전, 스마트폰 등이 생활에서 편리하게 사용되었다. • 인터넷의 발달로 실시간으로 세계 곳곳의 정보를 쉽고 빠르게 교환할 수 있게 되었다. • 지식의 발전 속도가 빨라졌다.
의료	• 백신과 항생제*가 개발되어 많은 질병의 예방 및 치료가 가능해져 인류의 평균 수명 연장에 기여하였다. • 질병의 진단 기술이 발달해 치료와 예방이 쉬워졌다.

3. 기기의 발명과 인류 문명

(1) **망원경**: 관측을 통해 우주 속 지구의 위치를 파악하여 지구 중심적인 사고에서 벗어나 다양한 관점을 가지게 되었다.

(2) **현미경**: 눈으로 볼 수 없는 세포, 미생물들을 관찰하여 질병의 원인을 찾아내고 의약품을 개발하게 되었다.

(3) **컴퓨터**: 방대한 양의 정보를 처리하는 속도가 비약적으로 빨라졌다.

4. 과학과 다양한 분야의 관계: 과학은 기술, 공학, 예술, 수학 등 여러 분야와 밀접하게 연관된다.

예 초고층 건물, 아치 모양 건축물, 불꽃놀이 등에서 과학과 기술, 공학, 예술, 수학의 융합을 찾아볼 수 있다.

*** 유도 전류**

전자기 유도 현상에 의해 회로에 흐르는 전류이다.

*** 증기 기관**

물을 끓일 때 만들어지는 수증기를 이용해 피스톤을 움직이게 하는 장치를 증기 기관이라고 한다.

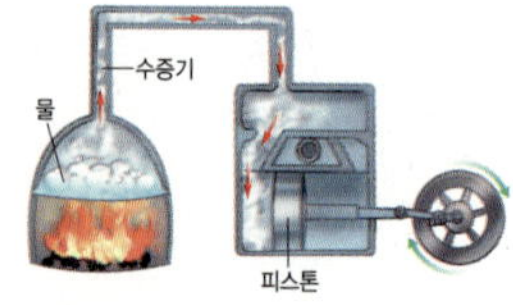

*** 암모니아 합성법**

공기 중에 존재하는 수소 기체와 질소 기체를 이용해 암모니아를 대량으로 합성하는 방법으로 1909년에 하버가 개발하였다.

*** 항생제**

세균의 번식을 억제하거나 죽여서 세균 감염을 치료하는 데 사용되는 약물이다. 최초의 항생제는 푸른곰팡이로부터 발견한 페니실린이다.

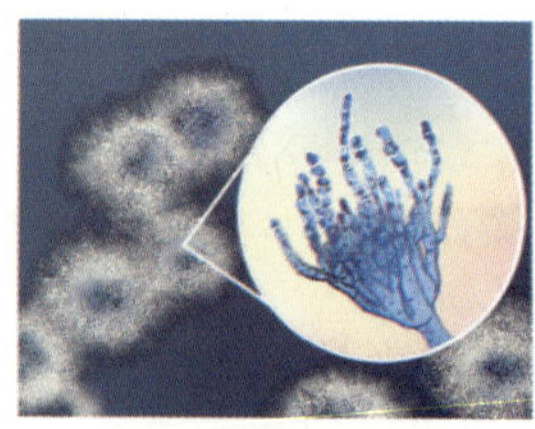

▲ 푸른곰팡이

기본 다지기

핵심 용어 익히기

01 태양 중심설, 만유인력 법칙, 전자기 유도 등은 인류 문명 발전에 영향을 준 □□ □□ 이다.

02 금속 활자를 이용한 □□□이 개발되어 새로운 사상과 지식이 널리 퍼지게 되었다.

03 □□ □□을 사용하는 기계가 개발되어 공장에서 물건의 대량 생산이 가능하게 되었고, 증기 기관차의 개발로 인해 교통이 발달하게 되었다.

04 암모니아 합성 방법의 개발로 □□ 비료가 대량 생산되어 농업 생산량이 크게 늘어나게 되었다.

05 □□과 항생제가 개발되어 많은 질병의 예방과 치료가 가능해졌다.

06 □□□의 발명으로 우주를 폭넓게 관측하게 되었고, 우주에 대한 관점도 혁명적으로 변화하게 되었다.

01 다음에서 설명하고 있는 인류 문명에 영향을 준 과학 원리를 쓰시오.

> 코페르니쿠스는 자신이 관측하고 계산한 자료를 토대로 지구와 다른 행성들은 태양 주위를 돌고 있다고 주장하였다.

(   )

02 과학의 발달이 인류 문명에 끼친 영향을 옳게 연결하시오.

(1) 금속 활자 개발 •　　　　　• ㉠ 기계가 물건을 생산하는 사회로 변화하였다.

(2) 전자기 유도 •　　　　　• ㉡ 새로운 사상과 지식이 널리 퍼졌다.

(3) 증기 기관 발명 •　　　　　• ㉢ 농업 생산량이 크게 늘어났다.

(4) 암모니아 합성 •　　　　　• ㉣ 전기 에너지를 생활에 사용하게 되었다.

03 인류 문명에 영향을 끼친 과학기술에 대한 설명으로 옳은 것은 ○표, 옳지 <u>않은</u> 것은 ×표를 하시오.

(1) 인터넷의 발달로 인쇄술이 발달하였다. (   )

(2) 증기 기관의 발달로 공업과 교통이 발달했다. (   )

(3) 항생제의 개발로 질병을 치료할 수 있게 되었다. (   )

(4) 인쇄술의 발달로 새로운 사상과 지식이 널리 퍼지게 되었다. (   )

04 다음은 인류 문명에 영향을 끼친 과학의 발달에 대한 설명이다.

> • 눈으로 볼 수 없는 세포나 미생물들을 (㉠)(으)로 관찰하여, 질병의 원인을 찾아내고 이를 치료할 수 있는 의약품이 개발되었다.
> • (㉡)의 합성 방법을 발견한 이후 질소 비료가 대량으로 생산되어 농산물의 생산량이 크게 늘었다.

㉠과 ㉡에 들어갈 알맞은 말을 쓰시오.

2 미래 사회의 변화와 지속가능한 과학기술

1. 첨단 과학기술*이 가져올 미래 사회의 변화

(1) 첨단 과학기술의 이용 사례

첨단 과학기술	이용 사례	첨단 과학기술	이용 사례
인공지능* 기술	• 산업현장에서 사람을 대신하여 위험한 일을 처리해 주는 인공지능 로봇 • 사람이 직접 운전하지 않아도 주변 상황을 인식하여 주행하는 자율 주행 자동차	우주항공 기술	• 무인 항공기의 한 종류인 드론을 의학, 과학, 예술 등 다양한 분야에서 활용 • 로켓이 우주로 날아가는 과정에서 분리된 로켓을 회수해 재활용
로봇공학 기술	• 로봇을 이용해 자동차나 전자 제품을 조립 • 의료 분야에서 수술 보조 로봇을 활용 • 가정에서 로봇 청소기, 반려 동물 로봇, 간병 로봇 등을 이용	나노 기술*	• 자연에 존재하는 나노 구조나 물질을 모사한 제품 개발 • 가볍고 강도가 강하며 유연성까지 갖춘 소재로 만든 휘어지는 디스플레이 개발 • 혈관에 넣어 병원균을 제거하는 나노 로봇
생명공학 기술	• 유전자 재조합 기술*을 활용한 잘 무르지 않는 토마토나 해충에 잘 견디는 콩 개발 • 바이오 의약품*과 같은 유용한 의약품 개발 • 여러 재료를 이용해 인공적으로 만든 인공 장기	정보 통신 기술	• 통신망으로 연결된 사물이 주변 상황에 맞추어 스스로 일을 하는 사물 인터넷 기술* • 방대한 정보를 분석하여 활용하는 빅데이터 기술 • 증강 현실과 가상 현실* 구현

(2) 첨단 과학기술이 가져올 미래 사회 변화의 예

① 에어 택시, 하이퍼루프*, 태양광 비행기, 우주 여객선 등의 첨단 수송 수단으로 안전하고 편안하면서도 빠른 이동이 가능하다.

② 3D 프린팅 기술을 이용해 본인만의 음식, 집, 본인에게 맞는 인체 조직 등을 만들어 사용한다.

③ 자율 주행 자동차가 보편화되고, 드론을 택배, 재난 구조 등 다양한 분야에서 활용한다.

2. 인류의 지속가능한 삶

(1) 지속가능발전

① 과학기술의 발달로 인류 문명은 발전했지만 환경 오염, 자원 고갈, 기상 이변 등의 다양한 문제가 발생한다.

② 지속가능발전: 현재 세대가 여러 가지 발전을 진행하면서도 미래 세대가 이용할 환경과 자원을 훼손하지 않는 형태의 발전을 뜻한다.

(2) 지속가능한 삶을 위한 방안

① 환경 보호와 경제 개발을 함께 추구하는 목표를 달성하기 위해서는 과학기술의 역할이 더욱 강조된다. 예 환경 보호를 위한 전기차나 신재생 에너지 활용 등

② 지속가능한 삶을 위해서는 개인과 사회의 실천이 중요하다.

＊ 첨단 과학기술

이전에 사용하던 전통적인 과학기술과 구별되는 새로운 과학기술로, 미래 사회에 큰 영향을 줄 수 있다.

＊ 인공지능

인간이 하는 사고, 학습 등의 지능적인 행동을 모방하여 컴퓨터가 스스로 전문적인 작업을 하거나 인간 고유의 지식 활동을 하는 시스템이다.

＊ 나노 기술

물질이 나노(10억분의 1)미터 크기로 작아지면 물질 고유의 성질이 바뀌어 새로운 특성을 갖는 것을 이용해 다양한 소재나 제품을 만드는 기술이다.

＊ 유전자 재조합 기술

특정 생물의 유용한 유전자를 다른 생물의 DNA에 끼워 넣어 재조합 DNA를 만드는 기술이다.

＊ 바이오 의약품

생명체의 단백질이나 호르몬 같은 물질을 사용하여 만드는 의약품으로, 화학 의약품에 비해 부작용이 적고 약효가 뛰어나다.

＊ 사물 인터넷 기술의 이용 사례

• 사용자의 위치를 파악해 냉난방기가 집안 온도를 자동으로 조절해 준다.

• 냉장고에 들어 있는 식품을 확인하여 인터넷으로 필요한 재료를 주문해 준다.

＊ 증강 현실과 가상 현실

• 증강 현실: 현실 세계에 가상의 정보가 실제 존재하는 것처럼 팝업 형태로 덧붙여 겹치게 보여 주는 기술이다.

• 가상 현실: 컴퓨터상에서 가상으로 만들어진 세계를 마치 현실처럼 체험하도록 하는 기술이다.

＊ 하이퍼루프

열차 통로를 진공 튜브형으로 설계하여 튜브 속에서 캡슐 형태의 열차를 운행하는 초고속 열차 시스템이다.

기본 다지기

07 이전에 사용하던 전통적인 과학기술과 구별되는 새로운 과학기술을 □□ □□기술이라고 한다.

08 □□□□ 기술을 이용해 잘 무르지 않는 토마토나 바이오 의약품을 만들어 이용할 수 있다.

09 □□ 기술을 이용하여 휘어지는 디스플레이를 개발하거나, 혈관 속에 넣는 나노 로봇을 만들어 질병을 치료할 수 있다.

10 미래에는 사람이 직접 운전하지 않아도 다양한 감지기로 주변 상황을 인식하여 주행하는 □□ □□ 자동차가 보편화될 것이다.

11 현재 세대가 여러 가지 발전을 진행하면서도 미래 세대가 이용할 환경과 자원을 훼손하지 않는 형태의 □□□□발전이 필요하다.

---

05 다음에서 설명하고 있는 첨단 과학기술을 쓰시오.

> 물질을 10억분의 1 m 수준의 아주 작은 크기에서 조작하고 제어하는 기술로, 이 기술을 활용하여 연잎의 표면을 모방한 물에 젖지 않는 옷, 휘어지는 디스플레이, 우주 엘리베이터 등을 개발할 수 있다.

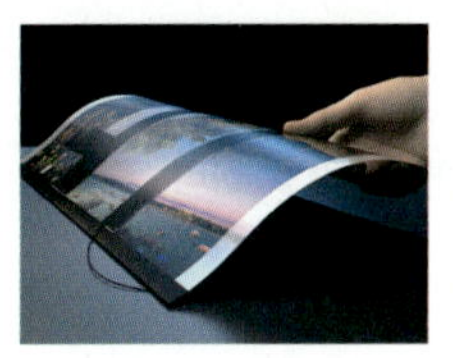

(   )

06 첨단 과학기술과 이용 사례를 옳게 연결하시오.

(1) 생명공학 기술 •　　　　• ㉠ 발사 과정에서 분리된 로켓을 회수해 재활용

(2) 우주항공 기술 •　　　　• ㉡ 증강 현실과 가상 현실을 구현

(3) 정보 통신 기술 •　　　　• ㉢ 해충에 강한 콩이나 인공 장기 개발

07 첨단 과학기술의 발달로 미래 사회에 나타날 변화의 모습에 대한 설명으로 옳은 것은 ○표, 옳지 <u>않은</u> 것은 ×표를 하시오.

(1) 자율 주행 자동차와 드론은 안전상의 문제로 사용하지 않게 될 것이다.

(   )

(2) 공장뿐 아니라 가정이나 의료 현장에서도 로봇을 다양하게 활용할 것이다.

(   )

(3) 에어 택시, 태양광 비행기 등 첨단 수송 수단이 등장하여 더욱 빠르고 안전하게 이동이 가능해진다.

(   )

08 지속가능한 삶을 위해 개인이 실천할 수 있는 방안만을 〈보기〉에서 <u>있는 대로</u> 고르시오.

> **보기**
>
> ㄱ. 재활용 및 분리배출　　　　ㄴ. 국제 협력
> ㄷ. 녹지 및 생태 공원 조성　　　ㄹ. 대중교통 이용
> ㅁ. 에너지 절약　　　　　　　ㅂ. 신재생 에너지 개발

탐구 목표 | 첨단 과학기술이 미래 사회에 어떤 변화를 가져올지 설명할 수 있다.

🗐 준비물

스마트 기기

🌡 과정

1. 다양한 첨단 과학기술 분야 중 관심 있는 한 가지 분야를 선택한다.
2. 스마트 기기를 이용하여 선택한 첨단 과학기술이 미래 사회에 어떤 변화를 가져올 수 있는지 조사한다.

🧪 결과 및 정리

첨단 과학기술	미래 사회의 모습
로봇공학 기술	• 산업용 로봇이 인간을 대신해 작업을 한다. • 인간이 견딜 수 없는 극한 환경에서 작업용 로봇이 대신 일을 한다.
생명공학 기술	• 개인의 유전적 특성을 분석해 질병 발생을 미리 예측한다. • 기후 변화에 적응한 새로운 작물을 개발해 재배한다.
우주항공 기술	• 호버크라프트가 실용화되어 교통 수단이 다양화된다. • 우주 관광을 통해 우주 환경을 체험한다.
나노 기술	• 의료용 나노 로봇을 이용하여 암세포만 추적하여 치료한다. • 머리카락 굵기의 초소형 칩에 대용량 정보를 담을 수 있다.
정보 통신 기술	• 사물 인터넷이 적용된 스마트 자동차가 실시간으로 자동차 외부와 정보를 공유할 수 있다. • 증강 현실 교육자료를 이용해 보다 현실감 있고 흥미롭게 학습한다.

▲ 첨단 과학기술로 변화된 미래 사회의 모습

탐구 확인 문제

정답과 해설 5쪽

1. 위 활동 결과에 대한 설명으로 옳은 것만을 〈보기〉에서 있는 대로 고르시오.

> **보기**
> ㄱ. 로봇 공학 기술의 발전으로 사람들은 보다 안전한 환경에서 작업하게 될 것이다.
> ㄴ. 정보 통신 기술의 발달로 초소형 칩에 대량의 정보를 담을 수 있게 된다.
> ㄷ. 나노 기술이 발달하여 기존에 없던 다양한 기능의 물질이 개발되고 있다.

2. 다음에서 설명하는 내용과 관계있는 첨단 과학기술 분야를 쓰시오.

> • 부작용이 적고 약효가 뛰어난 바이오 의약품을 이용할 수 있게 된다.
> • 해충에 잘 견디는 작물이 개발되어 작물의 생산이 늘어나게 된다.

1 과학과 인류 문명

● 242012-0019

01 다음의 과학 원리가 인류 문명에 끼친 영향으로 옳은 것은?

> 코일 속에서 자석을 움직이면 코일에 유도 전류가 흐른다.

① 전기를 생산하고 활용하게 되었다.
② 인류의 평균 수명이 크게 증가했다.
③ 생명체에 대한 시각이 달라지게 되었다.
④ 지구 중심의 우주관이 변화하게 되었다.
⑤ 자연을 객관적으로 설명할 수 있게 되었다.

● 242012-0020

02 다음에서 설명하는 인류 문명에 영향을 끼친 과학기술을 쓰시오.

> 18세기 영국에서는 물을 끓여 얻은 수증기를 이용하여 피스톤을 움직이는 장치가 발명되어 이를 기계의 동력원으로 사용하게 되었다. 이 장치를 이용한 기계가 물건을 생산하게 되면서, 사회는 수공업 중심의 사회에서 산업 사회로 변화하게 되었다.

(   )

2 미래 사회의 변화와 지속가능한 과학기술

● 242012-0021

03 첨단 과학기술로 변화될 미래 사회의 모습에 대한 설명으로 옳지 않은 것은?

① 드론은 소수의 사람들이 한정된 분야에서만 사용할 것이다.
② 개인 맞춤형 질병 치료가 가능하여 보다 건강한 삶을 살 수 있을 것이다.
③ 사람과 교감하는 반려동물 로봇, 간병 로봇 등이 생활에 사용될 것이다.
④ 인공지능 기술을 이용한 자율 주행 자동차로 편리하게 이동할 수 있을 것이다.
⑤ 하이퍼루프와 같은 운송 수단이 등장해 더욱 빠르게 먼 거리를 갈 수 있을 것이다.

● 242012-0022

04 인류의 지속가능한 삶에 대한 설명으로 옳지 않은 것은?

① 환경 보호와 경제 개발을 함께 추구해야 한다.
② 지속가능발전을 위해 과학기술의 역할이 중요해진다.
③ 지속가능한 삶을 위해서는 국제적인 협력이 필요하다.
④ 개인과 사회 차원의 노력이 있어야 지속가능한 삶이 가능하다.
⑤ 현재의 발전을 위해서 미래 세대가 이용할 자원을 훼손할 수 있다.

서술형 준비하기   정답과 해설 5쪽

● 242012-0023

01 다음에서 설명하는 과학기술이 인류 문명의 발전에 어떤 영향을 끼쳤는지 서술하시오.

> 하버는 공기 중의 질소 기체와 수소 기체를 이용해 대량으로 암모니아를 합성하는 방법을 개발하여 1918년 노벨상을 수상했다.

Tip 암모니아 합성법의 개발은 농업에 큰 영향을 끼쳤다.
Key Word 비료, 농업 생산량

● 242012-0024

02 다음에서 설명하는 기술이 무엇인지 쓰고, 이 기술을 이용한 사례를 한 가지 서술하시오.

> 사람이 따로 명령하지 않아도 주변의 사물들이 센서와 통신 기능을 가지고 인터넷으로 연결되어 서로 정보를 주고받으며 일을 할 수 있다.

Tip 사물이 통신망으로 연결되어 정보를 생산하고 융합할 수 있는 기술이다.
Key Word 사물, 기술

1 세포의 구조와 기능

1. 세포의 모양 관찰

(1) 세포: 생물의 몸을 이루는 가장 작은 단위

　① 생명체를 구성하는 구조적인 기본 단위로, 모든 생물은 세포로 이루어져 있다.

　② 생명체를 구성하는 기능적인 기본 단위로, 생명 활동이 일어나는 가장 작은 단위이다.

(2) 세포의 관찰: 현미경을 이용해 관찰하며, 현미경의 배율은 접안렌즈의 배율과 대물렌즈의 배율을 곱하여 구한다.

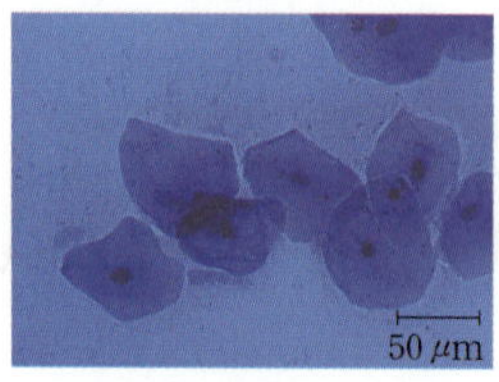

▲ 동물 세포 — 입안 상피세포*

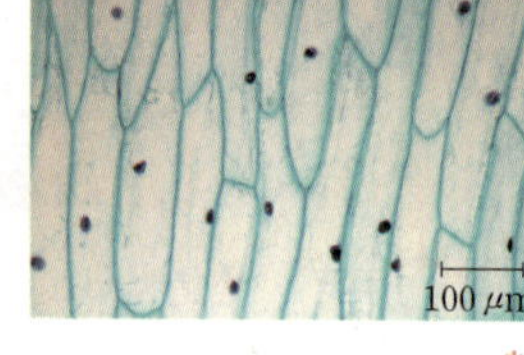

▲ 식물 세포 — 양파 표피세포*

2. 세포의 구조와 기능

(1) 세포의 구조와 기능

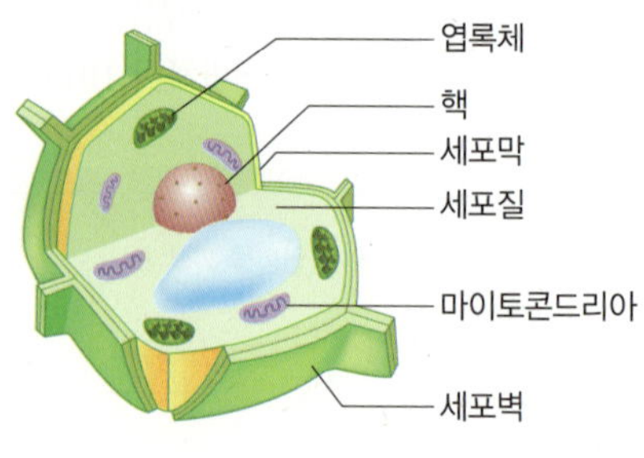

▲ 식물 세포*

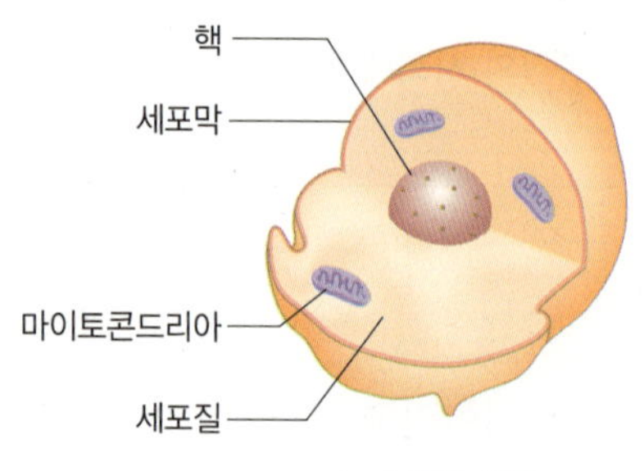

▲ 동물 세포

　① 핵: 세포의 생명 활동을 조절한다.

　② 엽록체: 광합성으로 영양분을 만든다.

　③ 마이토콘드리아*: 생명 활동을 하는 데 필요한 에너지를 만든다.

　④ 세포막: 세포를 둘러싸고 있는 막으로, 물질의 출입을 조절한다.

　⑤ 세포질: 세포의 안쪽을 채우는 부분으로, 여러 생명 활동이 일어난다.

　⑥ 세포벽: 세포막 바깥을 둘러싸는 부분으로, 세포를 보호하고 모양을 일정하게 유지한다.

(2) 세포의 종류에 따른 특징

　① 신경세포*: 나뭇가지처럼 사방으로 길게 뻗은 모양으로, 몸에서 발생하는 신호를 전달한다.

　② 상피세포: 넓고 얇게 퍼진 모양으로, 피부를 이루고 외부로부터 몸을 보호한다.

　③ 적혈구*: 움푹 파인 원반 모양으로, 온몸으로 산소를 운반한다.

*** 상피세포**
동물 몸이나 내장 기관의 표면을 덮고 있는 세포이다.

*** 표피세포**
식물 몸의 표면을 덮고 있는 세포이다.

*** 식물 세포**
동물 세포와 달리 엽록체와 세포벽이 있다.

*** 마이토콘드리아**
마이토콘드리아에서 만들어진 에너지는 동물이 움직이거나 식물이 싹을 틔우는 데 쓰인다.

*** 신경세포**

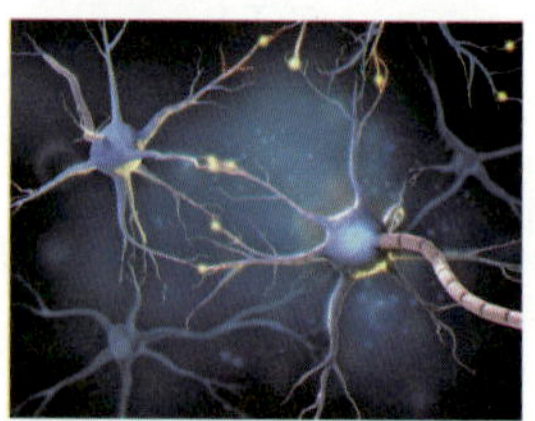

*** 적혈구**

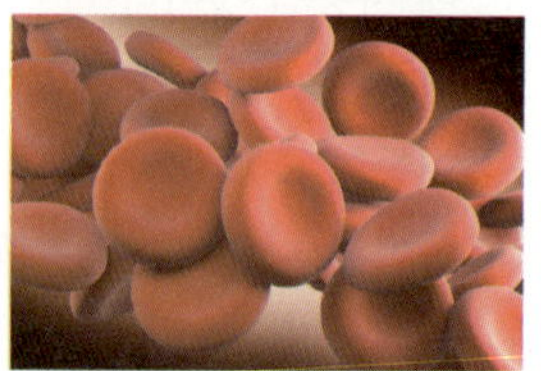

기본 다지기

01 생물의 몸을 이루는 가장 작은 단위는 □□이다.

02 □은 세포의 생명 활동을 조절한다.

03 생명 활동을 하는 데 필요한 에너지를 만드는 세포의 구조는 □□□□□□이다.

04 □□□는 광합성으로 영양분을 만든다.

05 세포를 둘러싸고 있는 막으로, 물질의 출입을 조절하는 것은 □□□이다.

06 □□□은 세포의 안쪽을 채우는 부분으로, 여러 생명 활동이 일어난다.

07 세포막 바깥을 둘러싸는 부분으로, 세포를 보호하고 모양을 일정하게 유지하는 것은 □□□이다.

01 동물 세포에 있는 구조를 〈보기〉에서 있는 대로 고르시오.

보기
ㄱ. 핵   ㄴ. 세포막   ㄷ. 엽록체
ㄹ. 마이토콘드리아   ㅁ. 세포벽   ㅂ. 세포질

02 그림은 식물 세포와 동물 세포의 구조를 나타낸 것이다.

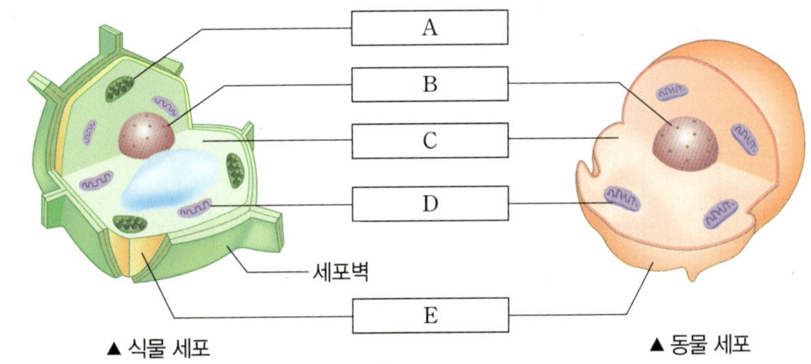

A~E의 명칭을 각각 쓰시오.

03 다음에서 설명하는 세포는 무엇인지 쓰시오.

(1) 몸에서 발생하는 신호를 전달한다. ( )
(2) 식물 몸의 표면을 덮고 있는 세포이다. ( )
(3) 움푹 파인 원반 모양으로 온몸으로 산소를 운반한다. ( )
(4) 동물 몸이나 내장 기관의 표면을 덮고 있는 세포이다. ( )

04 다음에서 설명하는 세포의 구조는 무엇인지 쓰시오.

(1) 광합성으로 영양분을 만든다. ( )
(2) 세포의 생명 활동을 조절한다. ( )
(3) 생명 활동을 하는 데 필요한 에너지를 만든다. ( )
(4) 세포를 둘러싸고 있는 막으로, 물질의 출입을 조절한다. ( )
(5) 세포막 바깥을 둘러싸는 부분으로, 세포를 보호하고 모양을 일정하게 유지한다.
( )

2 생물의 유기적 구성

1. 생물의 유기적 구성
(1) 생물의 몸을 구성하는 요소 하나의 문제가 개체* 전체에 영향을 줄 수 있다.
(2) 생물을 구성하는 모든 요소는 유기적*으로 기능하며, 이를 유기적 구성이라고 한다.

2. 동물의 구성 단계
(1) 동물은 모양과 기능이 비슷한 세포들이 모여 조직을 이룬다.
(2) 여러 조직이 모여 특정한 형태와 기능을 나타내는 기관을 이룬다.
(3) 연관된 기능을 하는 여러 기관이 모여 기관계를 이룬다.
(4) 기능이 서로 다른 여러 기관계가 모여 하나의 개체를 이룬다.

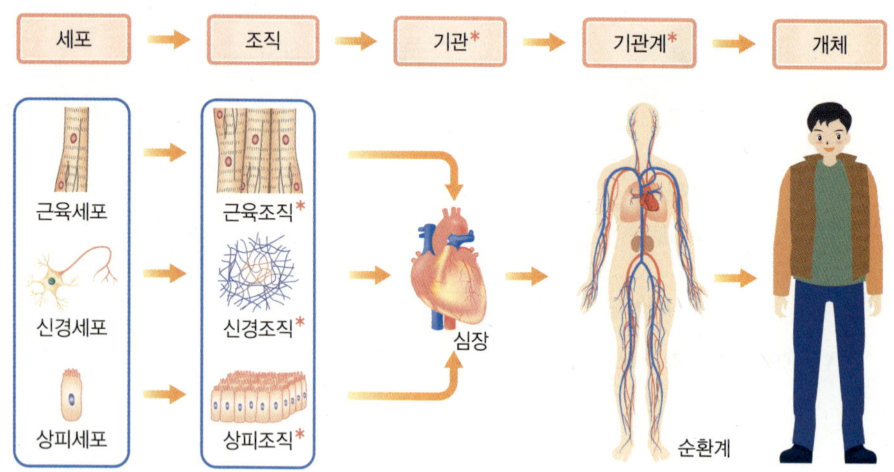

3. 식물의 구성 단계
(1) 식물은 모양과 기능이 비슷한 세포들이 모여 조직을 이룬다.
(2) 조직이 모여 조직계를 이루고, 조직계가 모여 기관을 이룬다.
(3) 기관이 모여 하나의 개체를 이룬다.

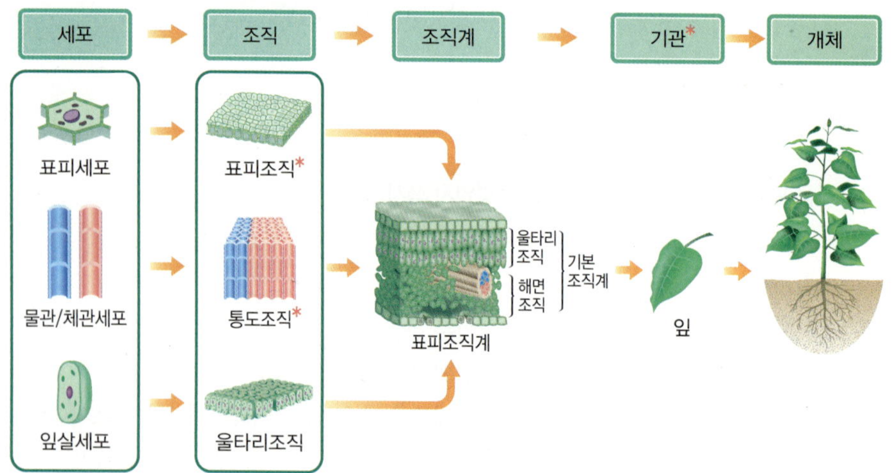

---

* **개체**
세포들이 모여 조직과 기관을 이루며 생존에 필요한 구조적, 기능적 특징을 갖춘 독립된 하나의 생물체이다.

* **유기적**
여러 요소가 서로 영향을 주고받으며 전체를 구성하고 있는 것을 말한다.

* **근육조직**
근육세포로 구성되며, 몸의 근육을 구성하는 조직이다.

* **신경조직**
신경세포로 구성되며, 자극을 받아들이고 신호를 전달하는 기능을 하는 조직이다.

* **상피조직**
몸 바깥을 덮거나, 몸속 기관의 안쪽 표면을 덮고 있는 조직이다.

* **동물의 기관**
뇌, 심장, 콩팥, 간, 폐, 이자 등이 있다.

* **동물의 기관계**
소화계, 순환계, 호흡계, 배설계, 내분비계, 면역계, 신경계, 생식계 등이 있다.

* **표피조직**
식물의 표면을 덮고 있는 조직이다.

* **통도조직**
물과 양분의 이동 통로가 되는 조직이며, 물관과 체관이 있다.

* **식물의 기관**
뿌리, 줄기, 잎과 같은 영양기관과 꽃, 열매와 같은 생식기관이 있다.

기본 다지기

핵심 용어 익히기

08 동물은 모양과 기능이 비슷한 ☐☐들이 모여 조직을 이룬다.

09 동물은 조직이 모여 특정한 형태와 기능을 나타내는 ☐☐을 이룬다.

10 동물은 여러 기관이 모여 ☐☐☐를 이룬다.

11 식물은 모양과 기능이 비슷한 세포들이 모여 ☐☐을 이룬다.

12 식물은 조직이 모여 ☐☐☐를 이룬다.

13 식물은 ☐☐이 모여 하나의 개체를 이룬다.

05 빈칸에 알맞은 생물의 구성 단계를 쓰시오.

(1) 동물의 구성 단계: 세포 → (　　　　　) → 기관 → (　　　　　) → 개체

(2) 식물의 구성 단계: (　　　　　) → 조직 → (　　　　　) → 기관 → 개체

06 다음에서 설명하는 생물의 구성 단계를 쓰시오.

(1) 동물의 구성 단계에는 있지만, 식물의 구성 단계에는 없다. (　　　　　)

(2) 식물의 구성 단계에는 있지만, 동물의 구성 단계에는 없다. (　　　　　)

07 동물의 구성 단계를 옳게 연결하시오.

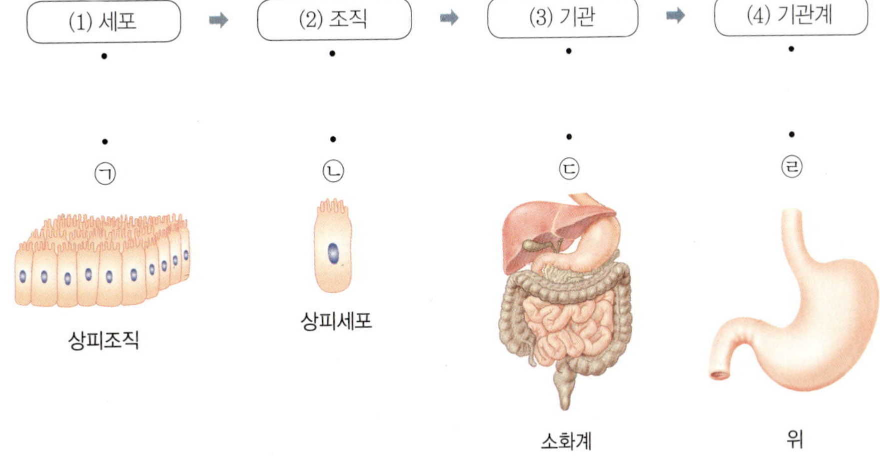

08 생물의 구성 단계에 대한 설명으로 옳은 것은 ○표, 옳지 <u>않은</u> 것은 ×표를 하시오.

(1) 식물의 잎은 조직계 단계에 해당한다. (　　　　　)

(2) 모양과 기능이 비슷한 세포가 모여 기관을 이룬다. (　　　　　)

(3) 생물을 구성하는 모든 요소는 서로 영향을 주고받는다. (　　　　　)

(4) 동물의 조직에는 상피조직, 근육조직, 신경조직 등이 있다. (　　　　　)

탐구 활동 · 세포의 모양과 기능 알아보기

탐구 목표 | 세포를 현미경으로 관찰하고, 각 세포의 특징을 설명할 수 있다.

과정

1. 모둠별로 멀티미디어 영상 현미경으로 적혈구, 신경세포, 동물 상피세포, 양파 표피세포를 관찰한다.
2. 관찰한 세포의 모양을 사진으로 촬영한 후, 각각의 세포는 어떤 모양을 하고 있는지 작성한다.

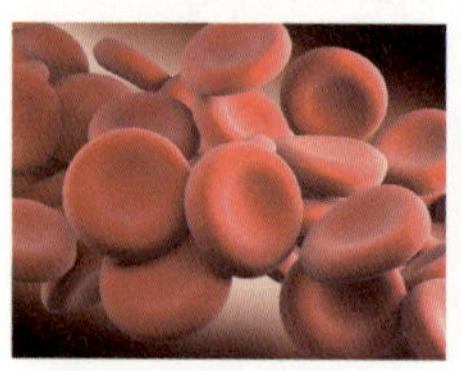
▲ 적혈구

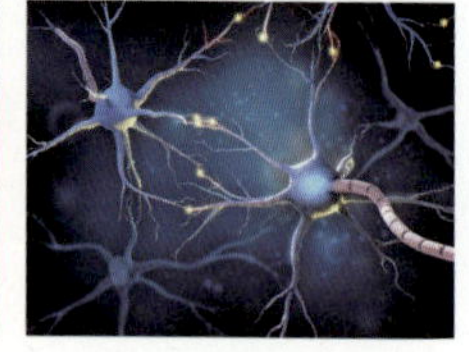
▲ 신경세포

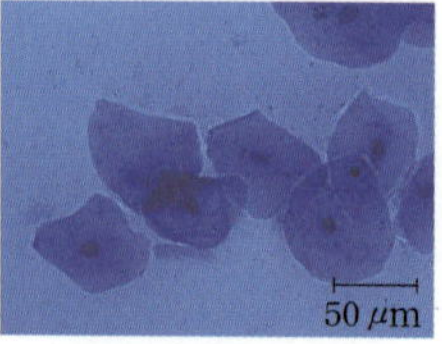

▲ 동물 상피세포

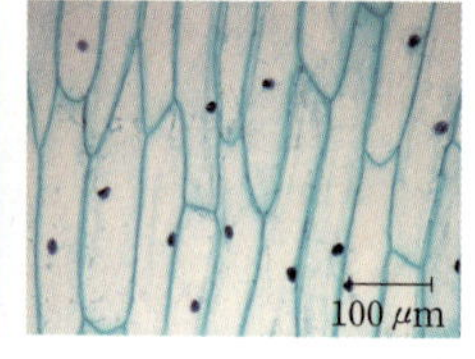

▲ 양파 표피세포

3. 각 세포의 모양을 바탕으로 각 세포의 기능을 설명한다.

준비물

멀티미디어 영상 현미경, 여러 가지 영구표본(적혈구, 신경세포, 동물 상피세포, 양파 표피세포), 실험복, 실험용 장갑

유의점

멀티미디어 영상 현미경 사용 방법을 참고하여 관찰한다.

결과

세포	세포의 모양	세포의 기능
적혈구	크기가 작고, 움푹 파인 원반 모양	온몸에 산소를 운반한다.
신경세포	인터넷 선처럼 여러 방향으로 길게 뻗은 모양	정보를 받아들이고, 다른 세포에 신호를 전달한다.
동물 상피세포	넓고 얇게 퍼진 모양	동물의 몸 표면을 덮어 몸을 보호한다.
양파 표피세포	납작하여 식물의 바깥쪽을 감싸기에 적합한 모양	식물의 표면을 덮어 식물을 보호한다.

정리

1. 각각의 세포는 모양과 기능이 모두 다르다.
2. 다양한 종류의 세포는 각각의 역할을 하기에 알맞은 모양이다.
3. 생물은 특징이 다른 다양한 세포로 이루어져 있어 여러 가지 생명 활동을 할 수 있다.

탐구 확인 문제

정답과 해설 6쪽

1. 위 실험 결과 여러 방향으로 길게 뻗은 모양을 하고 있는 세포는 무엇인지 쓰시오.

2. 위 실험 결과 피부를 이루고 외부로부터 몸을 보호하는 기능을 하는 세포는 무엇인지 쓰시오.

3. 위 실험 결과에 대한 설명으로 옳은 것만을 〈보기〉에서 있는 대로 고르시오.

> **보기**
> ㄱ. 적혈구는 움푹 파인 원반 모양이다.
> ㄴ. 신경세포는 몸에서 발생하는 신호를 전달한다.
> ㄷ. 동물의 몸을 구성하는 세포는 모두 모양이 같다.

1 세포의 구조와 기능

◐ 242012-0025

01 세포에 대한 설명으로 옳은 것만을 〈보기〉에서 있는 대로 고른 것은?

> **보기**
> ㄱ. 생물의 몸을 이루는 가장 큰 단위이다.
> ㄴ. 모든 생물은 세포로 이루어져 있다.
> ㄷ. 생명체를 구성하는 기능적인 기본 단위이다.

① ㄱ　　　　② ㄴ　　　　③ ㄱ, ㄴ
④ ㄱ, ㄷ　　　⑤ ㄴ, ㄷ

◐ 242012-0026

02 그림은 동물 세포의 구조를 나타낸 것이다.

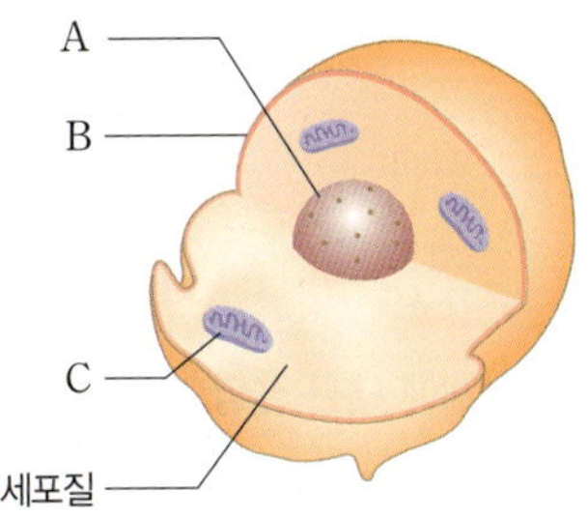

이에 대한 설명으로 옳은 것만을 〈보기〉에서 있는 대로 고른 것은?

> **보기**
> ㄱ. A는 핵이다.
> ㄴ. B는 세포를 둘러싸고 있는 막이다.
> ㄷ. C에서 광합성이 일어난다.

① ㄱ　　　　② ㄴ　　　　③ ㄱ, ㄴ
④ ㄱ, ㄷ　　　⑤ ㄴ, ㄷ

◐ 242012-0027

03 세포의 구조에 대한 설명으로 옳지 않은 것은?

① 식물 세포에는 엽록체가 있다.
② 핵은 세포의 생명 활동을 조절한다.
③ 세포막은 세포벽 바깥을 둘러싸는 부분이다.
④ 세포질은 핵과 세포막 사이를 채우는 부분이다.
⑤ 마이토콘드리아에서 만들어진 에너지를 생명체가 사용한다.

◐ 242012-0028

04 그림은 어떤 생물의 세포 구조를 나타낸 것이다.

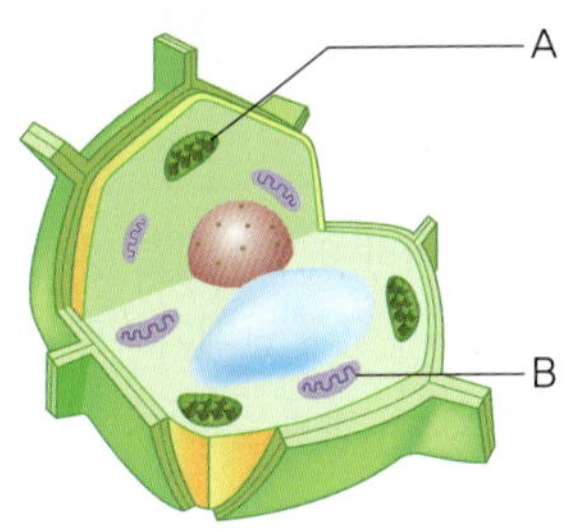

이에 대한 설명으로 옳은 것만을 〈보기〉에서 있는 대로 고른 것은?

> **보기**
> ㄱ. 이 세포는 동물 세포이다.
> ㄴ. A는 엽록체이다.
> ㄷ. B는 세포의 생명 활동을 조절한다.

① ㄱ　　　　② ㄴ　　　　③ ㄱ, ㄴ
④ ㄱ, ㄷ　　　⑤ ㄴ, ㄷ

◐ 242012-0029

05 다음에서 설명하는 세포의 구조를 쓰시오.

> • 세포를 보호한다.
> • 세포의 모양을 일정하게 유지한다.
> • 동물 세포에는 없고, 식물 세포에만 있다.

◐ 242012-0030

06 다음은 생물을 이루는 세포를 설명한 것이다.

> (가) 몸에서 발생하는 신호를 전달한다.
> (나) 피부를 이루고 외부로부터 몸을 보호한다.
> (다) 식물 몸의 표면을 덮고 있다.

(가)~(다)에 해당하는 세포를 옳게 짝 지은 것은?

	(가)	(나)	(다)
①	상피세포	신경세포	표피세포
②	상피세포	표피세포	신경세포
③	표피세포	신경세포	상피세포
④	신경세포	표피세포	상피세포
⑤	신경세포	상피세포	표피세포

② 생물의 유기적 구성

▶ 242012-0031

07 생물의 유기적 구성에 대한 설명으로 옳은 것만을 〈보기〉에서 있는 대로 고른 것은?

보기
ㄱ. 생물을 구성하는 여러 요소가 서로 영향을 주고받는다.
ㄴ. 생물의 몸은 세포가 모여 단계적으로 구성된다.
ㄷ. 식물의 구성 단계는 '세포 → 조직 → 기관 → 기관계 → 개체'이다.

① ㄱ　　　　② ㄴ　　　　③ ㄱ, ㄴ
④ ㄱ, ㄷ　　　⑤ ㄴ, ㄷ

▶ 242012-0032

08 생물의 구성 단계와 그 예가 옳지 않은 것은?

① 세포 − 표피세포　　② 조직 − 상피조직
③ 조직계 − 관다발조직계　④ 기관 − 사람
⑤ 기관계 − 소화계

▶ 242012-0033

09 그림은 사람의 구성 단계를 나타낸 것이다.

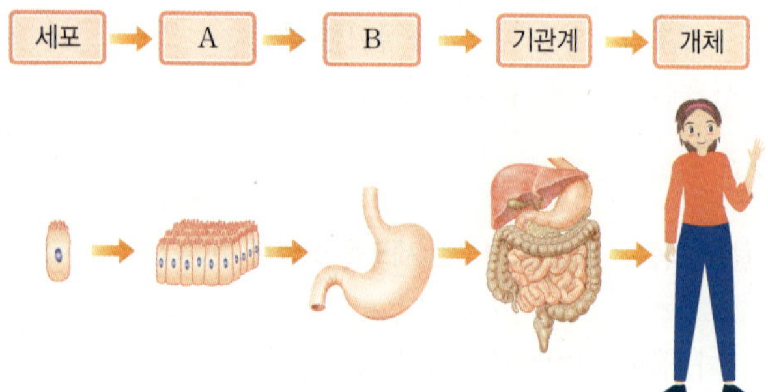

이에 대한 설명으로 옳은 것만을 〈보기〉에서 있는 대로 고른 것은?

보기
ㄱ. A는 조직이다.
ㄴ. B는 구조와 기능이 비슷한 조직들의 모임인 조직계이다.
ㄷ. 순환계와 호흡계는 기관계에 해당한다.

① ㄱ　　　　② ㄴ　　　　③ ㄱ, ㄴ
④ ㄱ, ㄷ　　　⑤ ㄴ, ㄷ

▶ 242012-0034

10 다음은 동물의 조직을 설명한 것이다.

(가) 몸의 근육을 구성하는 조직이다.
(나) 몸속 기관의 안쪽 표면을 덮고 있는 조직이다.
(다) 자극을 받아들이고 신호를 전달하는 기능을 하는 조직이다.

(가)~(다)에 해당하는 동물의 조직을 옳게 짝 지은 것은?

	(가)	(나)	(다)
①	근육조직	상피조직	신경조직
②	근육조직	신경조직	상피조직
③	신경조직	근육조직	상피조직
④	신경조직	상피조직	근육조직
⑤	상피조직	신경조직	근육조직

▶ 242012-0035

11 식물의 구성 단계에 대한 설명으로 옳지 않은 것은?

① 해바라기의 꽃은 기관이다.
② 물관은 관다발조직계를 이룬다.
③ 여러 기관이 모여 하나의 개체가 된다.
④ 비슷한 조직들이 모여 기관을 이룬다.
⑤ 조직은 모양과 기능이 비슷한 세포들로 이루어진다.

▶ 242012-0036

12 생물의 구성 단계가 나머지와 다른 것은?

① 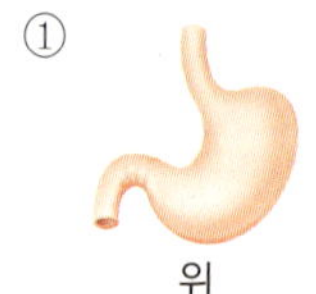
위

② 
잎

③ 
상피조직

④ 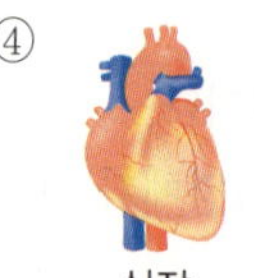
심장

⑤ 
줄기

01 다음은 마이토콘드리아의 특징을 설명한 것이다.

242012-0037

> 사람의 세포 하나에 있는 마이토콘드리아 수는 평균 100개 정도이다. 특히 근육세포에는 평균보다 많은 수천 개의 마이토콘드리아가 있다.

근육세포에 마이토콘드리아의 수가 평균보다 많은 까닭을 서술하시오.

Tip 마이토콘드리아는 세포의 생명 활동에 필요한 에너지를 만든다.

Key Word 생명 활동, 에너지

02 그림은 적혈구와 양파 표피세포를 세포 내 농도보다 낮은 농도의 용액에 넣었을 때의 모습을 나타낸 것이다. 용액의 물이 세포 안으로 들어와 적혈구는 터졌지만 양파 표피세포는 터지지 않았다.

242012-0038

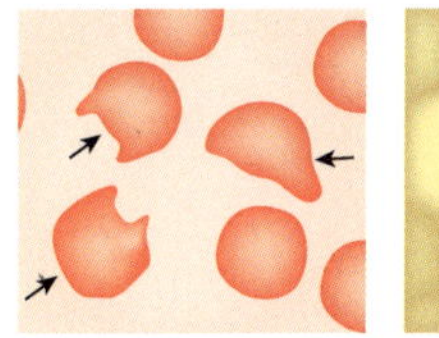
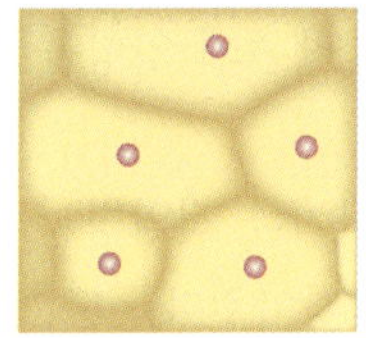

▲ 적혈구　　▲ 양파 표피세포

적혈구는 터지고 양파 표피세포는 터지지 않은 까닭을 세포의 구조와 연관지어 서술하시오.

Tip 세포벽은 세포막 바깥을 둘러싸는 부분으로, 세포를 보호하고 모양을 일정하게 유지한다.

Key Word 세포벽

03 햇빛이 있는 곳에서 식물이 잘 자라는 까닭을 관련된 세포의 구조와 연관지어 서술하시오.

242012-0039

Tip 엽록체는 광합성으로 영양분을 만든다.

Key Word 엽록체, 광합성

04 (가)는 식물의 구성 단계를, (나)는 동물의 구성 단계를 나타낸 것이다.

242012-0040

(가) 세포 → 조직 → A → B → 개체
(나) 세포 → C → D → 기관계 → 개체

A~D는 각각 무엇인지 쓰고, 동물과 식물의 구성 단계의 공통점과 차이점을 서술하시오.

Tip 식물의 구성 단계에는 조직계가 있고, 동물의 구성 단계에는 기관계가 있다.

Key Word 조직계, 기관계

05 그림은 아메바를 핵이 있는 부분과 핵이 없는 부분으로 자르는 모습을 나타낸 것이다.

242012-0041

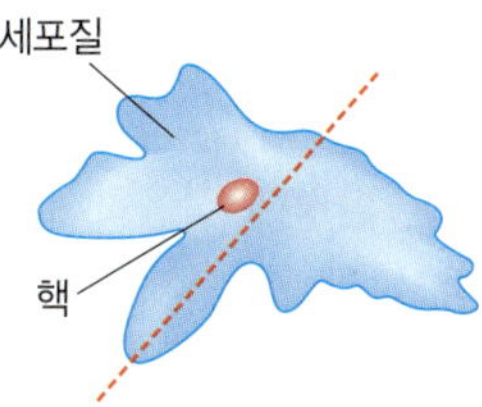

핵이 있는 부분의 아메바는 살아남았고, 핵이 없는 부분의 아메바는 살아남지 못한 까닭을 서술하시오.

Tip 핵은 세포의 생명 활동을 조절한다.

Key Word 핵, 생명 활동

06 사람의 소장 상피세포에 세균이 침입하면 식중독에 걸려 소화계뿐만 아니라 사람의 몸 전체에 이상이 생긴다. 그 까닭을 생물의 유기적 구성과 관련지어 서술하시오.

242012-0042

Tip 생물을 구성하는 모든 요소는 서로 영향을 주고받으며 전체를 구성하고 있다.

Key Word 구성 요소, 유기적

1 생물다양성*

1. 생물다양성: 어떤 지역에 살고 있는 생물의 다양한 정도

(1) 사막, 습지, 숲, 바다, 갯벌* 등 생태계가 다양하면 그곳에 사는 생물의 종류도 다양하므로 생물다양성이 높다.

(2) 어느 지역에 사는 생물의 종류가 많을수록 그 지역의 생물다양성이 높다.

(3) 같은 종류의 생물로 이루어진 무리에서는 생물이 가진 특성이 다양할수록 생물다양성이 높다.

2. 변이: 같은 종류의 생물 사이에서 나타나는 생김새나 특성의 차이

▲ 바지락의 껍데기 무늬가 조금씩 다르다.

▲ 무당벌레의 겉날개 색깔과 무늬가 조금씩 다르다.

▲ 얼룩말의 줄무늬 색깔과 간격이 조금씩 다르다.

3. 생물의 생존과 변이의 관계

(1) 생물은 다양한 환경에 적응하며 살아가므로 생물의 변이는 생물의 생존에 영향을 미칠 수 있다.

(2) 같은 종류에 속하는 생물의 변이가 다양하면 환경이 급격하게 변하거나 전염병이 유행하더라도 그 변화에 적응할 수 있는 생물이 있어 멸종할 확률이 낮아진다.

4. 변이와 환경에 따른 생물다양성 변화

(1) 같은 종류였던 생물들이 서로 다른 환경에 적응하는 과정에서 각각의 환경에 유리한 변이를 가진 생물만이 살아남아 자손에게 그 특성을 전달한다.

(2) 서로 멀리 떨어져 교류하지 못하는 상태에서 오랜 시간이 지나면 같은 종류의 생물 간에 차이가 커져서 서로 다른 생김새와 특성을 지닌 무리로 나누어질 수 있다.

(예) • 목이 긴 갈라파고스땅거북*은 키가 큰 선인장이 자라는 환경에 잘 적응한 동물이다.

• 갈라파고스제도의 핀치는 섬마다 부리 모양이 다르다. 섬마다 새의 먹이가 되는 생물이 달라 알맞은 변이를 지닌 생물이 더 많이 살아남아 자손을 남겼다.

▲ 선인장꽃의 꿀을 먹이로 하는 선인장핀치

▲ 과일과 곤충을 먹이로 하는 큰나무핀치

▲ 크고 단단한 씨앗을 먹이로 하는 큰땅핀치

기본 다지기

핵심 용어 익히기

01 어떤 지역에 살고 있는 생물의 다양한 정도를 □□□□□이라고 한다.

02 □□□가 다양하면 그곳에 사는 생물의 종류가 다양하므로 생물다양성이 높다.

03 어느 지역에 사는 생물의 □□가 많을수록 그 지역의 생물다양성은 높다.

04 같은 종류의 생물로 이루어진 무리에서는 생물의 변이가 □□할수록 생물다양성이 높다.

05 같은 종류의 생물 사이에서 나타나는 생김새나 특성의 차이를 □□라고 한다.

06 생물은 다양한 □□에 적응하며 살아간다.

01 그림은 무당벌레의 겉날개 무늬가 조금씩 다른 것을 나타낸 것이다. 이처럼 같은 종류의 생물 사이에서 나타나는 생김새나 특성의 차이를 무엇이라고 하는지 쓰시오.

02 그림은 초원과 사막의 모습을 나타낸 것이다.

▲ 초원

▲ 사막

빈칸에 들어갈 알맞은 말을 쓰시오.

(1) 초원과 사막에 사는 생물의 종류는 서로 (　　　　).
(2) 초원과 사막 중 생물다양성이 높은 지역은 (　　　　)이다.

03 생태계에 해당하는 것만을 〈보기〉에서 있는 대로 고르시오.

> 보기
> ㄱ. 초원　　　　　ㄴ. 온도　　　　　ㄷ. 사막
> ㄹ. 갯벌　　　　　ㅁ. 빛

04 생물다양성에 대한 설명으로 옳은 것은 ○표, 옳지 않은 것은 ×표를 하시오.

(1) 생태계가 다양할수록 생물다양성이 낮다. 　　　　　　　　(　　　)
(2) 생태계에서 환경과 생물은 서로 영향을 주고받지 않는다. 　　(　　　)
(3) 어떤 지역에 서식하는 생물의 종류가 많을수록 생물다양성이 높다. 　(　　　)
(4) 같은 종류의 생물로 이루어진 무리에서는 생물의 변이가 다양할수록 생물다양성이 낮다. 　　　　　　　　　　　　　　　(　　　)

2 생물의 분류

1. 생물분류의 목적과 방법

(1) **생물분류**: 여러 가지 특징을 기준으로 생물을 무리 지어 나누는 것

(2) **생물분류 목적**: 생물 사이의 가깝고 먼 관계를 알 수 있고, 새로운 생물을 발견했을 때 어떤 무리에 속하는지 쉽게 알 수 있다.

(3) **생물분류 방법**

① **인위분류**: 생물의 쓰임새, 서식지, 식성 등 인간의 편의에 따라 분류하는 방법이다.

② **자연분류***: 생물의 생김새, 속 구조, 한살이, 번식 방법, 호흡 방법 등 생물이 가진 고유한 특징을 기준으로 분류하는 방법이다.

③ **생물 사이의 관계***: 생물을 분류할 때 두 생물이 얼마나 가깝고, 먼 지를 나타내는 것이다.

⑩ 침팬지와 고양이는 새끼를 낳고 악어는 알을 낳으므로, 침팬지와 고양이가 침팬지와 악어보다 더 가까운 관계에 있다.

2. 생물분류체계

(1) **종***: 자연 상태에서 번식 능력이 있는 자손을 낳을 수 있는 생물 무리

(2) **생물분류체계**: 생물을 가장 작은 범주인 종에서부터 점차 큰 범주로 묶어 나타낸 것

① 종, 속, 과, 목, 강, 문, 계의 단계로 이루어진다.

② 종이 가장 작은 단계이고, 계가 가장 큰 단계이다.

	개	코요테	여우	고양이	범고래	상어	문어	
동물계	개	코요테	여우	고양이	범고래	상어	문어	(계) 여러 문이 모여 계를 이룬다.
척삭동물문	개	코요테	여우	고양이	범고래	상어		(문) 여러 강이 모여 문을 이룬다.
포유동물강	개	코요테	여우	고양이	범고래			(강) 여러 목이 모여 강을 이룬다.
식육목	개	코요테	여우	고양이				(목) 여러 과가 모여 목을 이룬다.
개과	개	코요테	여우					(과) 여러 속이 모여 과를 이룬다.
개속	개	코요테						(속) 여러 종이 모여 속을 이룬다.
개	개	(종)						

▲ 생물(개)의 분류체계

---

* **자연분류**
생물의 분류 과정에서 각 생물의 고유한 특징을 비교하면 생물 사이의 가깝고 먼 관계를 알 수 있다.

* **생물 사이의 관계**
일반적으로 두 생물 사이의 공통점이 많을수록 가까운 관계에 있다.

* **종**
사자와 호랑이는 생김새가 비슷한 생물이지만 같은 종이 아니다. 수컷 사자와 암컷 호랑이 사이에서 태어난 라이거(수컷)가 생식 능력이 없어 자손을 낳지 못하기 때문이다.

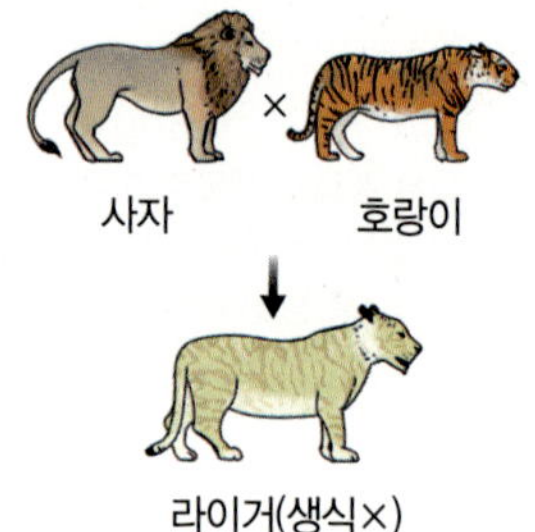

기본 다지기

07 □□□□는 여러 가지 특징을 기준으로 생물을 무리 지어 나누는 것이다.

08 □□□□는 생물이 가진 고유한 특징을 기준으로 분류하는 방법이다.

09 생물이 가진 고유한 특징을 기준으로 분류를 하면 생물 사이의 가깝고 먼 □□를 알 수 있다.

10 자연 상태에서 번식 능력이 있는 자손을 낳을 수 있는 생물 무리를 □이라고 한다.

11 생물분류체계는 '□ → □ → □ → □ → □ → □ → 계'의 단계로 이루어진다.

---

05 생물을 분류하는 기준으로 생물이 가진 고유한 특징에 해당하는 것만을 〈보기〉에서 있는 대로 고르시오.

> **보기**
>
> ㄱ. 한살이 ㄴ. 서식지 ㄷ. 번식 방법
> ㄹ. 생물의 쓰임새 ㅁ. 생물의 생김새

06 다음은 고래, 사람, 상어의 서식지와 호흡 방법에 대한 설명이다.

> • 고래와 상어는 바다에 살고, 사람은 육지에 산다.
> • 고래와 사람은 폐로 호흡하고, 상어는 아가미로 호흡한다.

사람과 상어 중 고래와 더 가까운 생물이 무엇인지 쓰시오.

07 그림은 개의 분류체계를 나타낸 것이다. (가)~(라)에 해당하는 분류 단계를 각각 쓰시오.

개	늑대	여우	고양이	고래	상어	문어	(라)
개	늑대	여우	고양이	고래	상어	문	
개	늑대	여우	고양이	고래	(다)		
개	늑대	여우	고양이	목			
개	늑대	여우	(나)				
개	늑대	속					
개	(가)						

08 생물분류에 대한 설명으로 옳은 것은 ○표, 옳지 않은 것은 ×표를 하시오.

(1) 생물분류를 통해 생물 사이의 가깝고 먼 관계를 알 수 있다. ( )

(2) 생물분류체계에서 종이 가장 큰 단계이고, 계가 가장 작은 단계이다. ( )

(3) 종은 자연 상태에서 번식 능력이 있는 자손을 낳을 수 있는 생물 무리이다.
( )

3 생물의 5계

1. 계 수준의 생물분류 기준: 뚜렷하게 보이는 핵이나 세포벽의 유무, 세포 수, 광합성 여부, 기관의 발달 정도 등

2. 생물의 분류(5계)*

(1) **원핵생물계**: 핵막이 없어서 핵이 뚜렷하게 구분되지 않으며, 단세포생물*이다. 세포벽이 있으며 대부분 광합성을 하지 않지만 남세균처럼 광합성을 하는 종류도 있다.
　⑩ 남세균, 살모넬라, 젖산균(유산균), 폐렴균, 대장균 등

(2) **원생생물계**: 핵막으로 둘러싸인 뚜렷한 핵이 있으며, 대부분 단세포생물이지만 조직이나 기관이 발달하지 않은 다세포생물*도 있다. 세포벽이 있는 생물도 있고, 없는 생물도 있다. 먹이를 섭취하는 종류와 광합성을 하는 종류가 있다.
　⑩ 김, 미역, 아메바, 우뭇가사리, 유글레나, 종벌레, 짚신벌레 등

(3) **균계**: 핵막으로 둘러싸인 뚜렷한 핵이 있고, 대부분 다세포생물이며, 균사*로 이루어져 있다. 세포벽이 있으며, 주로 죽은 생물을 분해하여 영양분을 얻는다.
　⑩ 누룩곰팡이, 송이버섯, 표고버섯, 푸른곰팡이, 효모 등

(4) **식물계**: 핵막으로 둘러싸인 뚜렷한 핵이 있으며, 세포벽이 있다. 다세포생물이며 뿌리, 줄기, 잎과 같은 기관이 발달해 있다. 엽록체가 있어서 광합성을 통해 스스로 영양분을 얻는다.
　⑩ 고사리, 느티나무, 보리, 소나무, 솔이끼, 우산이끼, 애기똥풀, 은행나무 등

(5) **동물계**: 핵막으로 둘러싸인 뚜렷한 핵이 있으며, 다세포생물이다. 스스로 이동할 수 있으며 기관이 발달해 있다. 세포벽과 엽록체가 없으며, 광합성을 하지 않고 다른 생물을 먹어 몸 안에서 영양분을 소화·흡수한다.
　⑩ 공벌레, 히드라, 구렁이, 달팽이, 두루미, 새우, 잉어, 잠자리, 호랑이, 돌고래 등

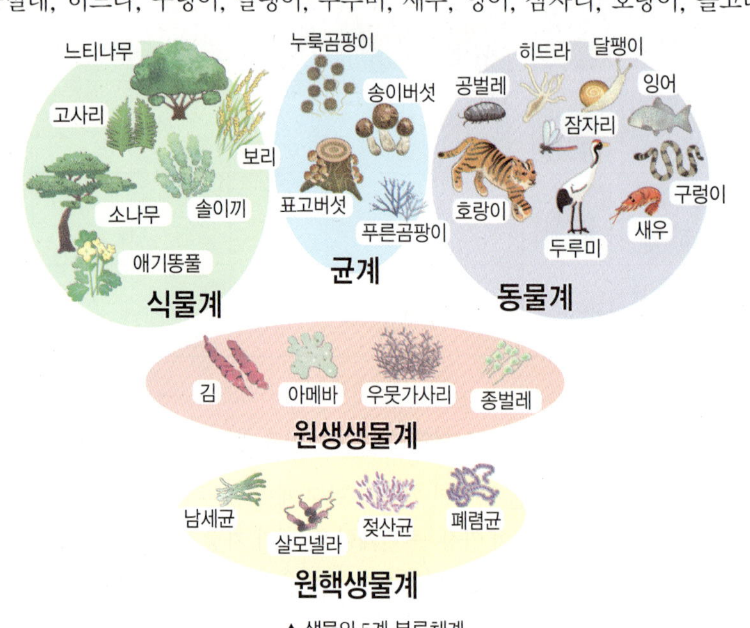

▲ 생물의 5계 분류체계

*** 5계 생물의 예**
• 원핵생물계

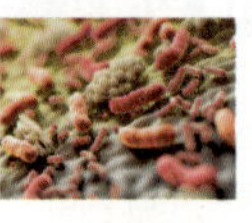
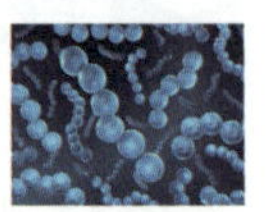

▲ 대장균　　▲ 폐렴균

• 원생생물계

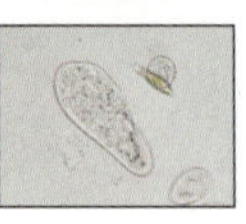

▲ 짚신벌레　　▲ 미역

• 균계

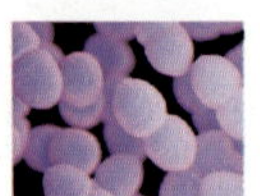

▲ 송이버섯　　▲ 효모

• 식물계

▲ 우산이끼　　▲ 은행나무

• 동물계

▲ 히드라　　▲ 돌고래

*** 단세포생물**
한 개의 세포로 이루어진 생명체이다.

*** 다세포생물**
여러 개의 세포로 이루어진 생명체이다.

*** 균사**
곰팡이, 버섯의 몸을 이루는 실 모양의 구조이다.

기본 다지기

핵심 용어 익히기

12 핵이 뚜렷하게 구분되지 않는 단세포생물 무리를 □□□□계라고 한다.

13 아메바, 우뭇가사리, 종벌레는 □□□□계에 속한다.

14 핵이 있고 균사로 이루어져 있으며 광합성을 하지 못하는 생물 무리를 □계라고 한다.

15 식물은 버섯, 곰팡이나 동물과 달리 엽록체가 있어서 □□□을 하여 스스로 영양분을 만든다.

16 달팽이, 잠자리, 호랑이는 □□계에 속하며, 먹이를 섭취하여 영양분을 □□ 및 흡수한다.

09 원핵생물계의 특징으로 옳은 것만을 〈보기〉에서 있는 대로 고르시오.

> **보기**
> ㄱ. 세포벽이 있다.
> ㄴ. 단세포생물이다.
> ㄷ. 균사로 이루어져 있다.
> ㄹ. 핵막으로 둘러싸인 뚜렷한 핵이 있다.

10 그림의 생물과 생물이 속한 계를 옳게 연결하시오.

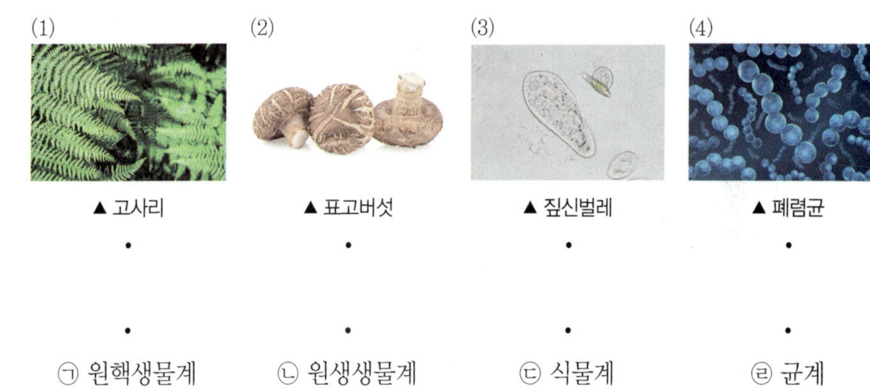

(1) ▲ 고사리 (2) ▲ 표고버섯 (3) ▲ 짚신벌레 (4) ▲ 폐렴균

㉠ 원핵생물계 ㉡ 원생생물계 ㉢ 식물계 ㉣ 균계

11 그림은 몇 가지 생물을 (가)와 (나) 두 무리로 분류한 것이다.

(가)	(나)
보리, 애기똥풀, 솔이끼	송이버섯, 누룩곰팡이

(1) (가)와 (나)로 분류한 기준을 쓰시오.
(2) (가)의 생물이 속한 계를 쓰시오.

12 동물계에 대한 설명으로 옳은 것은 ○표, 옳지 <u>않은</u> 것은 ×표를 하시오.

(1) 살모넬라, 종벌레는 동물계에 속한다. (   )
(2) 핵막이 있어서 핵이 뚜렷이 구분된다. (   )
(3) 세포벽이 있어서 세포 내부를 보호한다. (   )
(4) 먹이를 섭취하여 몸 안에서 영양분을 소화 · 흡수한다. (   )

4 생물다양성보전

1. 생물다양성보전의 필요성

(1) **생물다양성의 중요성**: 생물다양성이 높으면 멸종* 위험이 줄어 생태계가 안정적으로 유지된다.

생물다양성이 높은 생태계	생물다양성이 낮은 생태계
먹이그물이 복잡하다. ➡ 뒤쥐가 멸종되어도 수리부엉이는 참새, 도요새, 생쥐, 오리를 잡아먹을 수 있으므로 멸종될 가능성이 낮다.	먹이그물이 단순하다. ➡ 뒤쥐가 멸종되면 수리부엉이도 멸종될 가능성이 높다.

(2) **생물다양성보전의 필요성**

① 생물다양성의 감소는 생태계 파괴로 이어질 수 있다. 또한 한 지역에서의 생태계 파괴는 다른 생태계의 파괴로 연결될 수 있다.

② 생물다양성은 생물자원*의 원천이다. 모든 생물종은 유용하게 이용될 수 있는 잠재적인 가치가 있다.

③ 인간을 포함한 모든 생명의 생존을 위해 생물다양성을 보전하는 것이 중요하다.

2. 생물다양성보전 방법

(1) **생물다양성의 감소 원인**: 멸종 위기종*이 증가하고 많은 생물이 멸종되는 주요 원인은 인간의 활동과 밀접한 관련이 있다.

① 도시 개발, 환경 파괴에 의해서 서식지*가 파괴되고, 철도나 도로 건설로 인해 대규모 서식지가 소규모로 나누어진다.

② 특정 생물종을 불법으로 포획하거나 과도하게 포획하는 것은 급격하게 특정 생물을 멸종에 이르게 한다.

③ 외래종*의 유입은 그 지역에 살고 있던 고유종의 생존을 위협한다.

　예 가시박, 배스, 뉴트리아, 블루길, 황소개구리, 미국가재, 붉은귀거북 등

④ 환경오염과 기후 변화*로 서식지의 환경이 변하여 생물이 피해를 입는다.

(2) **생물다양성 유지 방안**

원인	서식지파괴	불법 포획, 과도한 포획	외래종 유입	환경오염과 기후 변화
유지 방안	지나친 개발 자제, 서식지 보전 보호 구역 지정, 생태통로 설치	법률 강화, 멸종 위기 생물 지정, 불법 포획 단속	유입 경로 관리, 꾸준한 감시와 개체 수 조절	환경 정화 시설 설치, 탄소 중립 실천 기후 변화를 막기 위한 국제적 노력

*** 멸종**
생태계에서 특정 생물종이 사라지는 것

*** 생물자원**
벼(식량), 목화(섬유), 버드나무(의약품의 원료), 푸른곰팡이(페니실린의 원료) 등

*** 멸종 위기종**
과거에는 번성했지만 오늘날 개체 수가 많이 줄어들어 멸종 위기에 처해 있는 생물종

*** 서식지**
생물이 살고 있는 곳으로 숲, 땅, 연못, 강, 바다 등 다양하다. 철도나 도로 건설로 동물의 서식지가 나누어진 곳에는 생태통로를 설치하여 동물이 안전하게 이동하도록 한다.

*** 외래종**
원래 살고 있던 지역을 벗어나 새로운 서식지로 유입되어 자리를 잡고 사는 생물

*** 기후 변화**
석탄, 석유 등의 화석 연료 사용이 증가함에 따라 지구의 평균 기온이 올라가는 지구 온난화와 같은 기후 변화가 일어나고 있다.

핵심 용어 익히기

17 □□□□□이 높으면 멸종 위험이 줄어 생태계가 안정적으로 유지된다.

18 생물다양성은 □□□□의 원천이다.

19 과거에는 번성했지만 오늘날 개체 수가 많이 줄어들어 멸종 위기에 처해 있는 생물종을 □□□□□이라고 한다.

20 생물다양성이 감소하는 주요 원인은 □□의 활동과 관련이 있다.

21 원래 살고 있던 지역에서 벗어나 새로운 서식지로 유입되어 서식하는 종을 □□□이라고 한다.

22 지구 온난화와 같은 □□ □□에 의해 생물이 피해를 입는다.

13 그림은 서로 다른 생태계 (가)와 (나)의 먹이그물을 나타낸 것이다.

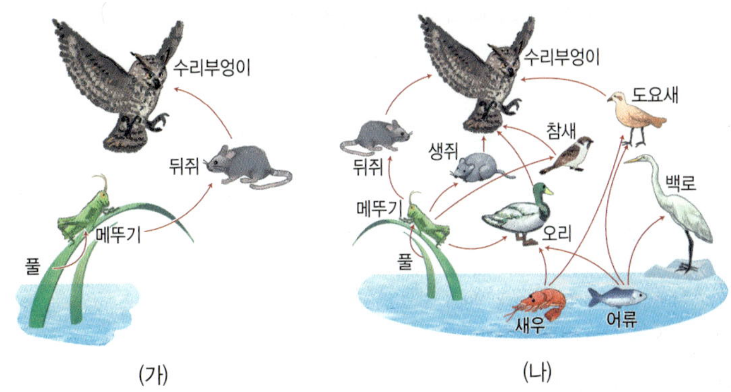

(1) (가)와 (나) 중 뒤쥐가 멸종되면 수리부엉이도 멸종될 가능성이 높은 생태계를 쓰시오.

(2) (가)와 (나) 중 생물다양성이 높아 더 안정적으로 유지되는 생태계를 쓰시오.

14 생물다양성보전에 대한 설명으로 옳은 것은 ○표, 옳지 <u>않은</u> 것은 ×표를 하시오.

(1) 생물다양성이 보전되어야 다양한 생물자원을 얻을 수 있다. (   )

(2) 외래종이 증가하면 고유종이 살아가는 데 어려움을 겪을 수 있다. (   )

(3) 서식지 면적이 감소하면 그 서식지에 살아가는 생물종의 수도 감소한다. (   )

(4) 열대우림은 생물다양성이 높으므로 생물의 서식지가 일부 파괴되어도 생물종의 수는 항상 보존된다. (   )

15 생물다양성의 감소 원인에 해당하는 것만을 〈보기〉에서 <u>있는 대로</u> 고르시오.

> 보기
> ㄱ. 기후 변화　　　ㄴ. 과도한 포획　　　ㄷ. 생태통로 설치
> ㄹ. 고유종 복원　　　ㅁ. 서식지파괴

16 생물다양성의 감소 원인과 유지 방안을 옳게 연결하시오.

(1) 서식지파괴　•　　　•㉠ 멸종 위기 생물 지정

(2) 불법 포획　•　　　•㉡ 외래종의 무분별한 유입 방지

(3) 외래종 유입　•　　　•㉢ 탄소 중립 실천

(4) 기후 변화　•　　　•㉣ 서식지 보전

탐구 목표 | 우리 주변의 다양한 생물을 계 수준에서 분류하고, 각 계의 특징을 설명할 수 있다.

준비물
생물 카드, 필기도구

유의점
1. 생물 카드를 만들 때 모둠원끼리 서로 생물이 겹치지 않도록 한다.
2. 생물 카드에는 그 생물이 속한 계의 특징이 포함되도록 한다.
3. 생물 카드는 교과서 부록에 있는 경우가 많다.

과정

1. 모둠별로 다음 생물 중 두 가지를 골라 조사하고 생물 카드를 만든다.

> 대장균　　소나무　　미역　　해파리　　고사리　　송이버섯　　사마귀　　폐렴균　　아메바　　푸른곰팡이

(예)

사마귀

- 핵: 핵막으로 둘러싸인 뚜렷한 핵이 있다.
- 세포 수: 다세포
- 세포벽: 없다.
- 광합성: 못 한다.
- 운동성: 있다.

2. 모둠별로 완성된 생물 카드를 모두 모은 후, 생물을 특징에 따라 계 수준에서 분류한다.
3. 생물 분류 결과를 보면서 각 계의 특징과 그 계에 속하는 생물을 발표한다.

결과

분류 기준	핵	세포 수	세포벽	광합성	운동성	생물
원핵생물계	없다.	단세포	있다.	–	–	대장균, 폐렴균 등
원생생물계	있다.	–	–	–	–	아메바, 미역 등
균계	있다.	대부분 다세포	있다.	못 한다.	없다.	송이버섯, 푸른곰팡이 등
식물계	있다.	다세포	있다.	한다.	없다.	소나무, 고사리 등
동물계	있다.	다세포	없다.	못 한다.	대부분 있다.	해파리, 사마귀 등

정리

지구의 생물은 원핵생물계, 원생생물계, 균계, 식물계, 동물계로 분류할 수 있다.

탐구 확인 문제

정답과 해설 9쪽

1. 미역과 짚신벌레 같은 생물들이 속하는 계를 쓰시오.

2. 그림은 몇 가지 생물을 (가)와 (나) 두 무리로 분류한 것이다.

── (가) ──	── (나) ──
달팽이, 새우	솔이끼, 버섯, 고사리

(가)와 (나)의 분류 기준을 쓰시오.

3. 위 탐구 활동의 결과에 대한 설명으로 옳은 것만을 〈보기〉에서 있는 대로 고르시오.

보기
ㄱ. 균계는 운동성이 있다.
ㄴ. 동물계는 단세포생물이다.
ㄷ. 원핵생물계는 세포벽이 없다.
ㄹ. 식물계는 광합성을 통해 스스로 영양분을 얻는다.
ㅁ. 원생생물계는 핵막으로 둘러싸인 뚜렷한 핵이 있다.

01 방 안에서 난방을 효율적으로 하기 위한 난로의 위치를 A, B 중 고르고, 그 까닭을 열의 이동 방법을 포함하여 서술하시오.

◉ 242012-0073

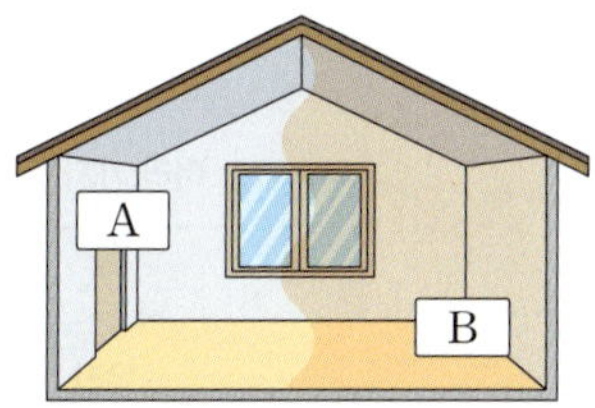

Tip 따뜻한 공기는 위로, 차가운 공기는 아래로 내려온다.

Key Word 대류, 따뜻한 공기, 차가운 공기

---

02 그림의 (가)~(다)는 열의 이동 방법을 나타낸 것이다.

◉ 242012-0074

(가)~(다) 중 전도에 해당하는 경우를 고르고, 그 까닭을 서술하시오.

Tip 전도는 고체에서 입자의 운동이 이웃한 입자에 전달되면서 열이 이동하는 방법이다.

Key Word 전도, 고체, 입자의 열 전달

---

03 추운 겨울날 운동장에 있는 철봉과 나무 의자의 온도를 비교하고, 그 까닭을 서술하시오.

◉ 242012-0075

Tip A와 B의 온도가 같고 B와 C의 온도가 같다면, A와 C도 온도가 같다.

Key Word 열평형

---

04 그림 (가), (나)는 각각 열풍선을 가열하기 전과 가열한 후의 모습을 나타낸 것이다.

◉ 242012-0076

(가) (나)

(가), (나)의 열풍선 안에 들어 있는 공기 입자의 운동을 비교하고, 그 까닭을 서술하시오.

Tip 열을 얻은 물체는 온도가 올라가고 입자 운동이 활발해진다.

Key Word 열, 온도, 입자 운동

---

05 표는 20 ℃의 물체 A와 50 ℃의 물체 B를 접촉했을 때 A와 B의 온도 변화를 시간에 따라 나타낸 것이다.

◉ 242012-0077

측정 시간(분)	0	2	4	6	8	10
A의 온도(℃)	20	28	29	30	30	30
B의 온도(℃)	50	35	31	30	30	30

0~6분까지 A와 B에서 열의 이동 방향과 열평형 온도를 서술하시오.

Tip 온도가 높은 물체는 열을 잃고, 온도가 낮은 물체는 열을 얻는다.

Key Word 열의 이동, 온도가 낮은 물체, 온도가 높은 물체

---

06 그림과 같이 (가), (나) 두 개의 시험관에 각각 물과 톱밥을 넣고 알코올램프로 시험관의 중간 부분과 바닥 부분을 각각 가열하였다. 이때 톱밥의 움직임을 비교하고, 그 까닭을 서술하시오.

◉ 242012-0078

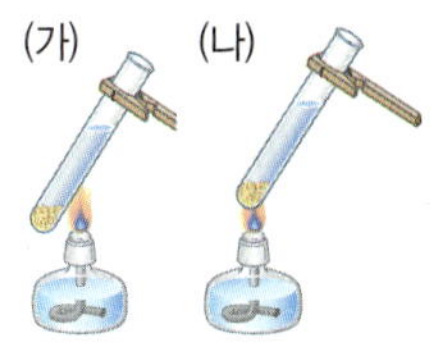

Tip 열을 얻어 뜨거워진 물은 위로 올라가고, 차가운 물은 아래로 내려온다.

Key Word 대류

1 비열

1. **열량***: 온도가 다른 물체 사이에서 이동하는 열의 양
   (1) 단위: J(줄), cal(칼로리), kcal(킬로칼로리)
   (2) 1 kcal: 물 1 kg의 온도를 1 ℃ 높이는 데 필요한 열량

2. **비열***: 어떤 물질 1 kg의 온도를 1 ℃ 높이는 데 필요한 열량
   (1) 단위: J/(kg·℃), kcal/(kg·℃)
   (2) 비열은 물질마다 달라 물질을 구별하는 데 사용할 수 있다.
   (3) 비열과 온도 변화의 관계*

물 100 g과 식용유 100 g을 가열했을 때	비열과 온도 변화의 관계 그래프
물 100g / 식용유 100g / 가열 장치	식용유 (비열이 작은 물질) / 물 (비열이 큰 물질) / 온도(℃) / 시간(분)
• 온도 변화: 물 < 식용유 • 비열: 식용유 < 물	비열이 클수록 온도 변화가 작다.

   (4) 질량과 온도 변화의 관계

물 100 g과 물 200 g을 가열했을 때	질량과 온도 변화의 관계 그래프
물 100g / 물 200g / 가열 장치	물 100g (질량이 작은 물질) / 물 200g (질량이 큰 물질) / 온도(℃) / 시간(분)
• 온도 변화: 물 100 g > 물 200 g	질량이 클수록 온도 변화가 작다.

3. **비열에 의한 현상 및 활용***
   (1) 물은 비열이 크므로, 몸 안의 물은 체온이 일정하게 유지되도록 한다.
   (2) 모래가 물보다 비열이 작으므로, 여름 해안가에서 낮에는 모래가 바닷물보다 뜨겁고 밤에는 모래가 바닷물보다 차갑다.
   (3) 우리 생활에서 온도를 유지해야 할 때는 비열이 큰 물질을, 온도를 빠르게 변하게 할 때는 비열이 작은 물질을 활용한다.
   (4) 비열이 큰 뚝배기는 오랫동안 뜨겁게 유지해야 하는 음식을 요리할 때 사용하고, 비열이 작은 금속 냄비는 빨리 끓여야 하는 라면 등을 요리할 때 사용한다.

*** 열량과 온도 변화**
물체에 같은 시간 동안 더 많은 열량을 가할수록 물체의 온도가 더 많이 변한다.

*** 여러 가지 물질의 비열**

물	1
식용유	0.4
유리	0.2
모래	0.19
철	0.11
금	0.03

단위: kcal/(kg·℃)

*** 비열과 온도 변화의 관계**
비열이 클수록 온도가 변하는 데 많은 열량이 필요하다. 즉 같은 열량을 가해도 온도 변화가 작다.

*** 비열의 활용**
• 찜질팩 속에 비열이 큰 물을 넣어 오랫동안 온도가 일정하게 유지되도록 한다.
• 프라이팬은 비열이 작은 물질로 만들어 열을 가하면 빠르게 뜨거워지게 한다.

핵심 용어 익히기

01 어떤 물질 1 kg의 온도를 1 ℃만큼 높이는 데 필요한 열량을 □□이라고 한다.

02 같은 세기의 불꽃으로 같은 질량의 물질에 열을 가했을 때 □□이 클수록 물질의 온도 변화가 작다.

03 물질의 종류와 질량이 같을 때, 가한 열량이 클수록 온도 변화는 □□.

04 온도 변화가 같을 때, 물체의 질량이 클수록 같은 물체에 가한 열량이 □□.

05 물은 다른 물질에 비해 비열이 커서 온도 변화가 □□.

---

01 비열에 대한 설명으로 옳은 것은 ○표, 옳지 <u>않은</u> 것은 ×표를 하시오.

(1) 물질의 종류에 따라 비열이 다르다.   (   )

(2) 온도가 다른 물질 사이에서 이동하는 열의 양이다.   (   )

(3) 어떤 물질 1 kg의 온도를 1 ℃ 올리는 데 필요한 열량이다.   (   )

02 다음은 비열에 대한 설명이다. 빈칸에 들어갈 알맞은 말을 쓰시오.

> 질량이 같고 비열이 다른 두 물질에 같은 열량을 가했을 때, 비열이 클수록 온도 변화가 (   ), 비열이 작을수록 온도 변화가 (   ).

03 빈칸에 들어갈 알맞은 말을 쓰시오.

(1) 물질의 온도 변화는 흡수한 열량이 (   )수록, 질량이 (   )수록 크다.

(2) 모래의 비열이 물의 비열보다 (   ) 때문에, 여름 낮에 해수욕장에 가면 모래사장이 바닷물보다 뜨겁다.

04 그림은 같은 질량의 물과 식용유를 같은 불꽃 세기로 가열했을 때, 시간에 따른 온도 변화를 나타낸 것이다.

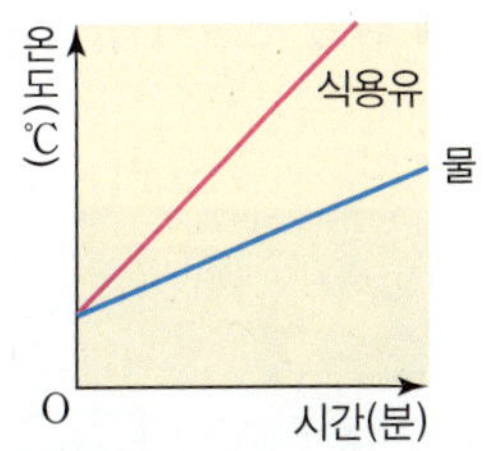

(1) 물과 식용유 중 온도 변화가 더 큰 것을 쓰시오.

(2) 물과 식용유 중 비열이 더 큰 것을 쓰시오.

2 열팽창

1. 열팽창: 물체에 열을 가할 때 물체의 길이 또는 부피가 증가하는 현상

(1) **열팽창이 일어나는 까닭:** 물체에 열이 가해지면 물체를 구성하는 입자 운동이 활발해져 입자 사이의 거리가 멀어지기 때문이다.

(2) 온도 변화가 클수록 열팽창 정도가 크다.

(3) 고체와 액체의 경우, 물질의 종류에 따라 열팽창 정도가 다르다.

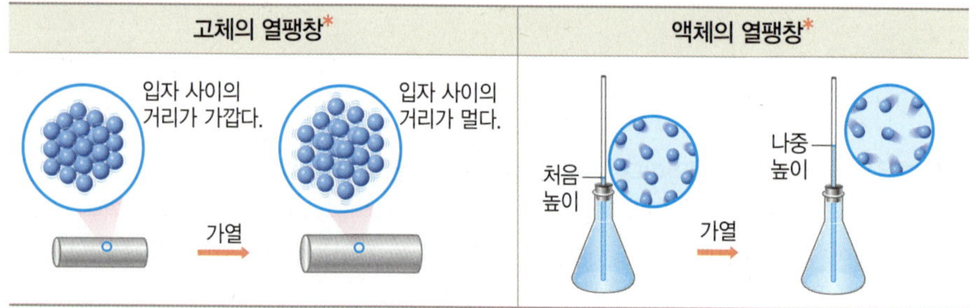

2. 바이메탈

(1) **바이메탈*:** 열팽창 정도가 다른 두 금속을 붙여 놓은 장치

(2) 두 금속의 열팽창 정도의 차이가 클수록 더 많이 휘어진다.

(3) 이용: 화재 경보기, 온도 조절기 등

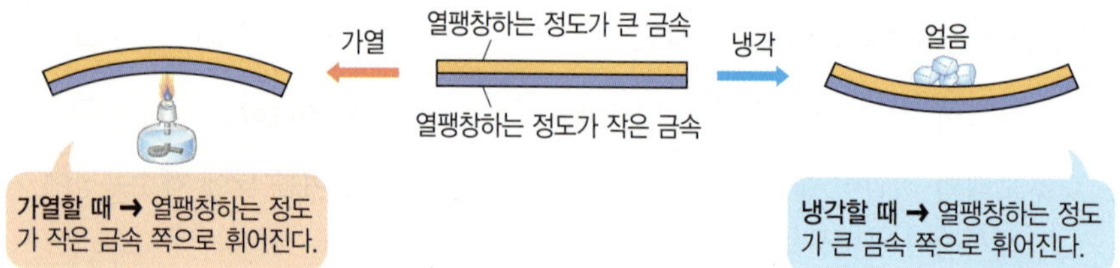

▲ 바이메탈의 작동 원리

3. 열팽창*의 예 및 활용

(1) 음료수병에 음료수를 가득 채우지 않는다.

(2) 에펠탑의 높이는 여름철이 겨울철보다 높다.

(3) 여름에는 전깃줄이 늘어지고, 겨울에는 팽팽해진다.

(4) 가스관은 중간에 구부러진 부분을 만들어 열팽창에 의한 사고를 예방한다.

(5) 다리, 철로의 이음매 부분에 틈을 만들어 한여름 열팽창으로 인해 다리, 철로가 휘는 것을 막는다.

▲ 음료수 병의 빈 공간

▲ 구부러진 가스관

▲ 다리의 이음매

* **고체의 열팽창**
가열 전에는 입자 운동이 활발하지 않아 입자 사이의 거리가 가깝고, 가열 후에는 입자 운동이 활발해져 입자 사이의 거리가 멀어진다.

* **액체의 열팽창**
액체가 가득 담긴 삼각 플라스크를 가열하면 액체가 열팽창하여 유리관으로 액체가 올라간다.

* **바이메탈의 원리와 이용**
• 가열: 바이메탈이 휘어지면서 회로에 흐르는 전류를 차단한다.

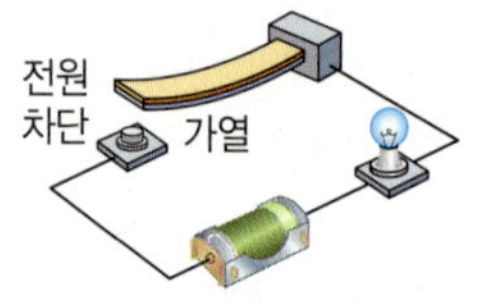

• 냉각: 바이메탈이 다시 접촉되어 회로에 전류가 흐른다.

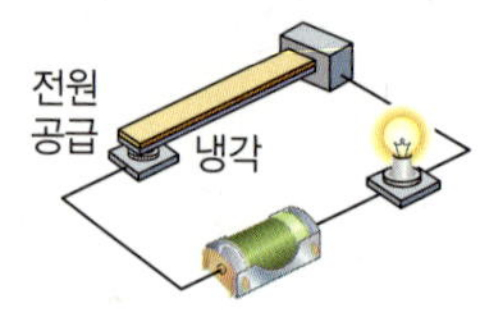

* **기체의 열팽창**
공기가 들어 있는 풍선을 가열하면 풍선이 팽팽해진다. 이는 열을 받은 공기가 팽창하기 때문으로, 기체는 고체나 액체보다 열팽창 정도가 훨씬 크다.

기본 다지기

06 □□□은 어떤 물질을 가열할 때 열에 의해 물질의 길이 또는 부피가 증가하는 현상이다.

07 물체에 열이 가해지면 물체를 구성하는 입자의 운동이 □□해져서 입자 사이의 거리가 □□진다.

08 □□□□은 열팽창 정도가 다른 두 금속을 붙여 놓은 장치이다.

09 바이메탈을 가열하면 열팽창 정도가 □□ 금속 쪽으로 휘어진다.

10 바이메탈이 냉각되면 열팽창 정도가 □ 금속 쪽으로 휘어진다.

05 다음은 고체의 열팽창에 대한 설명이다.

> 고체에 열을 가하면 고체를 구성하는 입자의 운동이 (㉠)해지고 온도가 (㉡) 간다. 따라서 입자 사이의 거리가 (㉢)지므로 고체의 부피가 (㉣)진다.

㉠~㉣에 들어갈 알맞은 말을 〈보기〉에서 고르시오.

보기			
둔	활발	내려	올라
멀어	가까워	커	작아

06 그림 (가)와 같이 실온에서 유리관 속 액체의 높이가 같도록 액체 A~C를 각각 플라스크에 담은 후 (나)와 같이 뜨거운 물이 담긴 수조에 넣었더니 유리관 속 액체의 높이가 달라졌다.

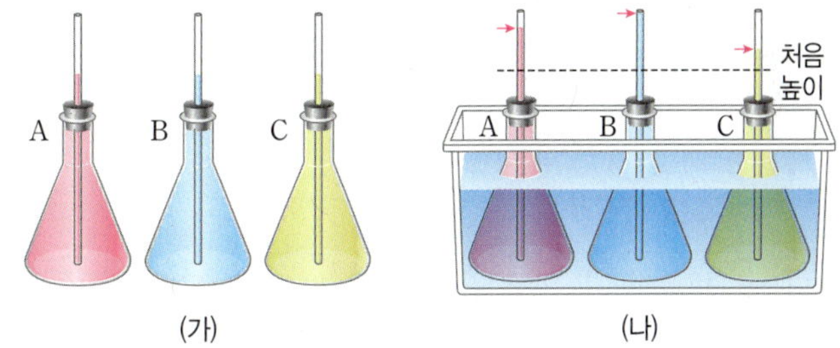

A~C를 열팽창 정도가 큰 것부터 순서대로 쓰시오. (단, 유리관의 두께는 동일하다.)

07 그림은 금속 막대 A, B를 사용하여 만든 바이메탈을 가열하였더니 B 방향으로 휘어진 모습을 나타낸 것이다.
A와 B 중 열팽창 정도가 큰 금속을 쓰시오.

08 열팽창과 관련된 현상으로 옳은 것은 ○표, 옳지 <u>않은</u> 것은 ×표를 하시오.

(1) 다리, 철로의 이음매 부분에 틈을 만든다. ( )
(2) 가스관은 중간에 구부러진 부분을 만든다. ( )
(3) 전깃줄이 여름철에는 늘어지고, 겨울철에는 팽팽해진다. ( )
(4) 음식을 오래동안 따뜻하게 유지하기 위해 찌개를 끓일 때 뚝배기를 사용한다. ( )

탐구 목표 | 질량이 같은 두 액체를 같은 조건에서 가열할 때 온도 변화를 비교할 수 있다.

🌡 과정

1. 동일한 금속 비커 2개에 물 100 g과 콩기름 100 g을 각각 넣는다.
2. 금속 비커 2개를 가열 장치에 올려놓고 무선 온도 센서를 장치한다.
3. 물과 콩기름의 처음 온도를 측정한다.
4. 가열 장치를 켜서 물과 콩기름의 온도 변화를 1분 간격으로 5분 정도 측정한다.
5. 센서 분석 앱에 그려진 물과 콩기름의 온도 변화 그래프를 확인한다.

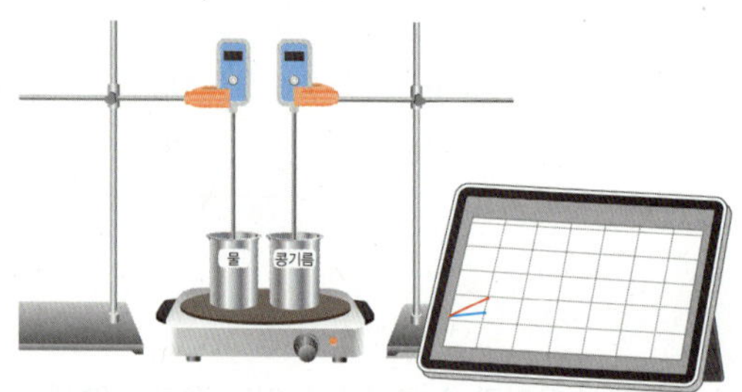

📋 **준비물**

물, 콩기름, 금속 비커, 무선 온도 센서, 센서 분석 앱을 설치한 스마트 기기, 가열 장치, 스탠드, 집게, 집게잡이, 전자저울, 실험복, 내열 장갑, 보안경

❗ **유의점**

- 보안경을 쓰고 실험한다.
- 가열 장치와 금속 비커를 맨손으로 만지지 않도록 주의한다.
- 실험 후 콩기름은 정해진 통에 모은다.

🧪 결과

1분 간격으로 물과 콩기름의 온도를 측정한 값을 표와 그래프로 나타내면 다음과 같다.

시간(분)	0	1	2	3	4	5
물의 온도(℃)	10	15	22	27	34	40
콩기름의 온도(℃)	10	25	40	56	71	85

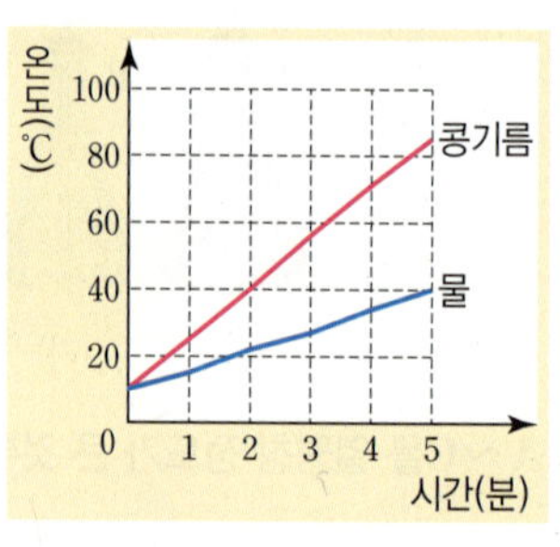

📝 정리

1. 같은 시간 동안 가열할 때 물과 콩기름에 가한 열량이 같다.
2. 같은 열량을 가했을 때 온도 변화: 콩기름 > 물
3. 같은 질량일 때, 같은 온도만큼 올리는 데 필요한 열량(= 비열): 물 > 콩기름

탐구 확인 문제

정답과 해설 15쪽

1. 위 실험 결과 질량이 같은 두 물질에 같은 열량을 가할 때 비열이 큰 물질일수록 온도 변화가 어떠한지 쓰시오.

2. 같은 질량의 콩기름과 물을 같은 온도만큼 높이려고 할 때, 콩기름과 물 중 더 많은 열량이 필요한 것을 쓰시오.

3. 위 실험 결과에 대한 설명으로 옳은 것만을 〈보기〉에서 있는 대로 고르시오.

보기
ㄱ. 물의 비열이 콩기름의 비열보다 작다.
ㄴ. 0~5분 동안 온도 변화는 콩기름이 물보다 크다.
ㄷ. 온도가 40 ℃가 되는 데 걸린 시간은 물이 콩기름보다 길다.

1 비열

▶ 242012-0079

01 비열에 대한 설명으로 옳은 것만을 〈보기〉에서 있는 대로 고른 것은?

> **보기**
> ㄱ. 물질의 질량이 클수록 비열이 작아진다.
> ㄴ. 어떤 물질 1 kg을 1 ℃ 만큼 변화시키는 데 필요한 열량이다.
> ㄷ. 같은 질량의 두 물질을 동일한 불꽃 세기로 가열할 때 비열이 클수록 온도 변화가 작다.

① ㄱ ② ㄴ ③ ㄱ, ㄴ
④ ㄱ, ㄷ ⑤ ㄴ, ㄷ

▶ 242012-0080

02 비열과 열량에 대한 설명으로 옳지 <u>않은</u> 것은?

① 물의 비열은 1 kcal/(kg·℃)이다.
② 비열이 큰 물질일수록 온도 변화가 크다.
③ 물체에 가한 열량이 클수록 온도 변화가 크다.
④ 비열이 클수록 온도를 높이는데 더 많은 열량이 필요하다.
⑤ 비열은 물질마다 달라 물질을 구별하는 데 사용할 수 있다.

▶ 242012-0081

03 그림은 질량이 같은 두 액체 A, B를 같은 불꽃 세기로 동시에 가열할 때 시간에 따른 온도 변화를 나타낸 것이다. 이에 대한 설명으로 옳지 <u>않은</u> 것은?

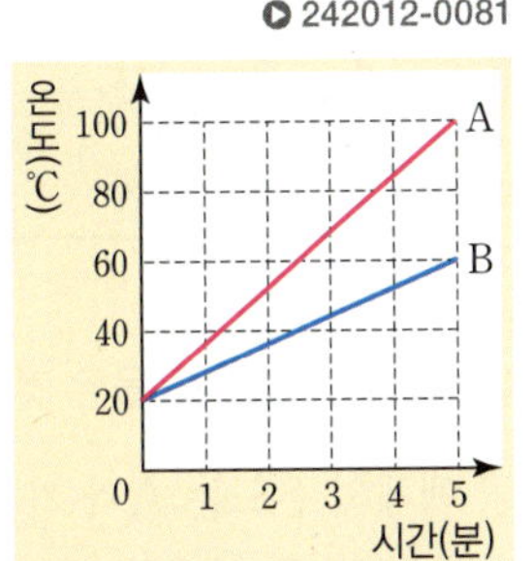

① A와 B의 비열은 다르다.
② 비열은 A가 B의 2배이다.
③ A가 B보다 온도가 더 빠르게 변한다.
④ A, B가 얻은 열량은 시간에 비례한다.
⑤ A의 질량만 2배로 하면 A와 B의 온도 변화가 같다.

▶ 242012-0082

04 표는 여러 가지 물질의 비열을 나타낸 것이다.

물질	물	식용유	알루미늄	모래	철
비열(kcal/(kg·℃))	1	0.4	0.21	0.19	0.11

위 표의 물질 1 kg에 같은 양의 열을 가할 때, 온도 변화가 가장 큰 물질을 고르면?

① 물 ② 식용유 ③ 알루미늄
④ 모래 ⑤ 철

▶ 242012-0083

05 그림은 질량이 같은 두 물체 A와 B를 접촉시키고 열평형 상태에 도달할 때까지 시간에 따른 온도 변화를 나타낸 것이다.

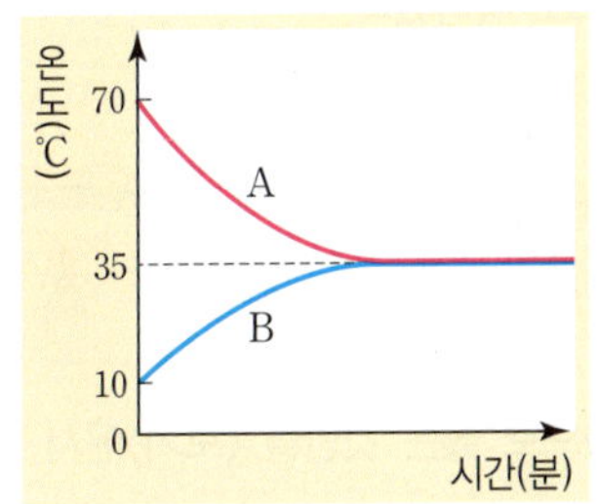

A와 B의 비열의 비(A : B)는? (단, 외부와 열 출입은 없다.)

① 1 : 7 ② 5 : 7 ③ 5 : 9
④ 7 : 1 ⑤ 7 : 5

▶ 242012-0084

06 그림은 같은 질량의 물과 식용유를 같은 세기의 불꽃으로 가열했을 때 시간에 따른 온도 변화를 나타낸 것이다. 이와 같은 원리로 설명할 수 있는 현상을 〈보기〉에서 있는 대로 고른 것은?

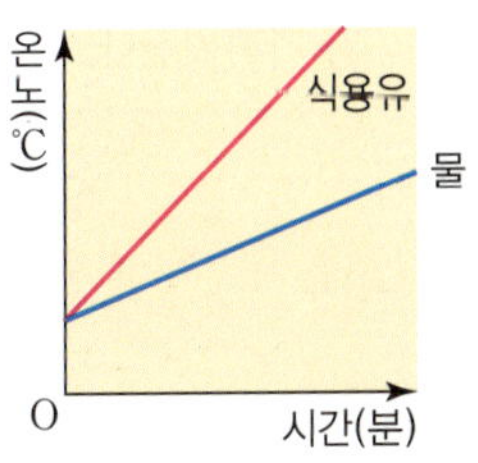

> **보기**
> ㄱ. 여름 해안가에서 낮에는 바닷물의 온도가 모래보다 더 낮다.
> ㄴ. 공기가 들어 있는 풍선을 가열하면 팽팽해진다.
> ㄷ. 약 70 %가 물로 이루어진 우리 몸은 외부의 온도 변화가 있어도 체온은 거의 일정하게 유지된다.

① ㄱ ② ㄴ ③ ㄱ, ㄴ
④ ㄱ, ㄷ ⑤ ㄴ, ㄷ

2 열팽창

● 242012-0085

07 고체가 열을 얻어 부피가 커질 때 고체를 이루는 입자 사이의 거리와 입자의 크기 변화를 옳게 짝 지은 것은?

	입자 사이의 거리	입자의 크기
①	멀어진다.	커진다.
②	멀어진다.	작아진다.
③	멀어진다.	변함없다.
④	가까워진다.	커진다.
⑤	가까워진다.	변함없다.

● 242012-0086

08 그림과 같이 금속 A와 B를 붙여 놓은 바이메탈을 가열하였더니 B쪽으로 휘어졌다.

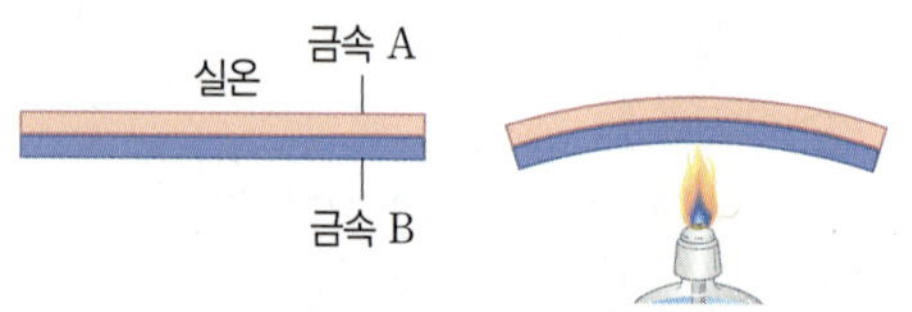

이에 대한 설명으로 옳은 것만을 〈보기〉에서 있는 대로 고른 것은?

보기
ㄱ. 열팽창이 더 잘되는 금속은 A이다.
ㄴ. 바이메탈 위에 얼음을 올려놓으면 A쪽으로 휘어진다.
ㄷ. 금속에 열을 가하면 금속을 이루는 입자 사이의 거리가 가까워진다.

① ㄱ   ② ㄷ   ③ ㄱ, ㄴ
④ ㄴ, ㄷ   ⑤ ㄱ, ㄴ, ㄷ

● 242012-0087

09 고체 또는 액체의 열팽창에 대한 설명으로 옳지 않은 것은?

① 물질의 종류에 따라 열팽창하는 정도가 다르다.
② 열을 가하면 물체의 길이 또는 부피가 증가한다.
③ 열을 가하면 물질을 이루는 입자의 개수가 많아진다.
④ 온도가 낮아지면 물질을 이루는 입자 사이의 거리가 가까워진다.
⑤ 알코올의 경우 열팽창하는 정도가 일정하므로 온도계를 만들 때 사용한다.

● 242012-0088

10 열팽창과 관련된 현상이 아닌 것은?

① 다리나 철로 이음매 부분에 틈을 만든다.
② 전깃줄이 여름철에는 늘어지고, 겨울철에는 팽팽해진다.
③ 불 위에 올린 냄비가 시간이 지나면 전체가 뜨거워진다.
④ 철로 만들어진 에펠탑의 높이는 여름철이 겨울철보다 높다.
⑤ 포개진 그릇을 분리하기 위해 바깥쪽 그릇을 뜨거운 물에 담근다.

● 242012-0089

11 그림은 같은 양의 에탄올과 물이 든 삼각 플라스크를 뜨거운 물이 담긴 수조에 넣고 시간이 지난 후의 모습을 나타낸 것이다. 이에 대한 설명으로 옳은 것만을 〈보기〉에서 있는 대로 고른 것은?
(단, 유리관의 두께는 동일하다.)

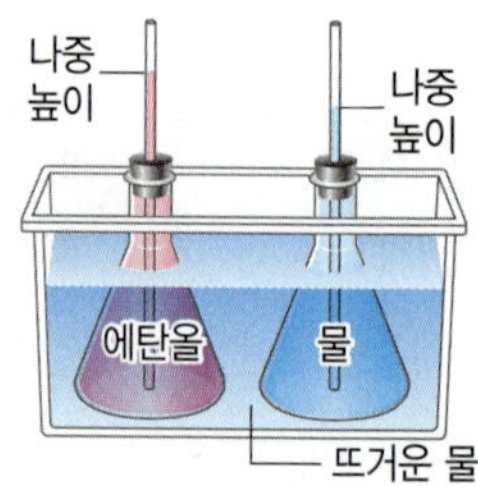

보기
ㄱ. 액체가 열을 얻으면 부피가 팽창한다.
ㄴ. 액체의 열팽창 정도는 에탄올이 물보다 크다.
ㄷ. 액체를 이루는 입자 운동은 에탄올만 활발해진다.

① ㄱ   ② ㄴ   ③ ㄷ
④ ㄱ, ㄴ   ⑤ ㄴ, ㄷ

● 242012-0090

12 그림은 네 종류의 액체 A～D를 동일한 둥근 바닥 플라스크에 같은 높이 만큼 넣고 뜨거운 물이 담긴 수조에 넣은 후 시간이 지나 A～D의 높이가 각각 달라진 모습을 나타낸 것이다.

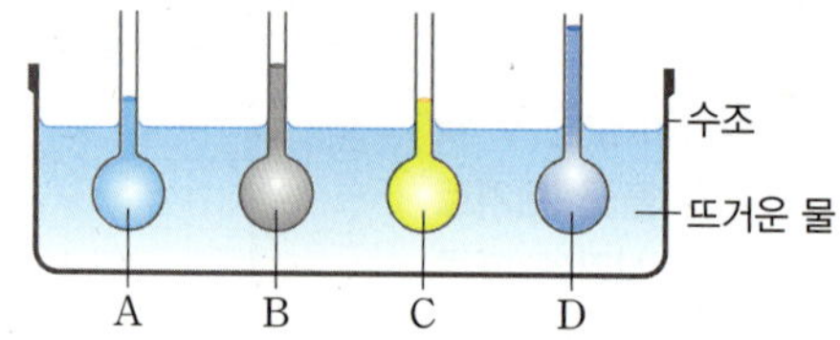

이에 대한 설명으로 옳은 것은?

① 액체의 온도는 A가 가장 높다.
② A～D 중 열팽창 정도는 D가 가장 크다.
③ 열은 액체 A～D에서 뜨거운 물로 이동한다.
④ 일반적으로 열팽창 정도는 고체가 액체보다 크다.
⑤ 차가운 물이 담긴 수조에 A～D를 넣으면 A～D를 이루는 입자 사이의 거리가 멀어진다.

01 표는 여러 가지 물질의 비열을 나타낸 것이다. ▶ 242012-0091

물질	물	식용유	모래
비열(kcal/(kg·℃))	1	0.4	0.19

위 세 물질 중 찜질팩에 넣기 적절한 물질을 쓰고, 그 까닭을 서술하시오.

Tip 찜질팩에 넣는 물질은 온도가 오랫동안 유지되는 것이 좋다.

Key Word 온도 변화가 작은 물질, 비열

02 그림은 20 ℃의 물체 A와 80 ℃의 물체 B를 접촉하였을 때 온도 변화를 시간에 따라 나타낸 것이다.
A, B의 질량이 같을 때, A, B의 비열을 비교하고, 그 까닭을 서술하시오. (단, 외부와의 열출입은 없다.) ▶ 242012-0092

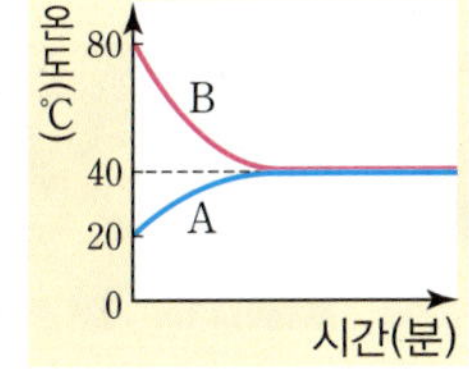

Tip 가해진 열량과 질량이 같을 때, 비열과 온도 변화는 반비례한다.

Key Word 온도 변화, 비열

03 금속 냄비와 뚝배기에 각각 같은 온도와 같은 양의 뜨거운 찌개를 담았을 때 뚝배기 속 찌개가 금속 냄비 속 찌개보다 더 오랫동안 따뜻한 까닭을 서술하시오. ▶ 242012-0093

▲ 금속 냄비

▲ 뚝배기

Tip 뚝배기가 금속 냄비보다 온도 변화가 작다.

Key Word 금속 냄비, 뚝배기, 온도 변화, 비열

04 그림과 같이 다리를 설치할 때 다리의 이음매 부분에 틈을 만든다.
여름과 겨울에 이 틈의 간격을 비교하고, 그 까닭을 서술하시오. ▶ 242012-0094

Tip 고체가 열을 받으면 열팽창하여 길이가 길어지고, 부피가 커진다.

Key Word 열팽창, 다리 이음매의 틈

05 그림은 바이메탈을 이용한 화재경보기의 모습을 나타낸 것이다. ▶ 242012-0095

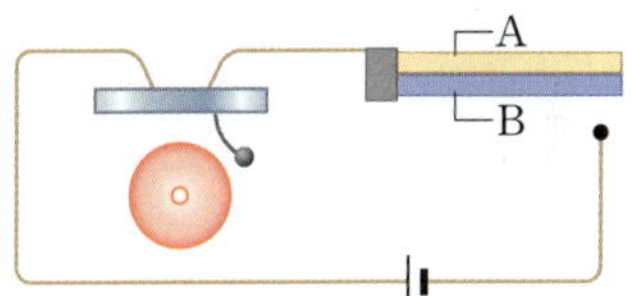

화재가 나서 화재 경보가 울릴 때 바이메탈이 휘는 방향을 쓰고 A, B의 열팽창 정도를 비교하여 서술하시오.

Tip 열을 가하면 B 방향으로 휘어지면서 화재 경보가 울린다.

Key Word 열팽창 정도, 바이메탈

06 그림은 다양한 음료가 들어 있는 음료수병을 나타낸 것이다.
음료수병에 음료를 가득 채우지 않고 약간의 빈 공간을 두는 까닭을 서술하시오. ▶ 242012-0096

Tip 더운 여름날 액체는 열팽창하여 부피가 증가한다.

Key Word 빈 공간, 액체의 열팽창

01 입자의 운동과 상태 변화

1 스스로 움직이는 입자

1. 입자* 운동: 물질을 이루는 입자들이 스스로 끊임없이 움직이는 현상
(1) 온도가 높을수록 입자 운동이 활발하다.
(2) 입자 운동에 의한 현상: 증발, 확산 등

2. 증발: 액체를 이루는 입자가 스스로 운동하여 액체의 표면에서 기체로 변하는 현상
(1) 증발과 입자 운동: 시간이 지날수록 어항의 물이 줄어드는데, 이것은 물 입자가 스스로 운동하여 물 표면으로부터 떨어져 나와 수증기가 되기 때문이다.

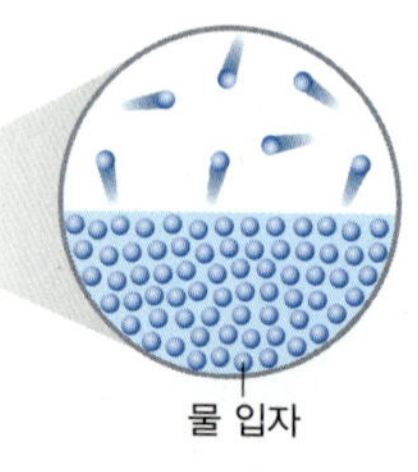

▲ 증발

(2) 증발 현상의 예

젖은 빨래가 마른다.	염전에서 물을 증발시켜 소금을 얻는다.	젖은 머리카락을 바람으로 말린다.	감을 말려 곶감을 만든다.

3. 확산*: 물질을 이루는 입자들이 스스로 운동하여 멀리 퍼져 나가는 현상
(1) 확산과 입자 운동*: 향수병의 마개를 열어 놓으면 방 전체에 향수 냄새가 퍼지는데, 이것은 향수 입자가 스스로 운동하여 공기 중으로 퍼져 나가기 때문이다.

▲ 향수의 확산

(2) 확산 현상의 예

음식 냄새가 퍼진다.	마약 탐지견이 냄새로 마약을 찾는다.	뜨거운 물에 티백을 넣으면 차 성분이 퍼져 나간다.	물에 떨어뜨린 잉크가 물 전체로 퍼져 나간다.

*** 입자**

입자는 물질을 이루는 작은 알갱이이다. 입자는 크기가 매우 작아서 눈으로 볼 수 없다. 그래서 눈에 보이는 그림이나 다른 물체를 이용하여 입자를 나타내는데, 이를 입자 모형이라고 한다. 예를 들어, 고무풍선에서 빠져나오는 기체 입자를 그림과 같은 모형으로 설명할 수 있다.

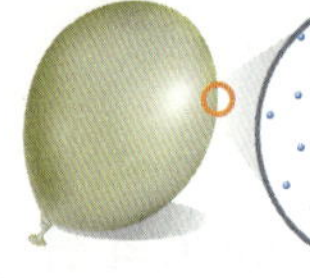
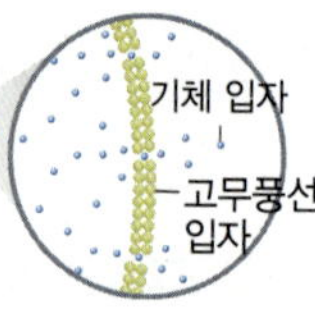

*** 진공에서의 확산**

확산은 입자 운동으로 나타나는 현상이므로 진공 속에서도 확산이 일어난다.

*** 확산의 방향**

입자는 모든 방향으로 움직일 수 있다. 확산은 입자 운동으로 나타나는 현상이므로 확산은 모든 방향으로 일어난다.

기본 다지기

01 모든 물질은 물질을 구성하는 작은 알갱이인 □□로 이루어져 있다.

02 물질을 이루는 입자들은 스스로 끊임없이 □□한다.

03 온도가 높을수록 입자 운동이 □□하다.

04 입자는 크기가 매우 작아서 눈으로 볼 수 없기 때문에 □□□□을 이용하여 설명한다.

05 액체 표면에서 운동이 활발한 입자가 떨어져 나와 기체로 변하는 현상을 □□이라고 한다.

06 물질을 이루고 있는 입자가 스스로 움직여 퍼져 나가는 현상을 □□이라고 한다.

01 입자와 입자 운동에 대한 설명으로 옳은 것은 ○표, 옳지 <u>않은</u> 것은 ×표를 하시오.

(1) 모든 입자는 모양과 크기가 같다. ( )
(2) 고체를 이루는 입자는 운동하지 않는다. ( )
(3) 입자는 눈으로 볼 수 없을 만큼 크기가 작다. ( )
(4) 입자들은 중력이 작용하는 방향으로만 움직인다. ( )
(5) 80 ℃ 물 입자보다 40 ℃ 물 입자의 운동이 더 활발하다. ( )

02 증발에 대한 설명으로 옳은 것은 ○표, 옳지 <u>않은</u> 것은 ×표를 하시오.

(1) 입자가 스스로 운동하여 나타나는 현상이다. ( )
(2) 젖은 빨래가 마르는 것은 증발에 의한 현상이다. ( )
(3) 액체의 표면에서 기체가 액체로 변하는 현상이다. ( )

03 확산에 대한 설명으로 옳은 것은 ○표, 옳지 <u>않은</u> 것은 ×표를 하시오.

(1) 확산은 모든 방향으로 일어난다. ( )
(2) 진공 속에서는 확산이 일어나지 않는다. ( )
(3) 입자가 스스로 운동하여 나타나는 현상이다. ( )
(4) 향수 냄새가 퍼지는 것은 확산에 의한 현상이다. ( )

04 증발의 예에 해당하는 것은 '증발', 확산의 예에 해당하는 것은 '확산'이라고 쓰시오.

(1) 비 온 뒤 땅이 마른다. ( )
(2) 감을 말려 곶감을 만든다. ( )
(3) 어항 속의 물이 점점 줄어든다. ( )
(4) 젖은 머리카락을 바람으로 말린다. ( )
(5) 빵을 꺼내놓으면 빵이 딱딱해진다. ( )
(6) 전기 모기향을 피워 모기를 쫓는다. ( )
(7) 마약 탐지견이 냄새로 마약을 찾는다. ( )
(8) 새벽녘 풀잎에 맺힌 이슬이 사라진다. ( )
(9) 염전에서 바닷물을 가두어 소금을 얻는다. ( )
(10) 뜨거운 물에 티백을 넣으면 차가 우러난다. ( )
(11) 울창한 숲을 걸으면 풀 내음을 맡을 수 있다. ( )
(12) 부엌에서 음식을 하면 음식 냄새가 집안 전체에 퍼진다. ( )
(13) 물에 잉크를 떨어뜨리면 물 전체가 잉크색으로 변한다. ( )
(14) 수채 물감으로 그림을 그리면 물이 말라서 물감만 남는다. ( )

2 물질의 세 가지 상태

1. 물질의 상태*

(1) 물질은 고체, 액체, 기체의 세 가지 상태로 존재한다.

(2) 어항 바닥의 모래는 고체, 어항의 물은 액체, 금붕어가 내뿜는 공기는 기체이다.

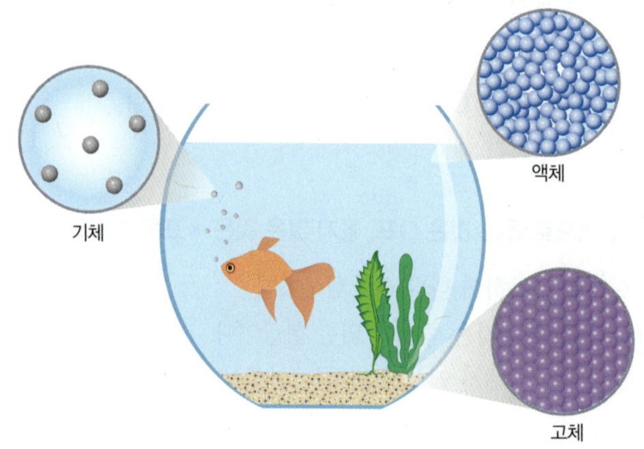

2. 물질의 상태에 따른 특징

구분	고체*	액체*	기체*
모양	일정하다.	일정하지 않다.	일정하지 않다.
부피*	일정하다.	일정하다.	일정하지 않다.
흐르는 성질	없다.	있다.	있다.
압축되는 성질	압축되지 않는다.	거의 압축되지 않는다.	쉽게 압축된다.
예(상온)	철, 나무, 얼음, 소금, 암석, 드라이아이스 등	물, 식초, 수은, 에탄올, 식용유, 아세톤 등	공기, 산소, 질소, 수증기, 이산화 탄소 등

3. 물질의 상태와 입자 배열

(1) 물질의 상태에 따라 입자의 배열과 운동이 다르다.

구분	고체	액체	기체
입자 모형			
입자 사이의 거리	매우 가깝다.	비교적 가깝다.	매우 멀다.
입자 배열	규칙적으로 배열	고체보다 불규칙적으로 배열	불규칙적으로 배열
입자 운동	활발하지 않다.*	비교적 자유롭다.	매우 자유롭고 활발하다.

(2) 고체, 액체, 기체의 특징이 서로 다른 까닭: 물질을 이루고 있는 입자 사이의 거리, 배열 상태, 움직임 정도가 서로 다르기 때문이다.

*** 물질의 상태**
물질은 온도나 압력에 따라 고체, 액체, 기체의 세 가지 상태로 존재한다.

*** 고체**
나무나 암석과 같은 고체 상태의 물질은 입자가 규칙적으로 배열되어 있기 때문에 단단하고 모양과 부피가 일정하다.

*** 액체**
물이나 식용유와 같은 액체 상태의 물질은 고체 상태의 물질보다 입자가 불규칙하게 배열되어 있다. 따라서 담는 그릇에 따라 모양이 변하고 흐르는 성질이 있다.

*** 기체**
공기와 같은 기체 상태의 물질은 입자가 매우 불규칙하게 배열되어 있기 때문에 모양이 일정하지 않고 흐르는 성질이 있다. 또한 기체 입자는 매우 자유롭고 활발하게 움직여서 공간을 가득 채우기 때문에 공간의 크기에 따라 기체의 부피가 달라진다.

*** 부피**
물질이 차지하는 공간의 크기이다. 물질의 상태가 같더라도 온도나 압력에 따라 부피가 변할 수 있다.

*** 고체의 입자 운동**
고체 상태의 입자도 제자리에서 진동하는 운동을 한다. 다만 액체와 기체에 비해 입자 운동이 둔할뿐이다.

기본 다지기

07 물질은 □ 가지 상태로 존재한다.

08 □□는 입자 사이의 거리가 매우 가깝고, 입자들이 규칙적으로 배열되어 있으며, 자유롭게 움직일 수 없다.

09 □□는 입자 사이의 거리가 비교적 가깝고, 입자들이 고체보다 불규칙하게 배열되어 있으며, 비교적 자유롭게 움직일 수 있다.

10 □□는 입자 사이의 거리가 매우 멀고, 입자들이 매우 불규칙하게 배열되어 있으며, 자유롭고 활발하게 움직인다.

05 그림의 각 상황과 관련된 물질의 상태를 옳게 연결하시오.

(1) 병 속의 물 •   • ㉠ 고체

(2) 자전거의 몸체 •   • ㉡ 액체

(3) 타이어 속 공기 •   • ㉢ 기체

06 물질의 세 가지 상태에 대한 설명으로 옳은 것은 ○표, 옳지 <u>않은</u> 것은 ×표를 하시오.

(1) 고체는 부피가 일정하다. ( )

(2) 기체는 압축되는 성질이 있다. ( )

(3) 액체와 기체는 흐르는 성질이 있다. ( )

(4) 기체는 모양과 부피가 모두 일정하다. ( )

(5) 고체는 담는 그릇에 따라 모양이 달라진다. ( )

(6) 액체는 모양은 일정하지만 부피는 일정하지 않다. ( )

[07-08] 그림은 물질의 상태를 입자 모형으로 나타낸 것이다.

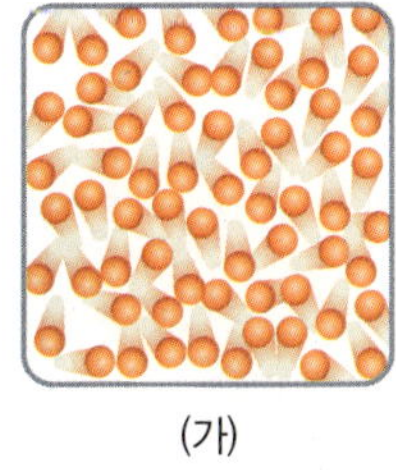

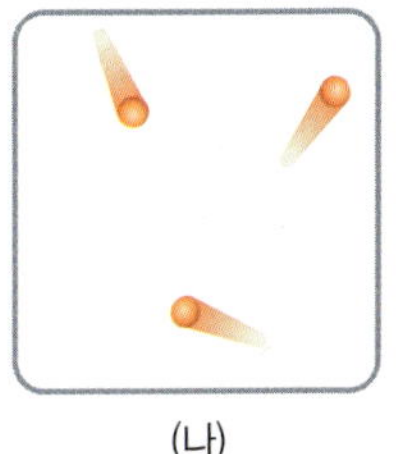

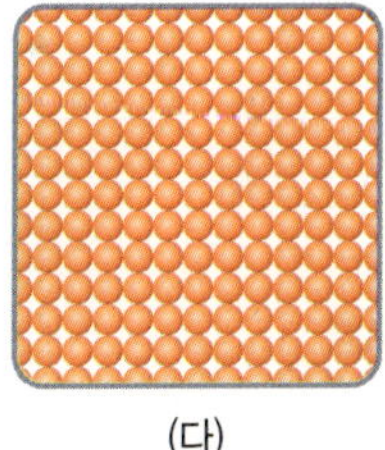

(가)   (나)   (다)

07 (가), (나), (다)에 해당하는 물질의 상태를 각각 쓰시오.

08 다음에서 설명하는 입자 모형의 기호를 쓰시오.

(1) 입자 사이의 거리가 매우 멀다. ( )

(2) 입자들이 자유롭게 움직일 수 없다. ( )

(3) 입자들이 규칙적으로 배열되어 있다. ( )

(4) 입자 사이의 거리가 비교적 가깝고, 비교적 자유롭게 움직인다. ( )

3 물질의 상태 변화

1. 상태 변화: 온도나 압력에 따라 물질의 상태가 변하는 것

(1) 고체와 액체 사이의 상태 변화

구분	융해(고체 → 액체)	응고(액체 → 고체)
정의	고체가 액체로 변하는 현상	액체가 고체로 변하는 현상
예	• 초콜릿이 녹는다. • 얼음이 녹아 물이 된다. • 용광로에서 철을 녹인다. • 양초가 녹아 촛농이 된다.	• 촛농이 굳는다. • 쇳물이 식어 단단한 철이 된다. • 고깃국을 식히면 기름이 굳는다. • 겨울철 처마 끝에 고드름이 생긴다.

(2) 액체와 기체 사이의 상태 변화

구분	기화(액체 → 기체)	액화(기체 → 액체)
정의	액체가 기체로 변하는 현상	기체가 액체로 변하는 현상
예	• 젖은 빨래가 마른다. • 물이 끓어* 수증기가 된다. • 풀잎에 맺힌 이슬이 사라진다. • 손에 바른 알코올이 사라진다.	• 안경에 김이 서린다. • 새벽녘에 안개가 생긴다. • 목욕탕 천장에 물방울이 맺힌다. • 차가운 컵 표면에 물방울이 맺힌다.

(3) 고체와 기체 사이의 상태 변화

구분	승화(고체 → 기체)	승화(기체 → 고체)
정의	고체가 기체로 변하는 현상	기체가 고체로 변하는 현상
예	• 옷장 속 나프탈렌이 작아진다. • 드라이아이스가 점점 작아진다. • 추운 겨울날 언 빨래가 마른다.	• 냉동실에 성에가 생긴다. • 늦가을 새벽에 서리가 내린다. • 추운 날 유리창에 성에가 낀다.

2. 물질의 상태 변화 비교

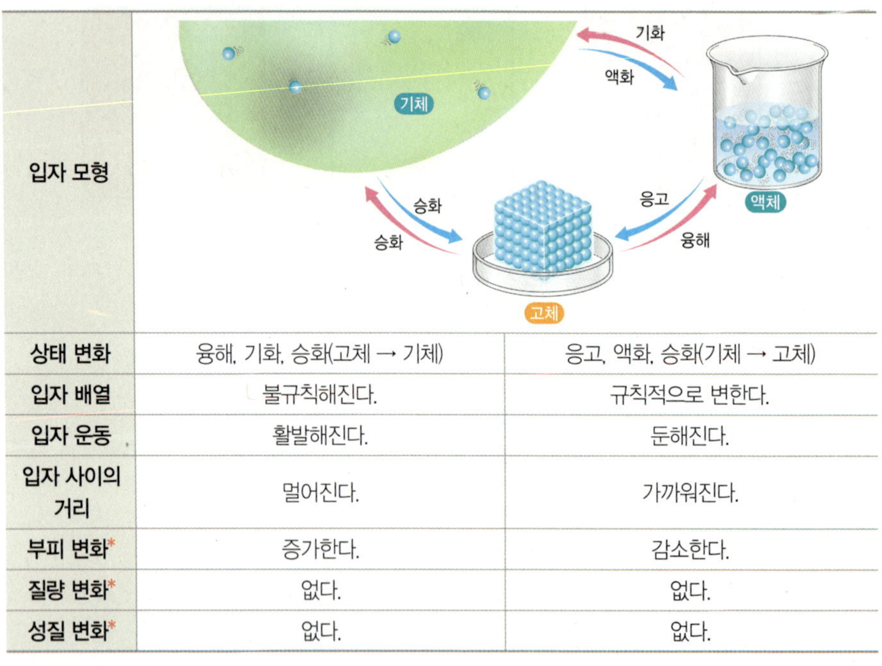

	융해, 기화, 승화(고체 → 기체)	응고, 액화, 승화(기체 → 고체)
상태 변화	융해, 기화, 승화(고체 → 기체)	응고, 액화, 승화(기체 → 고체)
입자 배열	불규칙해진다.	규칙적으로 변한다.
입자 운동	활발해진다.	둔해진다.
입자 사이의 거리	멀어진다.	가까워진다.
부피 변화*	증가한다.	감소한다.
질량 변화*	없다.	없다.
성질 변화*	없다.	없다.

* **증발과 끓음**

증발은 액체 표면에서 일어나는 기화 현상이고, 끓음은 액체 전체에서 일어나는 기화 현상이다.

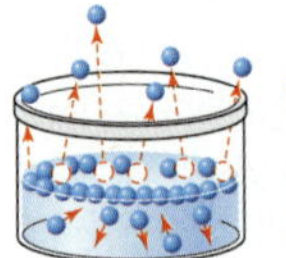 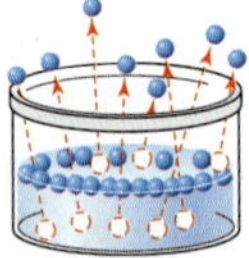

▲ 증발　　　　▲ 끓음

* **상태 변화에 따른 부피 변화**

물질이 융해, 기화, 승화(고체 → 기체)하는 동안 입자 사이의 거리가 멀어지므로 전체 부피가 증가한다. 또한 물질이 응고, 액화, 승화(기체 → 고체)하는 동안 입자 사이의 거리가 가까워지므로 전체 부피가 감소한다.

* **물의 상태 변화와 부피 변화**

예외적으로 물은 응고할 때 부피가 커진다. 그 까닭은 물이 응고할 때 육각형의 구조를 이루면서 입자 사이에 빈 공간이 형성되기 때문이다.

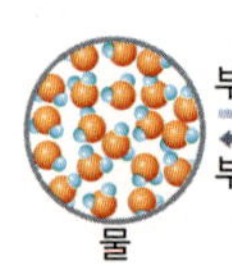 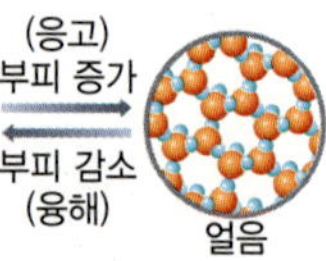

* **상태 변화에 따른 질량 변화**

물질의 상태가 변하는 동안 입자의 종류와 개수가 변하지 않으므로 질량은 변하지 않는다.

* **상태 변화에 따른 성질 변화**

물질의 상태가 변하는 동안 입자의 종류가 변하지 않으므로 물질의 성질이 변하지 않는다.

기본 다지기

11 물질은 □□나 압력에 따라 물질의 상태가 변한다.

12 □□는 고체가 액체로 상태가 변하는 현상이다.

13 □□는 액체가 고체로 상태가 변하는 현상이다.

14 □□는 액체가 기체로 상태가 변하는 현상이다.

15 □□는 기체가 액체로 상태가 변하는 현상이다.

16 □□는 고체가 기체로, 또는 기체가 고체로 상태가 변하는 현상이다.

17 물질의 상태가 변하는 동안 입자 사이의 거리가 변하므로 전체 □□가 변한다.

[09-10] 그림은 물질의 상태 변화를 입자 모형으로 나타낸 것이다.

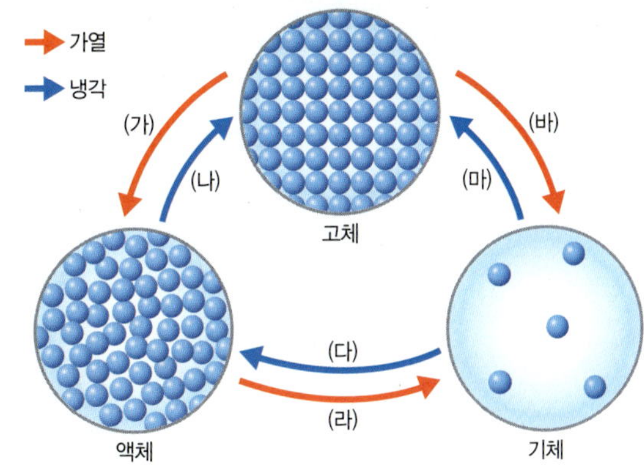

09 (가)~(바)에 해당하는 상태 변화를 각각 쓰시오.

10 다음 현상과 관계있는 상태 변화를 위 그림에서 찾아 기호를 쓰시오.

(1) 얼음이 언다. ( )
(2) 고드름이 생긴다. ( )
(3) 초콜릿이 녹는다. ( )
(4) 안경에 김이 서린다. ( )
(5) 젖은 빨래가 마른다. ( )
(6) 용광로에서 철을 녹인다. ( )
(7) 흘러내리던 촛농이 굳는다. ( )
(8) 늦가을 새벽에 서리가 내린다. ( )
(9) 드라이아이스가 점점 작아진다. ( )
(10) 손에 바른 손 소독제가 사라진다. ( )
(11) 차가운 컵 표면에 물방울이 맺힌다. ( )
(12) 추운 겨울날 유리창에 성에가 생긴다. ( )
(13) 새벽녘 풀잎에 맺힌 이슬이 사라진다. ( )
(14) 영하의 온도에서 얼어있던 명태가 마른다. ( )

11 상태 변화가 일어날 때 변하는 것만을 〈보기〉에서 있는 대로 고르시오.

─ 보기 ─
ㄱ. 전체 부피 ㄴ. 전체 질량 ㄷ. 물질의 성질
ㄹ. 입자의 개수 ㅁ. 입자의 종류 ㅂ. 입자 사이의 거리

탐구 목표 | 물질의 상태가 변할 때 질량과 부피의 변화를 설명할 수 있다.

준비물
드라이아이스, 지퍼백, 핀셋, 감압 용기, 전자저울, 실험복, 실험용 장갑

유의점
드라이아이스를 지퍼백에 넣을 때 안전을 위해 실험용 장갑을 착용하고 핀셋을 사용한다.

과정

1. 드라이아이스를 지퍼백에 넣고 공기를 뺀 후 지퍼를 닫는다.
2. 과정 1의 지퍼백을 감압 용기에 넣고 감압 용기의 공기를 뺀다.
3. 과정 2의 감압 용기를 전자저울에 올리고 질량을 측정한다.
4. 지퍼백 속 드라이아이스가 보이지 않을 때까지 기다린 후 질량과 지퍼백의 부피 변화를 관찰한다.

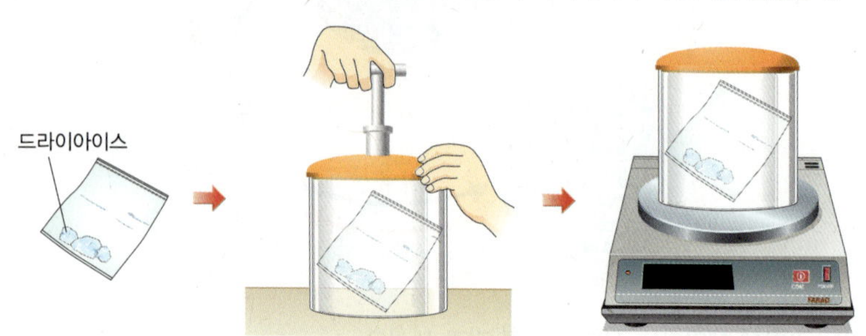

결과

1. 상태 변화: 드라이아이스의 크기가 점점 작아진다. 따라서 드라이아이스의 상태가 고체에서 기체로 변하였음을 알 수 있다.
2. 질량 변화: 질량은 변하지 않는다.
3. 부피 변화: 지퍼백의 부피가 커진다.

정리

1. 드라이아이스가 고체 상태에서 기체 상태로 변할 때, 드라이아이스를 이루는 입자의 종류와 개수가 변하지 않으므로 질량은 변하지 않는다.
2. 드라이아이스가 고체 상태에서 기체 상태로 변할 때, 드라이아이스를 이루는 입자 사이의 거리가 멀어지므로 부피가 커진다.

탐구 확인 문제

정답과 해설 19쪽

1. 위 지퍼백 속 드라이아이스에서 일어나는 상태 변화를 쓰시오.

2. 위 실험에서 드라이아이스가 (가) 고체 상태일 때와 (나) 기체 상태일 때의 질량과 부피를 등호 또는 부등호로 옳게 비교하시오.

(1) 질량: (가) (　　　) (나)
(2) 부피: (가) (　　　) (나)

3. 위 실험 결과에 대한 설명으로 옳은 것만을 〈보기〉에서 있는 대로 고르시오.

보기
ㄱ. 드라이아이스의 상태가 변할 때 입자의 배열이 변한다.
ㄴ. 드라이아이스의 상태가 변할 때 입자 사이의 거리가 변한다.
ㄷ. 드라이아이스의 상태가 변할 때 입자의 종류와 개수가 변한다.

1 스스로 움직이는 입자

▶ 242012-0097

01 입자와 입자 운동에 대한 설명으로 옳지 <u>않은</u> 것은?

① 입자는 모든 방향으로 움직인다.
② 입자는 끊임없이 스스로 움직인다.
③ 고체 상태의 입자는 움직이지 않는다.
④ 온도가 높을수록 입자 운동이 활발하다.
⑤ 입자는 매우 작아서 직접 관찰하기 어렵다.

▶ 242012-0098

02 그림은 감을 말려 곶감을 만드는 모습을 나타낸 것이다. 이와 같은 원리의 현상으로 옳은 것은?

① 가뭄이 들어 논바닥이 갈라진다.
② 전기 모기향을 피워 모기를 쫓는다.
③ 마약 탐지견이 냄새로 마약을 찾는다.
④ 뜨거운 물에 티백을 넣어 차를 우린다.
⑤ 부엌에서 만든 음식의 냄새가 집안에 퍼진다.

▶ 242012-0099

03 그림은 향수 입자의 운동을 모형으로 나타낸 것이다.

이에 대한 설명으로 옳지 <u>않은</u> 것은?

① 향수 입자는 스스로 움직인다.
② 진공에서는 향수 입자가 퍼지지 않는다.
③ 온도가 높을수록 향수 입자가 빨리 퍼진다.
④ 향수병에서 떨어져 있어도 향수 냄새를 맡을 수 있다.
⑤ 시간이 지날수록 향수 입자와 공기 입자가 서로 섞인다.

[04-05] 그림과 같이 윗접시저울의 양쪽에 각각 거름종이를 올려놓고 수평을 맞춘 후, 오른쪽 거름종이에 에탄올을 몇 방울 떨어뜨렸다.

▶ 242012-0100

04 저울에서 나타나는 변화로 옳은 것은?

① 계속 수평이 유지된다.
② 왼쪽으로 기울어진 채 유지된다.
③ 오른쪽으로 기울어진 채 유지된다.
④ 왼쪽으로 기울어졌다가 수평이 된다.
⑤ 오른쪽으로 기울어졌다가 수평이 된다.

▶ 242012-0101

05 위 실험을 통해 알 수 있는 사실로 옳은 것은?

① 물보다 에탄올이 더 빨리 증발된다.
② 온도가 높을수록 증발이 잘 일어난다.
③ 표면적이 넓을수록 증발이 잘 일어난다.
④ 에탄올 입자는 스스로 운동하여 증발한다.
⑤ 입자의 질량이 작을수록 입자 운동이 활발하다.

2 물질의 세 가지 상태

▶ 242012-0102

06 그림은 물을 제외한 일반적인 물질의 상태에 따른 입자 배열을 나타낸 것이다.

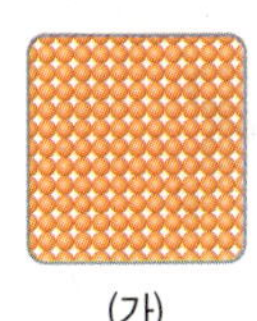  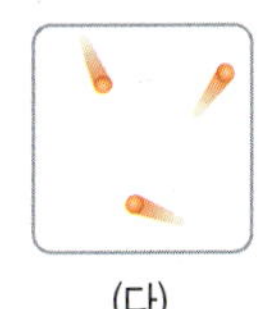

이에 대한 설명으로 옳지 <u>않은</u> 것은?

① (다)는 압축이 잘 된다.
② 철, 암석, 얼음 등은 (나)에 해당한다.
③ (나)는 (가)보다 입자 운동이 활발하다.
④ 입자 배열이 가장 규칙적인 것은 (가)이다.
⑤ 입자 사이의 거리는 (다)>(나)>(가) 순으로 멀다.

❸ 물질의 상태 변화

[07-09] 그림은 물질의 상태 변화를 입자 모형으로 나타낸 것이다.

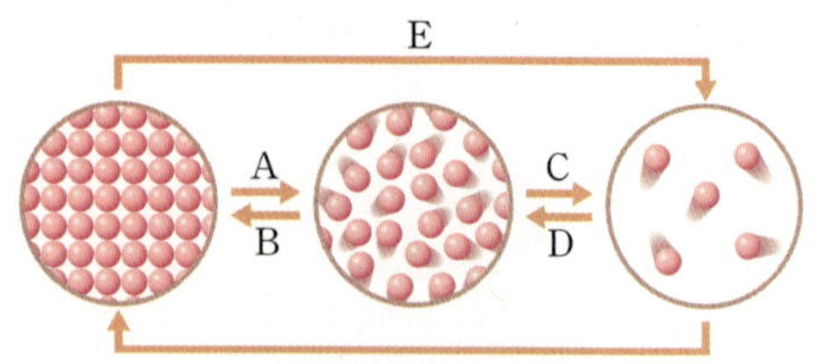

▶ 242012-0103

07 A ~ E 중 입자 사이의 거리가 멀어지는 상태 변화의 기호를 모두 쓰시오.

▶ 242012-0104

08 A ~ E 중 입자 운동의 빠르기가 가장 크게 변하는 상태 변화의 기호를 쓰시오.

▶ 242012-0105

09 A ~ E에 해당하는 예를 옳게 짝 지은 것은?

① A – 겨울철에 고드름이 생긴다.
② B – 겨울철 유리창에 성에가 생긴다.
③ C – 드라이아이스의 크기가 작아진다.
④ D – 손에 뿌린 손 소독제가 사라진다.
⑤ E – 겨울철 영하의 기온에서 얼어 있던 명태가 마른다.

▶ 242012-0106

10 그림과 같이 비닐봉지에 에탄올을 넣고 입구를 밀봉한 후 드라이어로 비닐봉지를 따뜻하게 했더니 액체 상태의 에탄올은 사라지고 비닐봉지가 부풀었다.

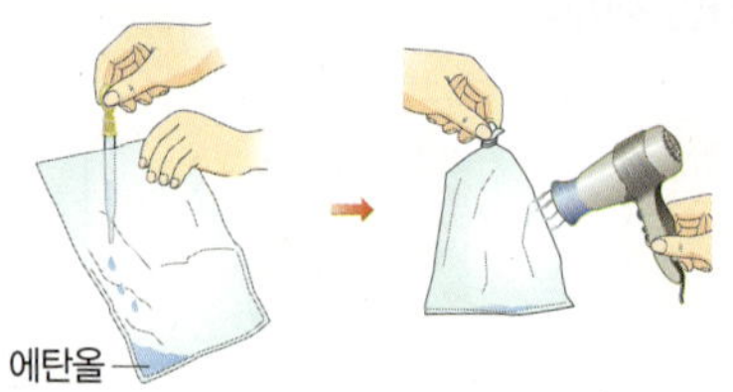

에탄올에서 일어난 변화에 대한 설명으로 옳은 것은?

① 에탄올의 입자 배열이 규칙적으로 변했다.
② 에탄올을 이루는 입자의 개수가 많아졌다.
③ 에탄올에서 일어난 상태 변화는 액화이다.
④ 에탄올을 이루는 입자의 운동이 활발해졌다.
⑤ 에탄올이 상태 변화할 때 부피가 일정하게 유지되었다.

▶ 242012-0107

11 다음은 물의 상태 변화에 대한 실험을 나타낸 것이다.

(가) 비커에 담긴 물을 유리 막대로 찍어 푸른색 염화 코발트 종이에 묻혔더니 종이가 붉게 변했다.
(나) 물이 담긴 비커 위에 얼음이 든 시계 접시를 올려놓고 비커를 가열하였다.
(다) 시계 접시 밑에 맺힌 물방울을 유리 막대로 찍어 푸른색 염화 코발트 종이에 묻혔더니 종이가 붉게 변했다.

이에 대한 설명으로 옳지 <u>않은</u> 것은?

① 비커 속에서 물의 기화가 일어난다.
② 시계 접시에 담긴 얼음은 융해한다.
③ 물의 상태가 변할 때 물의 성질은 유지됨을 알 수 있다.
④ 시계 접시 밑바닥에 맺힌 물방울은 얼음이 융해된 것이다.
⑤ 물은 푸른색 염화 코발트 종이를 붉게 변화시키는 성질이 있다.

▶ 242012-0108

12 상태 변화가 일어날 때 부피가 커지는 예로 옳은 것은?

① 얼음이 녹아 물이 된다.
② 냉동실에 성에가 생긴다.
③ 흘러내리던 촛농이 굳는다.
④ 손등에 바른 알코올이 사라진다.
⑤ 물이 담긴 주전자를 가열하면 주전자의 입구에서 김이 생긴다.

01 전자저울 위에 거름종이를 올리고 아세톤을 10 방울 떨어뜨린 후 질량 변화를 관찰하였더니 질량이 감소하였다. 그 까닭을 입자 운동과 관련지어 서술하시오. ▶ 242012-0109

Tip 아세톤은 액체 상태에서 기체 상태로 쉽게 변하는 물질이다.

Key Word 입자 운동, 증발

02 그림은 온도가 다른 물에 잉크를 동시에 떨어뜨렸을 때 잉크가 퍼져 나간 모습을 나타낸 것이다.
(가)와 (나) 중 물의 온도가 높은 것을 고르고, 그 까닭을 입자 운동과 관련지어 서술하시오. ▶ 242012-0110

(가)   (나)

Tip 입자 운동이 활발할수록 잉크가 물속에서 잘 퍼진다.

Key Word 온도, 입자 운동

03 그림과 같이 페트리 접시 위에 페놀프탈레인 용액에 적신 솜을 일정한 간격으로 올려놓고 가운데에 묽은 암모니아수를 떨어뜨린 후 뚜껑을 덮었더니 묽은 암모니아수에서 가까운 솜부터 차례로 붉게 변했다. ▶ 242012-0111

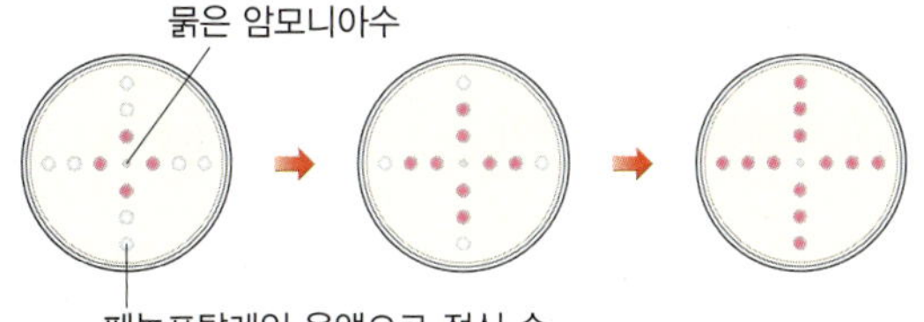

이를 통해 알 수 있는 입자 운동의 특징을 서술하시오.

Tip 페놀프탈레인 용액은 암모니아 기체와 만나면 붉게 변하는 특징이 있다.

Key Word 입자 운동, 방향

04 공기가 들어 있는 주사기의 끝을 고무마개로 막고 피스톤을 눌렀더니 공기가 압축되었다. 이와 같이 공기가 쉽게 압축되는 까닭을 기체의 특징과 관련지어 서술하시오. ▶ 242012-0112

Tip 입자 사이의 빈 공간이 많을수록 쉽게 압축된다.

Key Word 기체, 입자 사이의 거리

05 그림과 같이 액체 양초를 굳히는 동안 양초 표면의 가운데가 오목하게 들어갔다. ▶ 242012-0113

그 까닭을 상태 변화와 관련지어 서술하시오.

Tip 물질의 상태가 변하면 입자 사이의 거리가 변한다.

Key Word 상태 변화, 부피

06 그림과 같이 아세톤을 삼각 플라스크에 넣고 입구를 막은 후 질량을 측정하였다. 그 후 드라이어의 뜨거운 바람으로 삼각 플라스크 속 아세톤을 모두 기화시키고 다시 질량을 측정하였다. ▶ 242012-0114

이때 삼각 플라스크의 질량 변화를 쓰고, 그 까닭을 입자와 관련지어 서술하시오.

Tip 삼각 플라스크 입구를 마개로 막아놓아 입자가 삼각 플라스크 안팎으로 이동할 수 없다.

Key Word 질량 변화, 입자

02 상태 변화와 열에너지

1 열에너지를 흡수하거나 방출하는 상태 변화

1. 열에너지*를 흡수하는 상태 변화

(1) 열에너지를 흡수하는 상태 변화에서의 온도 변화

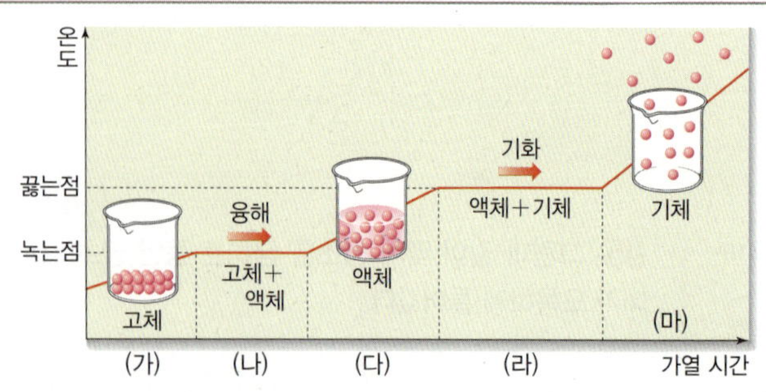

(가) 고체 온도 상승
(나) 융해하는 동안 온도 일정 → 녹는점*
(다) 액체 온도 상승
(라) 기화하는 동안 온도 일정 → 끓는점*
(마) 기체 온도 상승

(2) 열에너지를 흡수하는 상태 변화에서 입자 배열의 변화: 물질이 열에너지를 흡수하면 물질을 이루는 입자의 운동이 활발해져서 입자의 배열이 불규칙해지고, 입자 사이의 거리가 멀어진다.

2. 열에너지를 방출하는 상태 변화

(1) 열에너지를 방출하는 상태 변화에서의 온도 변화

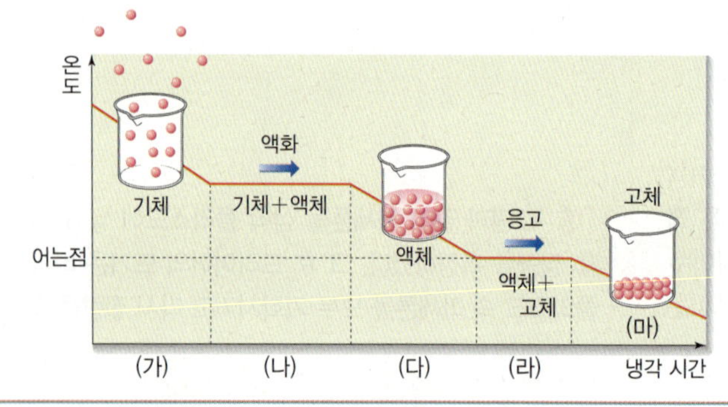

(가) 기체 온도 하강
(나) 액화하는 동안 온도 일정
(다) 액체 온도 하강
(라) 응고하는 동안 온도 일정 → 어는점*
(마) 고체 온도 하강

(2) 열에너지를 방출하는 상태 변화에서 입자 배열의 변화: 물질이 열에너지를 방출하면 물질을 이루는 입자의 운동이 둔해져서 입자의 배열이 규칙적으로 변하고, 입자 사이의 거리가 가까워진다.

3. 열에너지를 흡수하거나 방출하는 상태 변화의 비교

구분	열에너지 흡수	열에너지 방출
상태 변화	융해, 기화, 승화(고체 → 기체)	응고, 액화, 승화(기체 → 고체)
온도 변화	일정(녹는점, 끓는점)	일정(어는점)
입자 운동	활발해진다.	둔해진다.
입자 배열	불규칙해진다.	규칙적으로 변한다.
입자 사이의 거리	멀어진다.	가까워진다.

*** 열에너지**

물질의 온도를 변화시키거나 상태 변화를 일으키는 에너지이다. 열에너지가 클수록 온도가 높거나, 고체, 액체, 기체 순으로 상태가 변한다. 열에너지는 온도가 높은 물질에서 낮은 물질로 이동한다.

*** 녹는점**

고체에서 액체로 융해하는 동안 일정하게 유지되는 온도이다. 가해 준 열에너지가 상태 변화하는 데 사용되기 때문에 온도가 일정하게 유지된다.

*** 끓는점**

액체에서 기체로 기화하는 동안 일정하게 유지되는 온도이다. 가해 준 열에너지가 상태 변화하는 데 사용되기 때문에 온도가 일정하게 유지된다.

*** 어는점**

액체에서 고체로 응고하는 동안 일정하게 유지되는 온도이다. 상태 변화할 때 방출된 열에너지가 온도가 내려가는 것을 막아주어 온도가 일정하게 유지된다.

*** 녹는점, 끓는점과 물질의 상태**

- 끓는점보다 높은 온도에서는 기체 상태로, 녹는점보다 낮은 온도에서는 고체 상태로 존재한다.
- 끓는점과 녹는점 사이의 온도에서는 액체 상태로 존재한다.

01 □□□□는 물질의 온도나 상태를 변화시키는 에너지이다.

02 물질이 열에너지를 □□하면 물질의 온도가 높아지거나 상태가 변한다.

03 물질이 열에너지를 □□하면 물질의 온도가 낮아지거나 상태가 변한다.

04 □□□은 물질이 고체에서 액체로 융해하는 동안 일정하게 유지되는 온도이다.

05 □□□은 물질이 액체에서 기체로 기화하는 동안 일정하게 유지되는 온도이다.

06 □□□은 물질이 액체에서 고체로 응고하는 동안 일정하게 유지되는 온도이다.

01 그림은 물질의 상태 변화를 나타낸 것이다. A~F를 열에너지 출입에 따라 구분해 쓰시오.

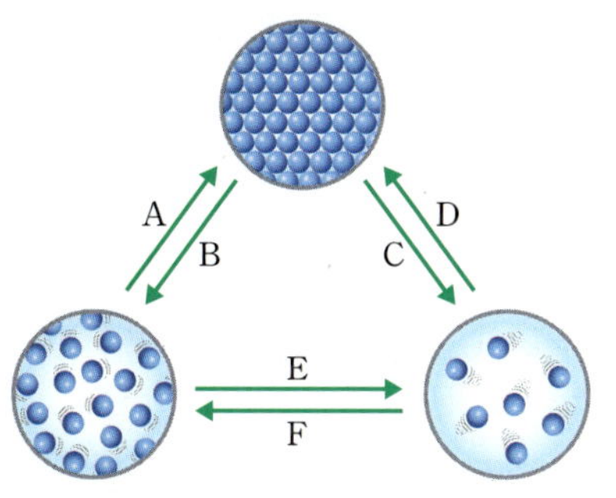

(1) 열에너지 흡수:

(2) 열에너지 방출:

02 그림은 어떤 고체의 가열 곡선을 나타낸 것이다.

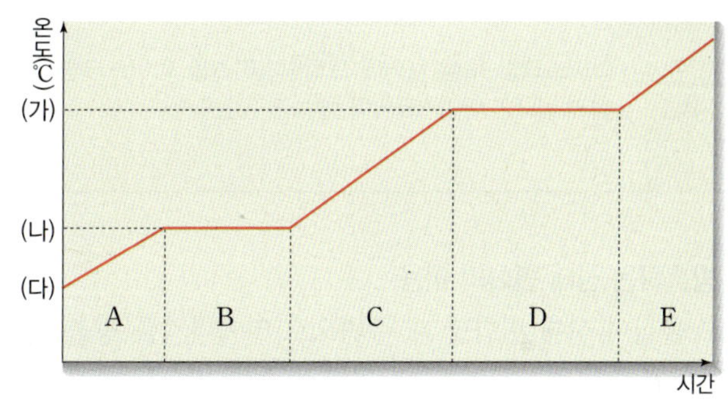

(1) (가)~(다) 중 녹는점과 끓는점을 각각 쓰시오.

(2) A~E 중 물질 전체에서 융해와 기화가 일어나는 구간을 각각 쓰시오.

(3) A~E 각 구간에서 존재하는 물질의 상태를 각각 쓰시오.

03 빈칸에 들어갈 알맞은 말을 고르시오.

> 물질이 열에너지를 흡수하여 상태가 변할 때, 물질을 이루는 입자의 운동이 (활발해져서, 둔해져서) 입자의 배열이 (규칙적, 불규칙적)으로 변하고, 입자 사이의 거리가 (가까워진다, 멀어진다).

② 상태 변화할 때 출입하는 열에너지의 이용

1. 열에너지를 흡수하는 상태 변화의 이용

(1) 온도 변화: 물질이 상태 변화할 때 주변으로부터 열에너지를 흡수하면 주변의 온도가 낮아진다.

(2) 열에너지를 흡수하는 상태 변화의 예

융해열* 흡수 (고체 → 액체)	• 손 위에 얼음을 올려놓으면 손이 차가워진다. • 얼음 조각상 옆에 있으면 시원하게 느껴진다. • 얼음과 음료수를 함께 넣으면 음료수가 차가워진다. • 얼음 위에 생선을 올려 진열하면 생선을 신선하게 보관할 수 있다. • 신선 식품을 포장할 때 얼음팩을 함께 넣어 식품을 신선하게 유지한다.	
기화열* 흡수 (액체 → 기체)	• 운동 후 땀이 마를 때 시원함이 느껴진다. • 수영하다 물 밖으로 나왔을 때 춥게 느껴진다. • 여름철 도로에 물을 뿌리면 주위가 시원해진다. • 하마는 더울 때 몸에 진흙을 묻혀 시원하게 한다. • 알코올을 묻힌 솜으로 손등을 문지르면 시원해진다. • 몸에 열이 날 때 물수건으로 닦으면 체온이 낮아진다.	
승화열* 흡수 (고체 → 기체)	• 아이스크림 포장 용기에 드라이아이스를 아이스크림과 함께 넣으면 아이스크림이 잘 녹지 않는다.	

*** 융해열**
물질이 고체에서 액체로 상태가 변화할 때 흡수하는 열에너지이다.

*** 기화열**
물질이 액체에서 기체로 상태가 변화할 때 흡수하는 열에너지이다.

*** 승화열**
물질이 고체에서 기체로 상태가 변화할 때 흡수하는 에너지 또는 기체에서 고체로 상태가 변화할 때 방출하는 열에너지이다.

2. 열에너지를 방출하는 상태 변화의 이용

(1) 온도 변화: 물질이 상태 변화할 때 주변으로 열에너지를 방출하므로 주변의 온도가 높아진다.

(2) 열에너지를 방출하는 상태 변화의 예

응고열* 방출 (액체 → 고체)	• 손을 액체 파라핀에 담갔다가 빼면서 온찜질을 한다. • 얼음집 안쪽 벽에 물을 뿌리면 얼음집 내부가 따뜻해진다. • 겨울철에 오렌지가 얼지 않도록 오렌지 나무에 물을 뿌린다. • 조상들은 겨울철 과일 창고에 물이 담긴 그릇을 놓아 과일이 어는 것을 방지하였다.	
액화열* 방출 (기체 → 액체)	• 증기 오븐으로 식품을 조리한다. • 소나기가 내리기 전에 날씨가 후텁지근하게 느껴진다. • 무더운 여름에 냉방이 잘된 곳에서 밖으로 나오면 후텁지근하게 느껴진다.	
승화열 방출 (기체 → 고체)	• 겨울철 눈이 내릴 때 날씨가 포근하게 느껴진다.	

*** 응고열**
물질이 액체에서 고체로 상태가 변화할 때 방출하는 열에너지이다.

*** 액화열**
물질이 기체에서 액체로 상태가 변화할 때 방출하는 열에너지이다.

01 그림은 어떤 고체 물질을 가열했을 때의 온도 변화를 나타낸 것이다.

242012-0126

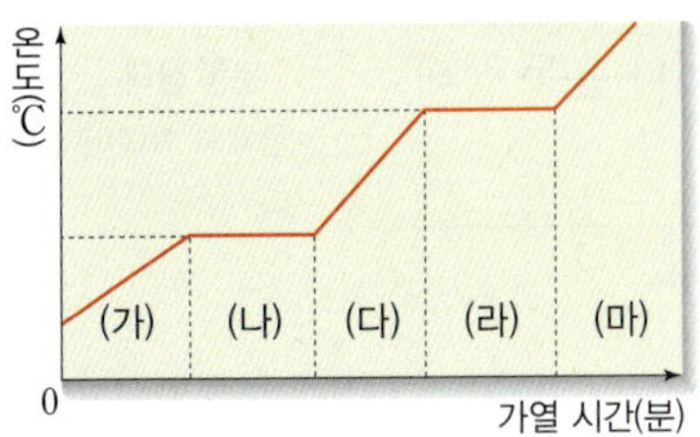

(가)~(마) 중 온도가 일정한 구간을 모두 찾고, 가열하는 동안 온도가 일정하게 유지되는 까닭을 열에너지와 관련지어 서술하시오.

Tip 열에너지는 물질의 온도나 상태를 변화시키는 원인이다.

Key Word 열에너지, 상태 변화

[02-03] 그림 (가)와 같은 장치로 에탄올을 가열하였을 때, 시험관 A에 있는 에탄올의 온도 변화를 나타낸 그래프는 그림 (나)와 같다.

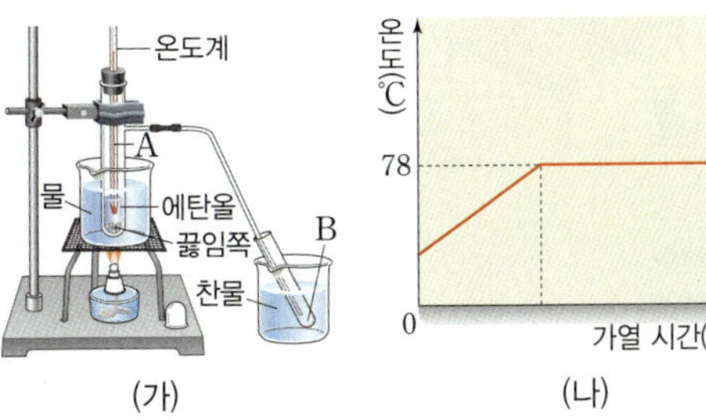

242012-0127

02 시험관 A와 B의 에탄올에서 일어나는 상태 변화의 종류와 각 상태 변화가 일어날 때의 열에너지 출입을 각각 서술하시오.

Tip 열에너지는 물질의 온도나 상태를 변화시키는 원인이다.

Key Word 상태 변화, 열에너지

242012-0128

03 에탄올의 끓는점을 쓰고, 이를 판단할 수 있는 근거를 서술하시오.

Tip 끓는점은 액체가 기화하는 동안 일정하게 유지되는 온도이다.

Key Word 끓는점, 온도, 일정

242012-0129

04 처음 온도가 같은 두 온도계 중 하나는 그림 (가)와 같이 그대로 두고, 다른 하나는 그림 (나)와 같이 에탄올을 묻힌 솜으로 온도계의 밑부분을 감쌌다. 시간이 지난 후 (가)와 (나)의 온도를 비교하고, 그 까닭을 열에너지 출입과 관련지어 서술하시오.

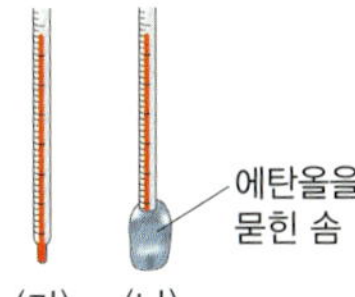

Tip 에탄올은 쉽게 증발하는 물질이다.

Key Word 상태 변화, 열에너지, 온도

242012-0130

05 추운 지방에서 얼음집의 안쪽 벽에 물을 뿌리면 얼음집 내부의 온도가 올라가는 까닭을 물의 상태 변화 및 열에너지의 출입과 관련지어 서술하시오.

Tip 추운 지방에서는 물을 뿌리면 물이 언다.

Key Word 물, 상태 변화, 열에너지

242012-0131

06 나무판 위에 물을 떨어뜨리고 그 위에 드라이아이스가 들어 있는 삼각 플라스크를 올려놓았다. 드라이아이스가 사라진 후, 삼각 플라스크를 들자 나무판이 붙어서 함께 움직였다. 그 까닭을 드라이아이스에서 나타나는 상태 변화와 상태 변화 시 출입하는 열에너지와 관련지어 서술하시오.

Tip 드라이아이스가 승화하면서 주변의 열에너지를 흡수한다.

Key Word 드라이아이스, 상태 변화, 열에너지

▌ 힘의 정의와 힘의 합력

1. 힘

(1) 과학에서의 힘: 물체를 밀거나 당길 때 작용하는 힘으로 물체의 모양이나 운동 상태*를 변하게 하는 원인이다.

모양 변화	• 고무줄을 늘린다. • 점토를 눌러 찌그러뜨린다.
운동 상태 변화	• 굴러가던 공이 멈춘다. • 자전거 뒤를 밀어서 더 빨리 달리게 한다.
모양과 운동 상태 동시 변화	• 축구공을 발로 세게 찬다. • 자동차가 벽에 부딪히며 멈춘다.

① 힘의 단위: N(뉴턴)*

② 물체에 작용하는 힘의 표시: 화살표를 이용한다.

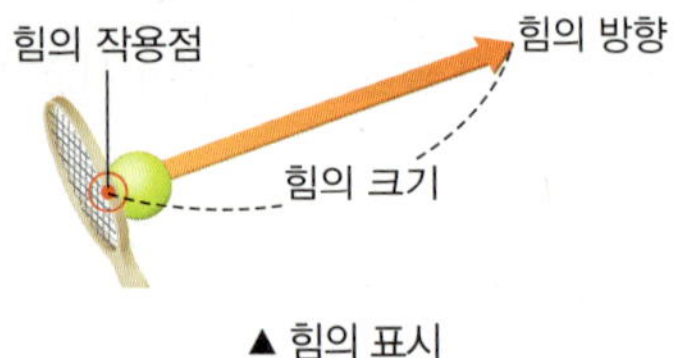

힘의 요소*	힘의 표시
힘의 크기	화살표의 길이
힘의 방향	화살표의 방향
힘의 작용점	화살표의 시작점

2. 힘의 합력

(1) 나란하게 작용하는 두 힘의 합력: 한 물체에 여러 힘이 동시에 작용할 때, 이 힘들과 같은 효과를 내는 하나의 힘을 알짜힘(=합력)이라고 한다.

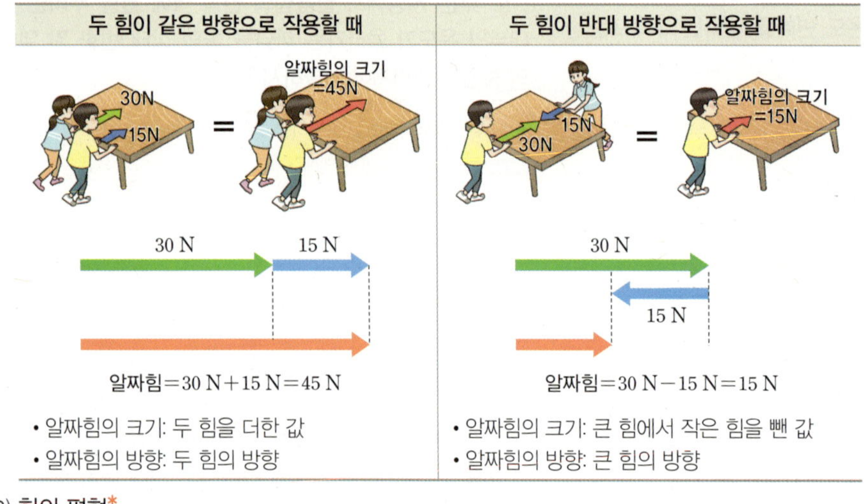

- 알짜힘의 크기: 두 힘을 더한 값
- 알짜힘의 방향: 두 힘의 방향
- 알짜힘의 크기: 큰 힘에서 작은 힘을 뺀 값
- 알짜힘의 방향: 큰 힘의 방향

(2) 힘의 평형*

① 힘의 평형: 물체에 작용하는 알짜힘이 0인 경우

② 힘의 평형 조건: 일직선상에 있는 두 힘의 크기는 같고, 서로 반대 방향으로 작용해야 한다.

③ 물체에 작용하는 힘이 평형을 이루면 물체의 운동 상태, 즉 속력과 운동 방향은 변하지 않는다.

*** 운동 상태**

물체의 속력이나 운동 방향을 뜻한다.

*** 뉴턴(Newton,I., 1642~1727)**

영국의 물리학자로 운동 법칙과 중력 법칙을 발견하였다. 그의 업적을 기리기 위해 N(뉴턴)을 힘의 단위로 사용한다. 1 N은 질량이 약 100 g인 물체(라면 한 봉지)를 들어 올릴 때 느껴지는 힘의 크기이다.

*** 힘의 3요소**

힘의 작용점, 힘의 방향, 힘의 크기를 힘의 3요소라고 한다.

*** 힘의 평형**

같은 직선 상에서 한 물체에 작용하는 두 힘이 크기가 같고 방향이 반대이면 힘의 평형이 이루어진다.

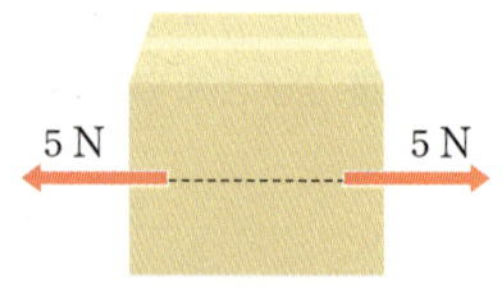

알짜힘=5N−5N=0

01 과학에서 말하는 □은 물체의 모양이나 운동 상태를 변하게 하는 원인이다.

02 힘의 크기를 나타내는 단위는 □이다.

03 힘은 힘이 작용하는 위치인 작용점에서부터 시작하는 화살표로 나타내며, 화살표의 길이는 힘의 □□, 화살표의 방향은 힘의 □□을 나타낸다.

04 한 물체에 여러 힘이 동시에 작용할 때 이 힘들의 합과 똑같은 힘의 효과를 나타내는 하나의 힘을 □□□ 또는 힘의 □□이라고 한다.

05 한 물체에 두 힘이 같은 방향으로 동시에 작용하면 물체에 작용한 알짜힘의 방향은 두 힘의 방향과 □□ 방향이고 크기는 두 힘을 □□ 값과 같다.

06 한 물체에 두 힘이 서로 반대 방향으로 동시에 작용하면 물체에 작용한 알짜힘의 방향은 두 힘 중 □ 힘의 방향과 같고 크기는 큰 힘에서 작은 힘을 □ 값과 같다.

07 물체에 작용하는 알짜힘이 0이 될 때 물체는 힘의 □□을 이룬다.

---

01 과학에서 말하는 힘이 작용하여 나타나는 현상으로 옳은 것은 ○표, 옳지 <u>않은</u> 것은 ×표를 하시오.

(1) 얼음이 녹아 물이 된다. ( )

(2) 고무줄을 손으로 당겼더니 늘어났다. ( )

(3) 교실 바닥을 굴러가던 공의 빠르기가 점점 느려지면서 멈추었다. ( )

02 다음 A∼C를 모양만 변하는 경우, 운동 상태만 변하는 경우, 모양과 운동 상태가 동시에 변하는 경우로 구분해 쓰시오.

> A: 찰흙을 손가락으로 지그시 누른다.
> B: 테니스공을 라켓으로 힘껏 친다.
> C: 야구공을 던졌더니 멀리 날아갔다.

(1) 모양만 변하는 경우: ( )

(2) 운동 상태만 변하는 경우: ( )

(3) 모양과 운동 상태가 동시에 변하는 경우: ( )

03 힘을 화살표로 나타낼 때 화살표의 각 영역과 힘의 3요소를 옳게 연결하시오.

(1) 화살표의 시작점 •   • ㉠ 힘의 크기

(2) 화살표의 방향 •   • ㉡ 힘의 작용점

(3) 화살표의 길이 •   • ㉢ 힘의 방향

04 그림 (가), (나)는 한 물체에 4 N, 2 N의 두 힘이 동시에 작용하는 모습을 나타낸 것이다.

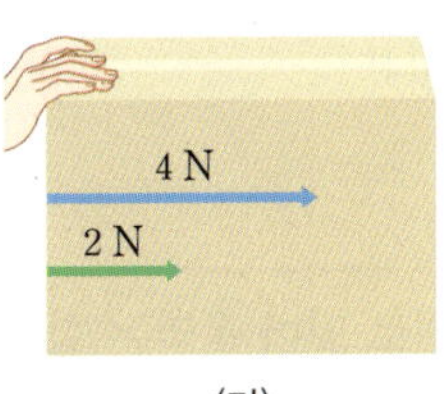

(가)

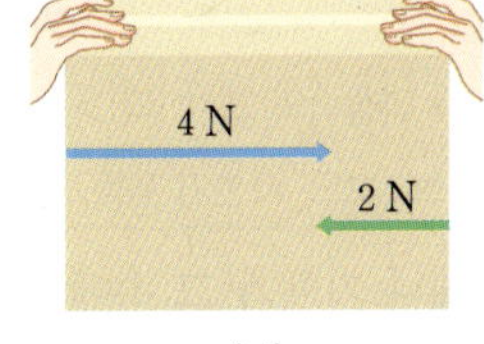

(나)

(가), (나)의 물체에 작용하는 알짜힘의 크기와 방향을 쓰시오. (단, →는 오른쪽 방향이다.)

구분	(가)	(나)
알짜힘의 크기	㉠	㉡
알짜힘의 방향	㉢	㉣

② 중력과 탄성력, 마찰력과 부력

1. 중력과 탄성력

(1) 중력*: 지구가 물체를 당기는 힘

① 방향: 지구 중심 방향

② 중력에 의한 현상: 비와 눈이 아래로 내리고, 고드름이 아래로 자란다.

③ 무게와 질량

▲ 중력의 방향

구분	무게	질량
정의	물체에 작용하는 중력의 크기	물체의 고유한 양
단위	N(뉴턴)	g(그램), kg(킬로그램)
측정 기구*	용수철저울, 가정용 저울 등	윗접시저울, 양팔저울 등
특징	측정 장소에 따라 달라진다.	측정 장소가 달라져도 변하지 않는다.

(2) 탄성*력: 모양이 변한 물체가 원래 모양으로 되돌아가려는 힘

방향	탄성체*에 작용한 힘의 방향과 반대 방향으로, 물체가 변형되었을 때 원래 모양으로 돌아가려는 방향이다. 미는 힘 · 탄성력 / 잡아당기는 힘 · 탄성력
크기	탄성체에 작용하는 힘의 크기와 같고, 탄성체의 변형이 클수록 탄성력이 커진다.
이용	컴퓨터 자판, 장대 높이뛰기, 공을 이용한 운동, 자전거 안장 등

2. 마찰력과 부력

(1) 마찰력*: 두 물체의 접촉면에서 물체의 운동을 방해하는 힘

방향	물체가 운동하거나 운동하려는 방향과 반대 방향이다.
크기	• 접촉면이 거칠수록, 물체가 무거울수록 마찰력의 크기는 크다. 7 N 나무판 (가) / 7 N 사포 (나) / 14 N 사포 (다) • 마찰력의 크기: (다)>(나)>(가)
이용	스노보드, 자전거 제동 장치, 컬링 등

(2) 부력*: 액체나 기체가 그 속에 있는 물체를 위로 밀어 올리는 힘

방향	중력과 반대 방향이다.
크기	• 물에 잠긴 물체의 부피가 클수록 부력이 크게 작용한다. • 부력의 크기: (나)>(가) (가) (나)
이용	구명 튜브, 열기구, 물고기의 부레 등

＊ 중력

지구에서뿐만 아니라 달이나 화성과 같은 다른 천체에서도 중력이 작용하며, 천체마다 작용하는 중력의 크기는 각각 다르다. 달의 중력 크기는 지구 중력 크기의 약 $\frac{1}{6}$배이다.

＊ 무게 측정 기구

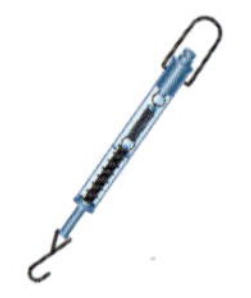 
▲ 용수철저울　▲ 가정용 저울

＊ 질량 측정 기구

▲ 윗접시저울　▲ 양팔저울

＊ 탄성

모양이 변한 물체가 원래 모양으로 되돌아 가려는 성질

＊ 탄성체

용수철, 고무줄 등과 같이 탄성을 가진 물체

＊ 접촉면의 넓이와 마찰력의 관계

접촉면의 넓이와 마찰력의 크기는 관계가 없다.

＊ 부력의 크기 측정

물체가 받는 부력의 크기는 물체가 물에 잠기기 전후 용수철저울의 측정 값의 차이와 같다.

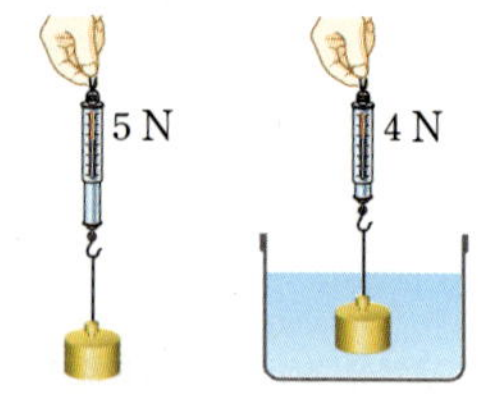

추에 작용한 부력의 크기
＝5 N－4 N＝1 N

기본 다지기

08 지구가 물체를 당기는 힘을 □□이라고 하며, 무게는 물체에 작용하는 □□의 크기이다.

09 중력의 방향은 지구 □□ 방향 이다.

10 □□은 측정 장소가 달라져도 변하지 않는 물체의 고유한 양 이다.

11 모양이 변한 물체가 원래 모양 으로 되돌아가려는 힘을 □□ □이라고 하며, 탄성체의 변형 이 클수록 □□□의 크기는 커진다.

12 □□□은 두 물체의 접촉면에 서 물체의 운동을 방해하는 힘 이다.

13 마찰력의 크기는 접촉면이 거 칠수록, 물체가 무거울수록 □□.

14 □□은 액체나 기체가 그 속에 있는 물체를 위로 밀어 올리는 힘이며, 중력과 □□ 방향으로 작용한다.

---

05 힘과 각 힘에 의해 나타나는 현상을 옳게 연결하시오.

(1) 중력 •

(2) 탄성력 •

(3) 마찰력 •

(4) 부력 •

• ㉠ 배가 물 위에 떠 있다.

• ㉡ 폭포의 물이 아래로 떨어진다.

• ㉢ 용수철을 잡아 당겼다가 놓으면 원래 모양으로 되돌아온다.

• ㉣ 매끈한 바닥에서보다 울퉁불퉁한 바닥에서 물 체를 끌 때 더 큰 힘이 든다.

06 그림과 같이 지구 주위의 A, B 위치에서 물체를 각각 놓았을 때 각 물체에 작용하는 중력의 방향을 화살표로 표시하시오.

07 그림 (가)~(다)는 용수철의 한쪽 끝을 고정하고 화살표 방향으로 힘을 작용하여 용수철을 변 형시킨 모습을 나타낸 것이다.

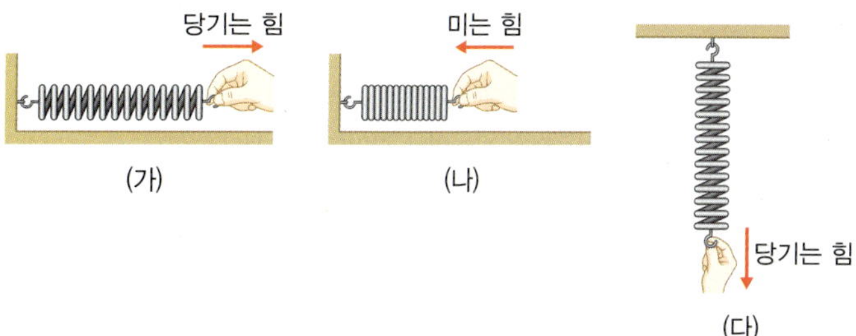

(가)~(다)의 용수철에 작용하는 탄성력의 방향을 각각 화살표로 표시하시오.

08 마찰력 또는 부력에 대한 설명으로 옳은 것은 ○표, 옳지 <u>않은</u> 것은 ×표를 하시오.

(1) 부력은 중력과 같은 방향으로 작용한다. ( )

(2) 접촉면이 거칠수록 마찰력의 크기는 작다. ( )

(3) 물체가 무거울수록 마찰력의 크기는 크다. ( )

(4) 접촉면의 넓이가 넓을수록 마찰력의 크기는 크다. ( )

(5) 물에 잠긴 부분의 부피가 클수록 부력이 크게 작용한다. ( )

(6) 마찰력은 물체가 운동하거나 운동하려는 방향과 같은 방향으로 작용한다.

( )

탐구 목표 | 용수철을 이용하여 탄성력의 크기를 측정할 수 있다.

🌡 과정

1. 스탠드에 용수철과 자를 설치하고 용수철 끝부분에 자의 눈금 '0'을 맞춘다.
2. 질량이 50 g인 추 1개를 용수철에 걸고 용수철이 늘어난 길이를 측정한다.
3. 질량이 50 g인 추를 2개, 3개, 4개씩 걸 때마다 용수철이 늘어난 길이를 각각 측정한다.
4. 실험 결과를 표에 기록하고, 추의 무게와 용수철이 늘어난 길이 사이의 관계를 그래프로 그려 본다.

📋 준비물

용수철, 50 g 추 4개, 자, 스탠드, 집게, 집게잡이

❗ 유의점

- 질량이 50 g인 추의 무게는 약 0.5 N으로 가정한다.
- 용수철을 무리하게 잡아당기거나 너무 무거운 물체를 매달지 않는다.

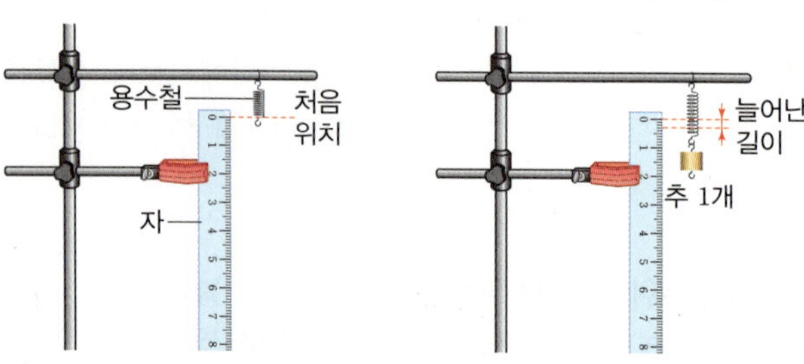

🧪 결과

추의 개수(개)	추의 무게(N)	용수철이 늘어난 길이(cm)
1	0.5	3
2	1	6
3	1.5	9
4	2	12

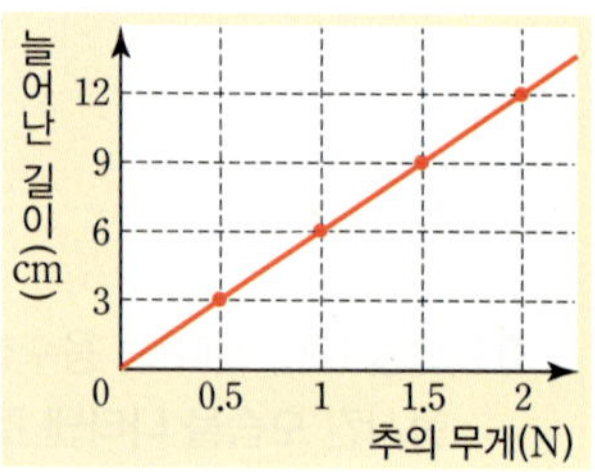

📝 정리

1. 용수철에 매단 정지한 추에는 탄성력과 중력이 평형을 이룬다.
2. 용수철에 매단 추의 무게가 클수록 용수철의 늘어난 길이도 길어진다.
3. 용수철이 늘어난 길이가 길수록 탄성력의 크기가 커진다.

탐구 확인 문제

정답과 해설 25쪽

1. 위 실험 결과를 정리한 것이다. 빈칸에 들어갈 알맞은 말을 쓰시오.

> 용수철에 매단 정지한 추에는 중력과 (　　　　)이 평형을 이룬다.

2. 위 용수철에 추가 매달려 정지해 있을 때, 용수철에 작용하는 탄성력의 방향을 화살표로 나타내시오.

3. 위 용수철에 무게가 3 N인 필통을 매달았을 때, 용수철의 늘어난 길이는 몇 cm인지 쓰시오.

4. 위 용수철에 질량이 50 g인 추 2개가 매달려 있을 때, 탄성력의 크기는 몇 N인지 쓰시오.

1 힘의 정의와 힘의 합력

▶ 242012-0132

01 힘에 대한 설명으로 옳지 <u>않은</u> 것은?

① 힘의 단위는 N(뉴턴)이다.
② 힘의 방향은 화살표의 방향으로 나타낸다.
③ 물체에 힘이 작용하면 물체의 질량이 변한다.
④ 고무풍선에 힘을 주어 누르면 모양이 찌그러진다.
⑤ 물체의 모양과 운동 상태를 동시에 변화시킬 수 있다.

▶ 242012-0133

02 그림은 화살표를 이용하여 힘을 표현한 것이다.

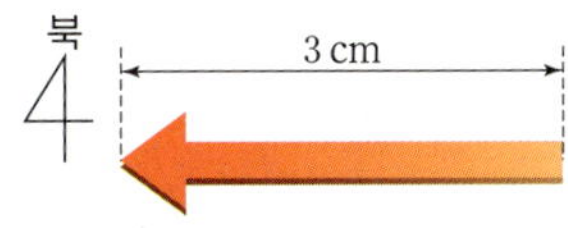

화살표가 나타내는 힘의 크기와 방향을 옳게 짝 지은 것은?
(단, 1 cm는 2 N의 힘을 의미한다.)

	힘의 크기	힘의 방향
①	3 N	동쪽
②	3 N	서쪽
③	3 N	남쪽
④	6 N	동쪽
⑤	6 N	서쪽

▶ 242012-0134

03 그림은 정지해 있는 물체에 두 힘이 동시에 작용하는 모습을 나타낸 것이다.

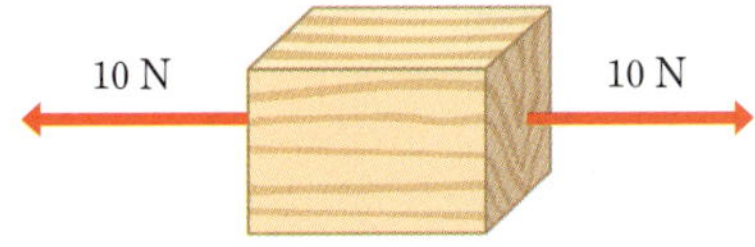

이에 대한 설명으로 옳은 것만을 <보기>에서 있는 대로 고른 것은? (단, 두 힘은 일직선상에서 작용한다.)

> **보기**
> ㄱ. 두 힘은 힘의 평형을 이루고 있다.
> ㄴ. 물체에 작용하는 알짜힘은 0이다.
> ㄷ. 물체에 작용하는 두 힘에 의해 물체는 오른쪽으로 운동한다.

① ㄱ   ② ㄴ   ③ ㄱ, ㄴ
④ ㄱ, ㄷ   ⑤ ㄴ, ㄷ

2 중력과 탄성력, 마찰력과 부력

▶ 242012-0135

04 무게와 질량에 대한 설명으로 옳은 것은?

① 질량의 단위는 N이다.
② 질량은 용수철저울로 측정한다.
③ 무게의 단위는 g 또는 kg이다.
④ 질량은 측정 장소에 따라 달라진다.
⑤ 무게는 물체에 작용하는 중력의 크기이다.

▶ 242012-0136

05 그림과 같이 지표면 근처 P점에 물체를 놓았다.

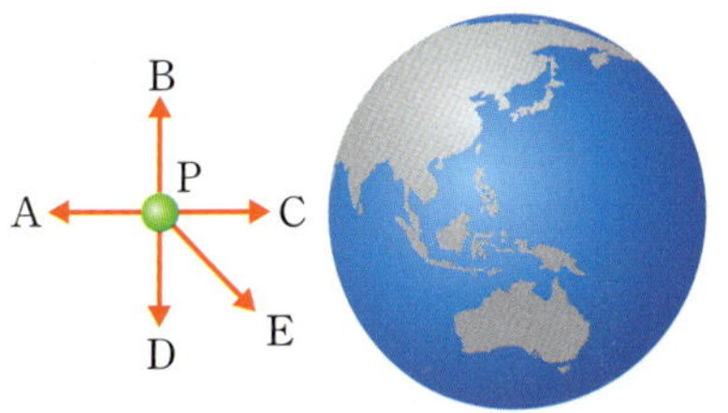

이 물체에 작용하는 중력의 방향으로 옳은 것은?

① A   ② B   ③ C
④ D   ⑤ E

▶ 242012-0137

06 그림은 지구에서 질량이 60 kg이고 무게가 600 N인 사람을 달에 데려갔을 때 무게와 질량을 측정하는 모습을 나타낸 것이다.

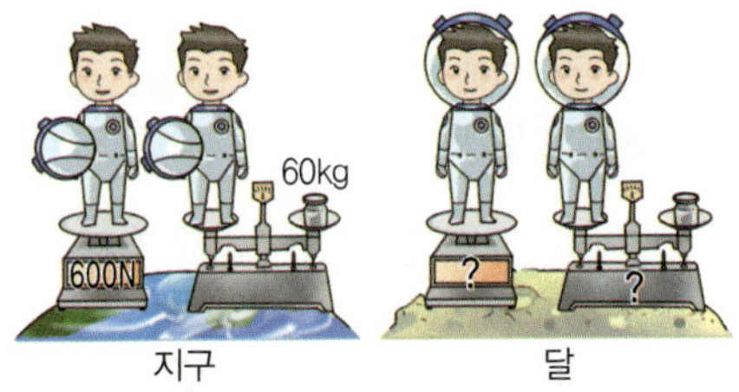

달에서 측정한 무게와 질량을 옳게 짝 지은 것은? (단, 달의 중력은 지구의 중력의 $\frac{1}{6}$배이다.)

	무게	질량		무게	질량
①	100 N	10 kg	②	100 N	30 kg
③	100 N	60 kg	④	600 N	10 kg
⑤	600 N	60 kg			

07 그림은 용수철의 한쪽 끝을 벽에 고정한 다음, 다른 쪽 끝을 용수철저울로 당기는 모습을 나타낸 것이다. 이때 용수철저울의 눈금은 5 N을 가리켰다.

▶ 242012-0138

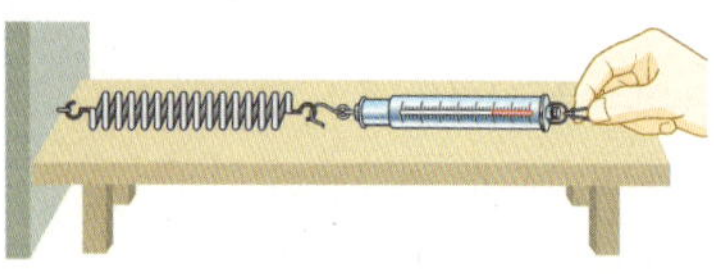

이에 대한 설명으로 옳은 것만을 〈보기〉에서 있는 대로 고른 것은?

보기
ㄱ. 탄성력의 크기는 5 N이다.
ㄴ. 벽에 고정된 용수철에 작용하는 탄성력의 방향은 오른쪽이다.
ㄷ. 용수철을 잡아당기는 힘이 커지면 원래 모양으로 되돌아가려는 힘은 작아진다.

① ㄱ   ② ㄴ   ③ ㄱ, ㄴ
④ ㄱ, ㄷ   ⑤ ㄴ, ㄷ

▶ 242012-0139

08 그래프는 용수철에 추를 매달 때, 용수철에 매단 추의 무게와 용수철의 늘어난 길이의 관계를 나타낸 것이다.

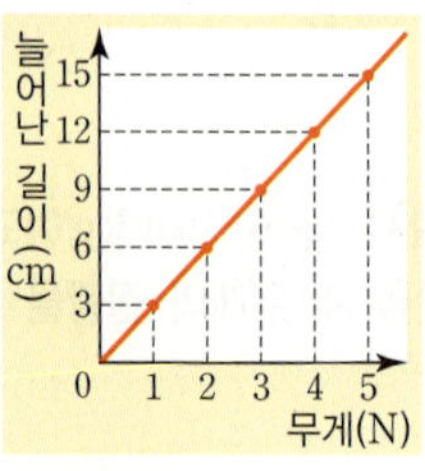

어떤 물체를 이 용수철에 매달았을 때 늘어난 길이가 24 cm이었다면, 이 물체의 무게는?

① 6 N   ② 7 N   ③ 8 N
④ 9 N   ⑤ 10 N

▶ 242012-0140

09 마찰력을 이용하는 방법이 나머지 넷과 다른 것은?

① 자전거 체인에 기름을 칠한다.
② 등산화 바닥 면에 홈을 깊게 판다.
③ 체조 선수가 손에 흰가루를 묻힌다.
④ 눈이 오는 날 바닥에 모래를 뿌린다.
⑤ 계단 끝에 미끄럼 방지 패드를 부착한다.

▶ 242012-0141

10 그림 (가)~(다)와 같이 동일한 나무 도막을 나무판이나 사포 위에 올려놓고 용수철저울을 천천히 끌어당기면서 나무 도막이 움직이기 시작하는 순간 용수철저울의 눈금을 측정하였다.

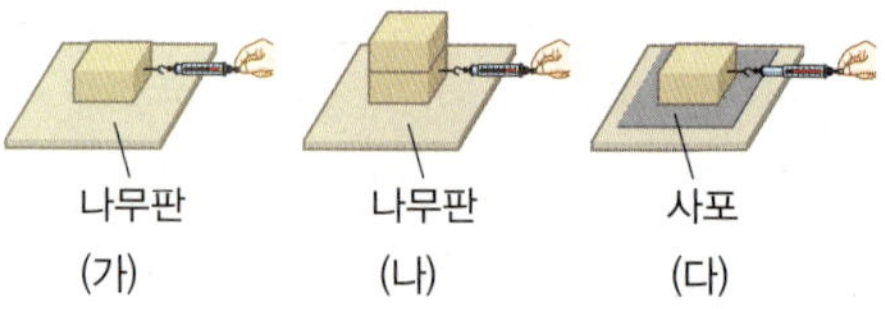

이에 대한 설명으로 옳은 것만을 〈보기〉에서 있는 대로 고른 것은?

보기
ㄱ. 용수철저울의 눈금은 (가)에서가 (나)에서보다 작다.
ㄴ. 접촉면이 거칠수록 마찰력의 크기는 크다.
ㄷ. 물체의 무게와 마찰력의 관계를 알기 위해서는 (나)와 (다)에서의 용수철저울의 눈금을 비교하면 된다.

① ㄱ   ② ㄷ   ③ ㄱ, ㄴ
④ ㄴ, ㄷ   ⑤ ㄱ, ㄴ, ㄷ

▶ 242012-0142

11 그림은 공이 물 위에 떠서 정지해 있는 모습을 나타낸 것이다. 공에 작용하는 중력의 방향과 부력의 방향을 옳게 짝지은 것은?

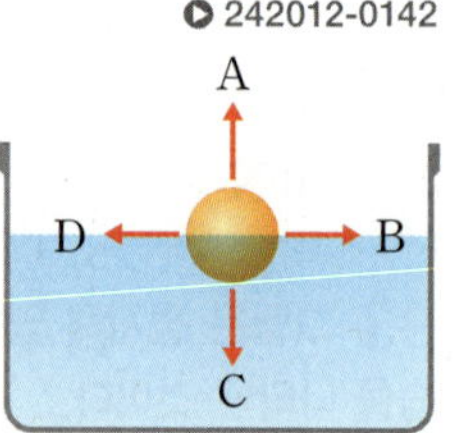

	중력 방향	부력 방향		중력 방향	부력 방향
①	A	C	②	B	D
③	C	A	④	D	B
⑤	C	B			

▶ 242012-0143

12 그림과 같이 무게가 10 N인 물체를 용수철저울에 매달아 물이 든 수조에 넣었더니 용수철저울의 눈금이 7 N을 가리켰다. 이 물체에 작용하는 부력의 크기는?

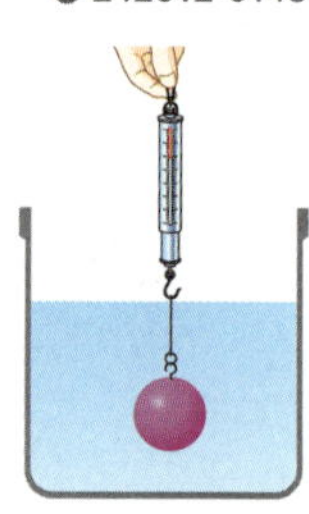

① 3 N   ② 5 N
③ 7 N   ④ 10 N
⑤ 17 N

01 ▶ 242012-0144

비가 아래로 떨어지고 겨울에 고드름이 아래로 자라는 원인이 되는 힘의 종류와 그 힘이 작용하는 방향을 서술하시오.

Tip 지구에는 지구에 있는 모든 물체를 지구 중심 방향으로 끌어당기는 힘이 작용한다.

Key Word 지구가 끌어당기는 힘, 지구 중심 방향

---

02 ▶ 242012-0145

그림과 같이 15 N의 힘으로 용수철을 왼쪽으로 잡아당겨 용수철이 늘어나게 하였다.
손에 작용하는 탄성력의 크기와 방향을 서술하시오.

Tip 탄성력의 크기는 변형시킨 힘의 크기와 같고, 방향은 변형시킨 힘의 방향과 반대이다.

Key Word 탄성력, 용수철의 변형

---

03 ▶ 242012-0146

그림 (가)와 같이 처음 길이가 10 cm인 용수철에 무게가 2 N인 추를 매달았더니 용수철의 늘어난 길이가 2 cm가 되었다.

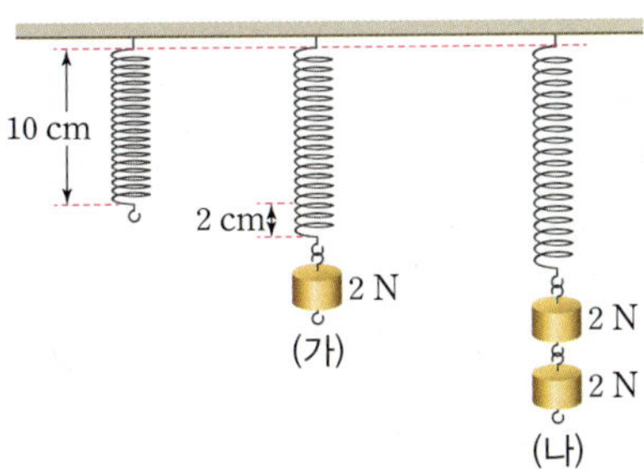

(나)와 같이 무게가 2 N인 추 2개를 매달았을 때 용수철의 전체 길이는 몇 cm가 되는지 쓰고, 그 까닭을 서술하시오.

Tip 용수철의 늘어난 길이는 용수철에 매달린 추의 무게에 비례한다.

Key Word 용수철의 늘어난 길이, 용수철의 전체 길이

---

04 ▶ 242012-0147

그림과 같이 동일한 나무 도막을 유리판 또는 사포 위에 올려놓고 용수철저울을 천천히 끌어당겨 나무 도막을 움직였다.

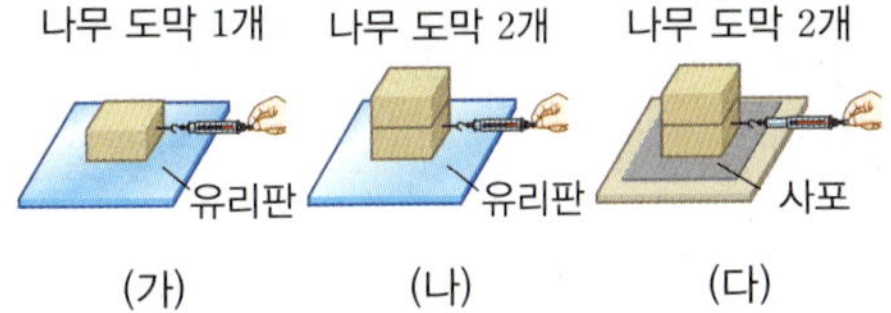

용수철저울이 가리키는 눈금이 큰 것부터 순서대로 쓰고, 그 까닭을 서술하시오.

Tip 물체의 무게가 무거울수록, 접촉면이 거칠수록 마찰력이 크다.

Key Word 무게, 접촉면의 거칠기, 마찰력, 용수철저울

---

05 ▶ 242012-0148

그림과 같이 수평면 위에서 나무 도막에 힘을 작용하면서 오른쪽으로 천천히 끌어당겼다.

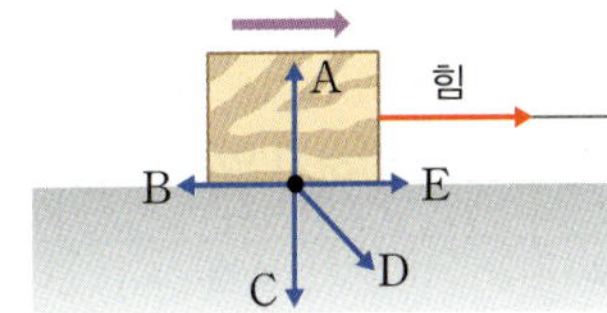

이때 나무 도막에 작용하는 마찰력의 방향을 쓰고, 그 까닭을 서술하시오.

Tip 마찰력은 물체의 운동을 방해하는 힘이다.

Key Word 물체의 운동, 마찰력, 방해

---

06 ▶ 242012-0149

그림과 같이 물체 A는 물에 반만 잠긴 상태로, 물체 B는 물에 완전히 잠긴 상태로 정지해 있다. A와 B에 작용하는 부력의 크기를 비교하고, 그 까닭을 서술하시오. (단, A, B의 부피는 같다.)

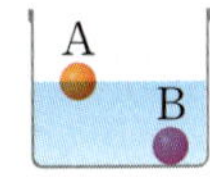

Tip 부력의 크기는 물체가 물에 잠긴 부피에 비례한다.

Key Word 물에 잠긴 부피, 부력

02 힘과 운동

1 물체에 작용하는 힘과 운동

1. 힘*이 작용할 때 물체의 운동

(1) 운동하는 물체가 힘을 받으면, 물체의 운동 상태가 변한다.
(2) 물체에 작용하는 알짜힘이 0이 아니면 물체는 속력이 변하거나, 운동 방향이 변하거나, 속력과 운동 방향이 모두 변하는 운동을 한다.

2. 물체의 운동 방향과 나란한 방향으로 알짜힘이 작용할 때*

구분	속력	운동 방향	예
알짜힘의 방향과 물체의 운동 방향이 같을 때	일정하게 빨라진다.	변하지 않는다.	
알짜힘의 방향과 물체의 운동 방향이 반대일 때	일정하게 느려진다.	변하지 않는다.	

3. 물체의 운동 방향과 나란하지 않은 방향으로 알짜힘이 작용할 때

구분	속력	운동 방향	예
알짜힘의 방향과 물체의 운동 방향이 비스듬할 때*	변한다.	변한다.	
알짜힘의 방향과 물체의 운동 방향이 수직일 때*	변하지 않는다.	변한다.	

4. 여러 가지 상황에서 힘이 작용할 때의 물체의 운동

구분	아래로 떨어지는 놀이기구	대관람차	바이킹
힘과 운동 방향			
속력	변한다.	변하지 않는다.	변한다.
운동 방향	변하지 않는다.	변한다.	변한다.

*** 힘**
물체의 모양이나 운동 상태를 변하게 하는 원인

*** 중력의 방향과 물체의 운동 방향이 나란할 때**
물체는 속력만 변하는 운동을 한다. 예를 들어 공이 아래로 떨어질 때 또는 공을 위로 던질 때는 운동 방향이 일정하고 속력만 변하는 운동을 한다.

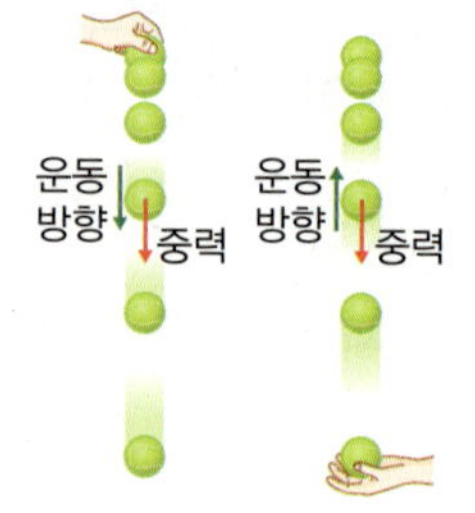

*** 비스듬히 던져 올린 농구공의 운동**
중력이 농구공의 운동 방향과 비스듬한 방향으로 작용한다. 따라서 농구공의 속력과 운동 방향이 모두 변한다.

*** 인공위성의 운동**
중력이 인공위성의 운동 방향에 수직 방향으로 작용한다. 따라서 인공위성의 속력은 변하지 않고 운동 방향은 계속 바뀐다.

기본 다지기

핵심 용어 익히기

01 물체가 ☐을 받으면 물체의 운동 상태가 변할 수 있다.

02 운동 방향과 같은 방향으로 알짜힘이 작용하면 물체의 속력은 점점 ☐☐진다.

03 운동 방향과 반대 방향으로 알짜힘이 작용하면 물체의 속력은 점점 ☐☐진다.

04 운동 방향과 나란한 방향으로 알짜힘이 작용하면 물체의 ☐☐이 변한다.

05 물체의 운동 방향에 ☐☐으로 알짜힘이 계속 작용하면 물체는 운동 방향만 변하는 운동을 한다.

06 물체의 운동 방향과 비스듬한 방향으로 알짜힘이 작용하면 ☐☐과 ☐☐ ☐☐이 모두 변한다.

---

01 물체에 힘이 작용하는 경우와 이에 따른 물체의 속력 변화를 옳게 연결하시오.

(1) 자전거에 제동 장치를 작동할 때 •

(2) 자전거가 언덕을 내려올 때 •

• ㉠ 속력이 점점 빨라진다.

• ㉡ 속력이 점점 느려진다.

02 그림은 지구 주위를 도는 인공위성의 모습을 나타낸 것이다. 인공위성은 속력은 일정하고 운동 방향만 변하는 운동을 한다.
인공위성이 **A** 방향으로 운동할 때 인공위성에 작용하는 힘 **B**는 무엇인지 쓰시오.

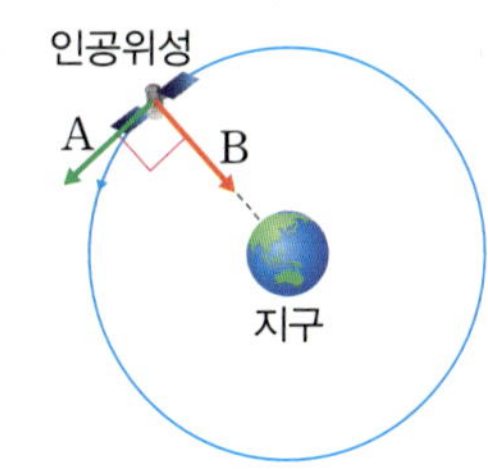

03 속력과 운동 방향이 모두 변하는 예를 〈보기〉에서 있는 대로 고르시오.

> **보기**
> ㄱ. 그네의 운동
> ㄴ. 비스듬히 던진 공의 운동
> ㄷ. 에스컬레이터의 운동
> ㄹ. 공중에서 가만히 놓은 공의 운동

04 (가)~(다)는 일상생활에서 관찰되는 다양한 운동의 예이다. 빈칸에 들어갈 물체의 속력과 운동 방향의 변화를 쓰시오.

구분	(가) 무빙워크 위 여행 가방	(나) 내려가는 바이킹	(다) 수직 위로 던져올린 공 (위로 올라가는 동안)
예			
속력	㉠ (　　　)	㉡ (　　　)	㉢ (　　　)
운동 방향	㉣ (　　　)	㉤ (　　　)	㉥ (　　　)

2 힘의 평형 관계와 이용

1. 힘의 평형*

(1) 한 물체에 작용하는 두 힘이 평형을 이루면 알짜힘이 0이 되어 물체의 운동 상태는 변하지 않는다.

(2) 두 힘의 평형 상태: 물체에 같은 크기의 두 힘이 반대 방향으로 나란하게 작용할 때

책상 위에 놓인 화분	실에 매달린 수직 추	호수에 떠 있는 오리 인형
책상이 화분을 떠받치는 힘 / 중력	실이 추를 당기는 힘 / 중력	오리 인형에 작용하는 부력 / 오리 인형에 작용하는 중력

> * **일상생활에서 이용하는 힘의 평형**
> 무거운 금속으로 만든 배는 부력과 중력이 평형을 이룰 수 있게 부피를 크게 만든다.

2. 힘의 특징을 이용한 장치 고안하기

(1) 힘의 특징을 이용하여 만든 물건 찾아보기

예 미끄럼 방지 양말

이용한 힘	마찰력
쓰임	마찰력을 크게 만들어 발이 미끄러지는 것을 방지한다.

고무

(2) 아이디어 발상 기법*

기법 종류	방법
더하기	하나의 물건에 다른 물건이나 기능을 더한다. 예 가방 + 바퀴 → 바퀴 달린 가방
빼기	물건의 일부분 또는 기능을 제거한다. 예 기차 – 바퀴 → 자기 부상 열차
모양 바꾸기	물건의 모양을 바꾸어 보기 좋고 편리하게 만든다. 예 직선 빨대 → 주름 빨대
크기 바꾸기	물건의 크기를 크게 하거나 작게 한다. 예 난로 → 손난로
재료 바꾸기	사용하고 있는 물건의 재료를 바꾸고 새로운 물건으로 만든다. 예 면장갑, 가죽 장갑, 고무장갑

> * **쓰임 바꾸기의 예**
> 양말에 붙어 있는 고무를 의자 등받이 윗부분에 고무 패드 형태로 붙여 옷이나 가방이 흘러내리지 않는 의자를 만든다.
>
> 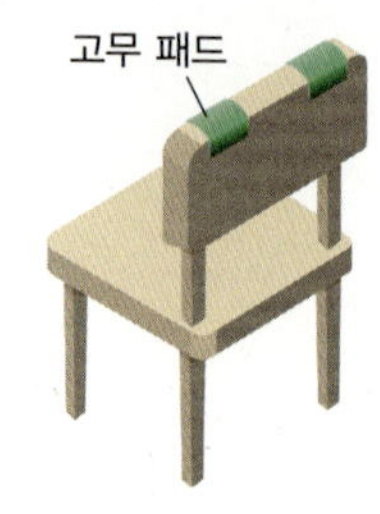
>

(3) 힘의 특징을 이용한 놀이 만들기

놀이의 예	이용한 힘	경기 규칙
사각 컬링 경기	마찰력	사각형 안에 병뚜껑이 많이 들어가는 모둠이 승리한다.

기본 다지기

07 한 물체에 작용하는 두 힘이 □□을 이루면 물체의 운동 상태는 변하지 않는다.

05 물체에 작용하는 힘이 평형을 이룰 때에 대한 설명으로 옳은 것을 〈보기〉에서 있는 대로 고르시오.

> **보기**
> ㄱ. 물체의 운동 상태가 변하지 않는다.
> ㄴ. 물체에 작용하는 알짜힘이 0이다.
> ㄷ. 같은 크기의 두 힘이 일직선상에서 반대 방향으로 작용한다.

08 한 물체에 작용하는 알짜힘이 □이 되면 물체는 평형 상태가 된다.

06 그림 (가)의 컵과 (나)의 공이 각각 정지해 있을 때 각 물체에 작용하는 힘 ㉠~㉣을 쓰시오.

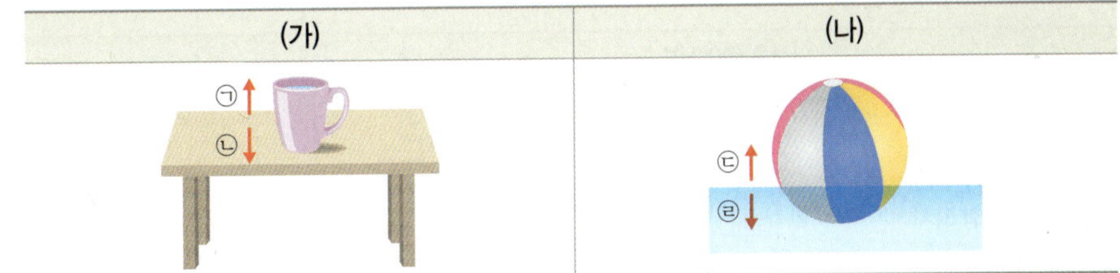

07 힘의 평형에 대한 설명으로 옳은 것은 ○표, 옳지 않은 것은 ×표를 하시오.

(1) 물체에 작용하는 두 힘이 평형을 이루면 물체의 속력만 변한다.　　　(　　　)

(2) 물 위에 떠서 정지해 있는 튜브에는 중력과 부력이 서로 같은 방향으로 작용한다.　　　(　　　)

09 물체에 같은 크기의 두 힘이 □□ 방향으로 일직선상에서 작용할 때 물체는 평형 상태가 된다.

(3) 용수철에 매달린 추가 정지해 있다면, 추에 작용하는 중력이 용수철의 탄성력보다 크다.　　　(　　　)

08 그림은 청팀과 홍팀이 줄다리기를 하는 모습을 나타낸 것이다. 줄다리기 줄의 가운데 매듭은 한쪽으로 움직이지 않고 정지해 있다.

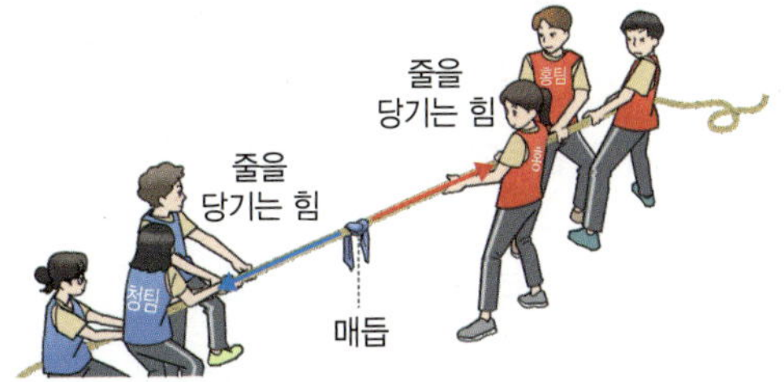

10 바닥에 놓인 물체를 밀었을 때 물체가 움직이지 않는 것은 물체를 미는 힘과 물체에 작용하는 마찰력이 서로 □□을 이루기 때문이다.

이에 대한 설명으로 옳은 것은 ○표, 옳지 않은 것은 ×표를 하시오.

(1) 청팀과 홍팀이 줄을 당기는 방향은 서로 반대이다.　　　(　　　)

(2) 청팀과 홍팀에서 줄을 당기는 두 힘이 평형을 이룬다.　　　(　　　)

11 용수철에 매달린 추가 정지해 있다면, 추에 작용하는 □□과 □□□이 평형을 이룬다.

(3) 청팀과 홍팀이 동시에 줄을 당기는 힘의 크기는 서로 같다.　　　(　　　)

탐구 목표 | 알짜힘이 0이 아닐 때 물체의 운동 상태가 변하는 예를 조사하고, 분류할 수 있다.

🌡️ 과정

1. 다음 중에서 힘의 작용과 관련하여 탐구할 소재를 하나 선택한다.

| □ 놀이 기구 | □ 장난감 | □ 교통 수단 | □ 운동 경기 |

2. 선택한 소재와 관련된 운동 영상을 누리망에서 찾아 조사한다.
3. 물체에 작용하는 알짜힘의 방향과 운동 방향을 화살표로 표시한다.
4. 물체의 속력과 방향이 어떻게 변하는지 정리한다.

📋 준비물

스마트 기기

❗ 유의점

스마트 기기를 사용할 때는 학습과 관련 없는 사이트에 접속하지 않는다.

🧪 결과

예

구분	아래로 떨어지는 낙하 놀이 기구	대관람차	바이킹
힘과 운동 방향 표시			
속력	빨라진다.	변하지 않는다.	올라갈 때 느려지고 내려올 때 빨라진다.
운동 방향	변하지 않는다.	변한다.	변한다.

📝 정리

1. 속력만 변하는 운동 기구: 아래로 떨어지는 낙하 놀이 기구, 아래로 떨어지는 공 등
2. 운동 방향만 변하는 운동 기구: 대관람차, 회전 목마 등
3. 속력과 운동 방향이 모두 변하는 운동 기구: 바이킹, 그네 등

탐구 확인 문제

정답과 해설 28쪽

1. 낙하 놀이 기구가 아래로 떨어지면서 속력이 점점 빨라질 때 놀이 기구에 작용하는 알짜힘의 방향을 쓰시오.

2. 다음은 어떤 놀이 기구의 운동에 대한 자료이다.

> 이 놀이 기구에는 운동하는 방향과 비스듬한 방향으로 힘이 작용하며, (가) ＿＿＿＿＿＿＿
>
> 

(가)에 들어갈 설명으로 옳은 것을 〈보기〉에서 고르시오.

◆ 보기 ◆
ㄱ. 놀이 기구의 속력만 변한다.
ㄴ. 놀이 기구의 운동 방향만 변한다.
ㄷ. 놀이 기구의 속력과 운동 방향이 모두 변한다.

1 물체에 작용하는 힘과 운동

242012-0150

01 물체의 운동 방향과 물체에 작용하는 힘의 방향이 같은 경우는?

① 그네의 운동
② 에스컬레이터의 운동
③ 브레이크를 밟은 자동차의 운동
④ 위로 던졌을 때 올라가는 공의 운동
⑤ 가만히 놓았을 때 떨어지는 공의 운동

242012-0151

02 그림 (가)~(다) 중 속력은 변하지 않고 운동 방향만 변하는 경우를 있는 대로 고른 것은?

(가)	(나)	(다)

▲ 가만히 떨어뜨린 공	▲ 회전하는 선풍기 날개	▲ 올라가는 그네

① (가)
② (나)
③ (다)
④ (가), (나)
⑤ (나), (다)

242012-0152

03 그림은 비스듬히 던져올린 공의 운동을 나타낸 것이다.

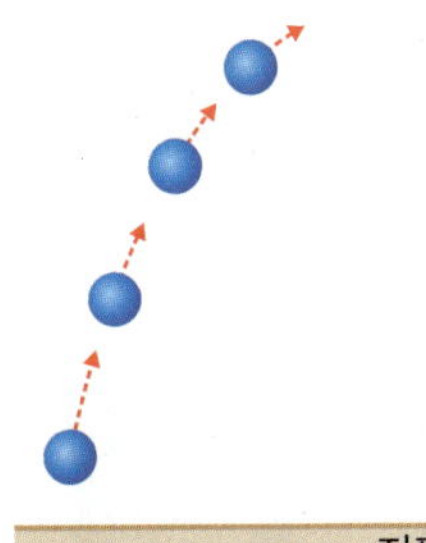

이 공에 작용하는 힘의 방향은? (단, 공기 저항 및 모든 마찰은 무시한다.)

① →
② ←
③ ↑
④ ↓
⑤ 계속 변한다.

242012-0153

04 그림은 지구 주위를 돌고 있는 인공위성의 운동을 나타낸 것이다.

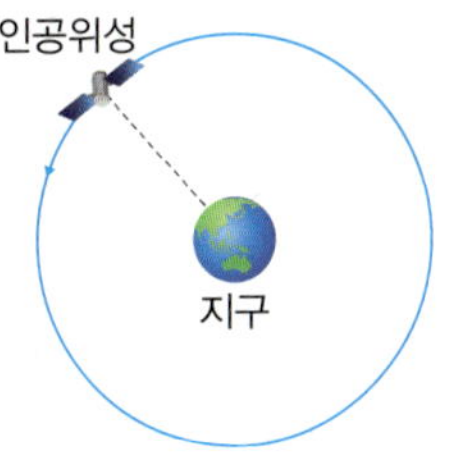

이에 대한 설명으로 옳지 <u>않은</u> 것은?

① 인공위성의 속력은 점점 빨라진다.
② 인공위성에는 지구의 중력이 작용한다.
③ 인공위성의 운동 방향은 계속 변한다.
④ 인공위성에 작용하는 힘의 방향은 지구 중심 방향이다.
⑤ 인공위성에 작용하는 힘의 방향과 인공 위성의 운동 방향은 수직이다.

242012-0154

05 그림 (가)~(다)는 여러 가지 물체의 운동을 나타낸 것이다.

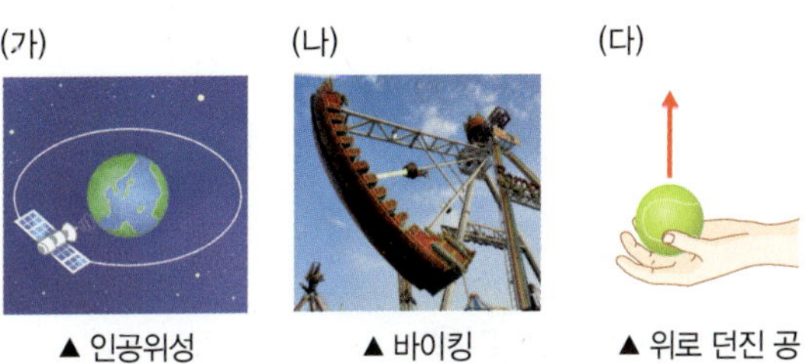

(가)	(나)	(다)
▲ 인공위성	▲ 바이킹	▲ 위로 던진 공

이에 대한 설명으로 옳은 것만을 〈보기〉에서 있는 대로 고른 것은?

> **보기**
> ㄱ. (가)는 운동 방향이 변하지 않는 운동이다.
> ㄴ. (나)는 속력과 운동 방향이 모두 변하는 운동이다.
> ㄷ. (다)는 공이 올라가는 동안 운동 방향은 일정하고 속력이 변하는 운동이다.

① ㄱ
② ㄴ
③ ㄱ, ㄴ
④ ㄱ, ㄷ
⑤ ㄴ, ㄷ

06 그림 (가), (나)는 각각 공을 가만히 놓았을 때와 공을 위로 던졌을 때 모습을 나타낸 것이다.

242012-0155

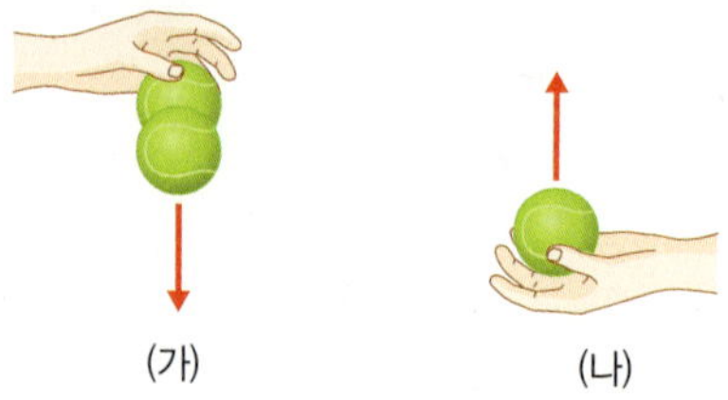

(가)　　　　　　(나)

공이 운동하는 동안 (가), (나)의 공에 작용하는 힘의 방향으로 옳은 것은?

	(가)	(나)		(가)	(나)
①	↓	↓	②	↓	↑
③	↑	↓	④	↑	↑

⑤ 계속 변한다.　계속 변한다.

242012-0156

07 잔디 위에서 공을 굴리면 속력이 점점 느려지는 까닭에 대한 설명으로 옳은 것만을 〈보기〉에서 있는 대로 고른 것은?

보기
ㄱ. 공과 잔디 사이에 힘이 작용한다.
ㄴ. 공에 작용하는 마찰력의 방향은 공의 운동 방향과 반대이다.
ㄷ. 공의 운동 방향을 반대로 하면 공의 속력은 점점 빨라진다.

① ㄱ　　　② ㄴ　　　③ ㄱ, ㄴ
④ ㄱ, ㄷ　　⑤ ㄴ, ㄷ

② 힘의 평형 관계와 이용

242012-0157

08 힘의 평형 조건을 〈보기〉에서 있는 대로 고른 것은?

보기
ㄱ. 물체에 작용하는 알짜힘이 0일 때
ㄴ. 같은 크기의 두 힘이 같은 방향으로 작용할 때
ㄷ. 같은 크기의 두 힘이 일직선상에서 반대 방향으로 작용할 때

① ㄱ　　　② ㄴ　　　③ ㄷ
④ ㄱ, ㄷ　　⑤ ㄴ, ㄷ

242012-0158

09 그림은 천장에 실로 매달아 놓은 추가 정지한 모습을 나타낸 것이다.

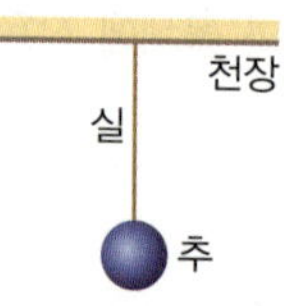

이에 대한 설명으로 옳은 것만을 〈보기〉에서 있는 대로 고른 것은?

보기
ㄱ. 추에 작용하는 알짜힘은 0이다.
ㄴ. 실이 추를 당기는 힘의 방향과 추에 작용하는 중력의 방향은 같다.
ㄷ. 실이 추를 당기는 힘의 크기는 추에 작용하는 중력의 크기보다 크다.

① ㄱ　　　② ㄷ　　　③ ㄱ, ㄴ
④ ㄴ, ㄷ　　⑤ ㄱ, ㄴ, ㄷ

242012-0159

10 물 위에 정지한 채로 떠 있는 튜브에 대한 설명으로 옳은 것만을 〈보기〉에서 있는 대로 고른 것은?

보기
ㄱ. 튜브에는 중력과 부력이 작용한다.
ㄴ. 튜브에 작용하는 두 힘은 힘의 평형을 이룬다.
ㄷ. 튜브에 작용하는 부력의 방향은 중력과 반대 방향이다.

① ㄱ　　　② ㄷ　　　③ ㄱ, ㄴ
④ ㄴ, ㄷ　　⑤ ㄱ, ㄴ, ㄷ

242012-0160

11 그림은 무게가 12 N인 물체를 용수철저울에 매달았더니 정지 상태에서 용수철저울의 눈금 값이 12 N인 모습을 나타낸 것이다.

이 물체에 작용하는 알짜힘의 크기는?

① 0 N　　② 6 N　　③ 12 N
④ 18 N　　⑤ 24 N

01 ▶ 242012-0161

(가), (나)는 물체의 운동 상태를 나타낸 것이다.

> (가) 일정한 속력으로 움직이는 에스컬레이터 위에 서 있
> 는 사람
> (나) 커브길에서 속력을 줄여 돌고 있는 자동차

(가), (나) 중 물체에 작용하는 알짜힘이 0이 <u>아닌</u> 경우를 고르고, 그 까닭을 서술하시오.

Tip 물체에 작용하는 알짜힘이 0이면 물체의 운동 상태는 변하지 않는다.

Key Word 알짜힘, 0, 속력, 운동 방향

---

02 ▶ 242012-0162

그림은 실에 매단 공이 일정한 속력으로 돌고 있는 모습을 나타낸 것이다.
공이 P에 있을 때 공에 작용하는 힘의 방향이 A, B 중 어느 방향인지 쓰고, 그 까닭을 서술하시오.

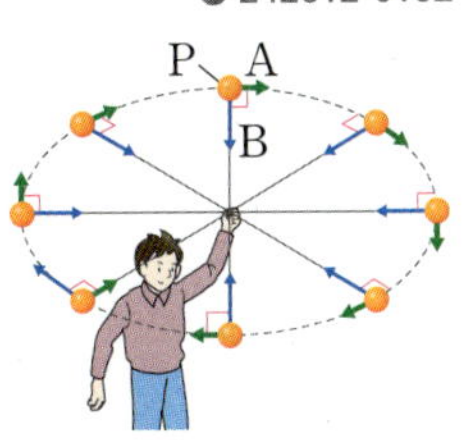

Tip 물체의 운동 방향과 물체에 작용하는 힘의 방향이 수직일 때 물체는 운동 방향만 변한다.

Key Word 운동 방향, 힘의 방향, 수직

---

03 ▶ 242012-0163

그림 (가)~(라)는 오른쪽 방향으로 운동하는 공에 각각 힘이 작용하는 모습을 나타낸 것이다.

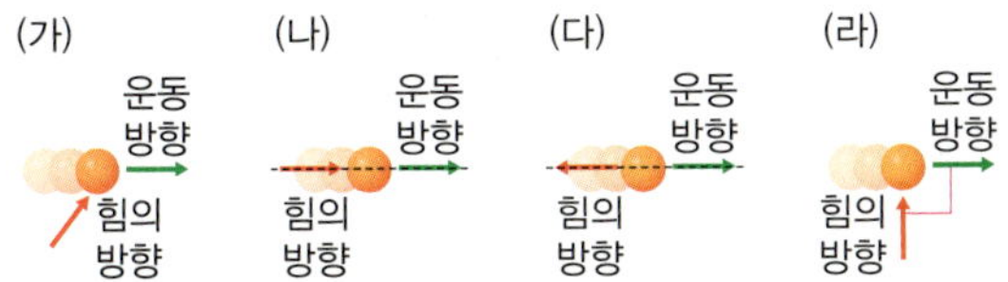

(가)~(라)의 속력과 운동 방향의 변화를 서술하시오.

Tip 물체의 운동 방향과 물체에 작용하는 힘의 방향에 따라 물체의 운동 상태가 변한다.

Key Word 운동 방향, 힘의 방향, 속력 변화

---

04 ▶ 242012-0164

그림은 스키점프 선수가 활주로를 떠난 직후의 운동을 나타낸 것이다.
바닥에 다시 착지할 때까지 선수의 속력과 운동 방향의 변화를 쓰고, 그 까닭을 서술하시오.

Tip 운동 방향과 비스듬한 방향으로 힘이 작용하면 속력과 방향이 모두 변한다.

Key Word 중력, 운동 방향, 속력

---

05 ▶ 242012-0165

그림은 가정용 저울의 구조를 간단히 나타낸 것이다. 저울을 이용하여 물체의 무게를 측정할 때 저울 위에 올려진 물체는 힘의 평형 상태에 있다.
힘의 평형을 이루는 두 힘에 대해 서술하시오.

Tip 용수철이 힘을 받아 변형되면 원래 모양으로 되돌아가려는 탄성력이 작용한다.

Key Word 중력, 탄성력

---

06 ▶ 242012-0166

다음은 힘과 운동에 대한 학생 A, B, C의 대화이다.

> A: 물체에 작용하는 여러 힘이 평형을 이루면 물체의 운동 상태는 ㉠변하지 않아.
> B: 운동하는 물체에 작용하는 알짜힘이 0이면 운동하던 물체는 ㉡정지해.
> C: 탁자에 놓인 책가방은 탁자가 책가방을 떠받치는 힘과 책가방에 작용하는 중력이 ㉢평형을 이뤄.

㉠~㉢ 중 틀린 표현을 찾고, 그 까닭을 서술하시오.

Tip 알짜힘이 0이면 물체의 운동 상태는 변하지 않는다.

Key Word 알짜힘, 0, 운동 상태, 힘의 평형

01 기체의 압력과 부피

1 압력과 기체의 압력

1. 압력

(1) 압력*: 일정한 넓이에 수직으로 작용하는 힘의 크기

$$압력(N/m^2) = \frac{수직으로\ 작용하는\ 힘(N)}{힘을\ 받는\ 면의\ 넓이(m^2)}$$

(2) 압력의 크기: 힘의 크기가 클수록, 힘을 받는 면의 넓이가 좁을수록 압력이 커진다.

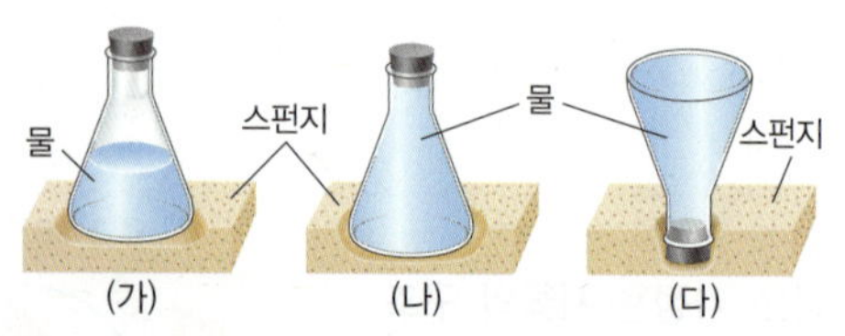

힘의 크기	(가)<(나)=(다)
힘을 받는 면의 넓이	(가)=(나)>(다)
눌린 스펀지의 깊이	(가)<(나)<(다)
압력의 크기	(가)<(나)<(다)

2. 기체의 압력

(1) 기체의 압력*: 기체 입자들이 운동하면서 용기 벽면에 충돌할 때, 용기 벽의 단위 넓이에 수직으로 작용하는 힘의 크기

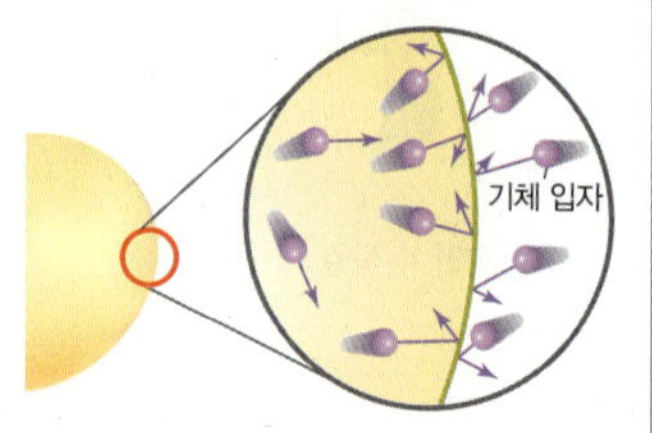

고무풍선에 공기를 불어 넣을 때의 변화:
풍선에 공기를 불어 넣음. → 풍선 속 기체 입자 수의 증가 → 기체 입자들의 전체 충돌 횟수 증가 → 풍선 속 기체의 압력 증가 → 풍선의 크기 증가

(2) 기체 압력의 방향과 크기: 모든 방향에 같은 크기로 작용한다.

(3) 기체의 압력이 커지는 요인: 기체 입자의 충돌 횟수가 많을수록 기체의 압력이 커진다.

(4) 대기압*: 지구를 둘러싸고 있는 공기가 나타내는 압력으로 지표에서 받는 대기압의 크기는 보통 1 기압이다.

(5) 기체의 압력을 이용한 예

① 물건의 파손을 막기 위해 공기주머니로 포장한다.

② 혈압계의 공기주머니가 팔에 힘을 가하여 혈압을 측정한다.

③ 공기주머니를 이용하여 자동차처럼 무거운 물체를 들어 올린다.

④ 높은 곳에서 떨어지는 사람을 구하기 위해 안전 매트를 설치한다.

⑤ 운동화의 밑창에 있는 공기주머니가 걸을 때의 충격을 완화한다.

⑥ 청소용 압축 공기를 이용하여 렌즈나 컴퓨터에 붙은 먼지를 떨어뜨린다.

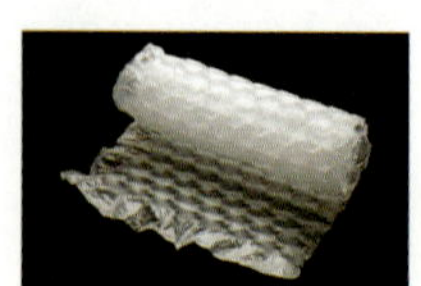
▲ 포장용 공기주머니

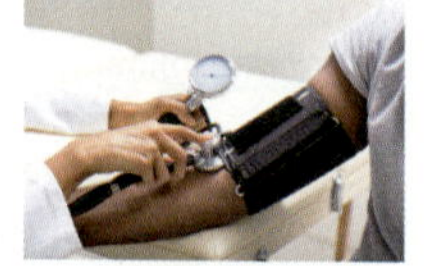
▲ 혈압계

▲ 운동화 공기주머니

---

* 힘을 받는 면의 넓이에 따른 압력 비교

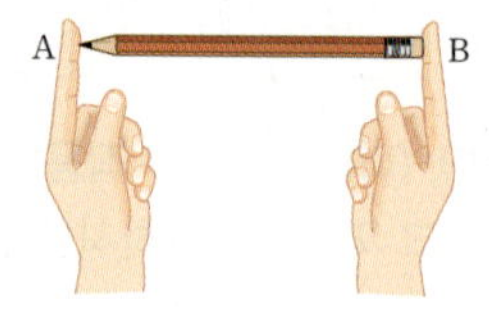

연필의 양쪽 끝을 같은 크기의 힘으로 누르면 뾰족한 부분(A)의 손가락이 더 아프다. 이는 같은 크기의 힘을 받는 면의 넓이가 좁을수록 압력이 커지기 때문이다.

* 기체가 압력을 나타내는 까닭

페트병에 쇠구슬을 넣고 흔들면 쇠구슬이 페트병 벽에 충돌하는 힘에 의해 압력이 나타난다. 쇠구슬을 기체 입자라고 가정하면 손바닥에 느껴지는 힘은 기체의 압력에 해당한다.

* 대기압

높이 올라갈수록 공기의 양이 줄어들기 때문에 기압이 낮아진다.

기본 다지기

01 일정한 넓이에 수직으로 작용하는 힘의 크기를 □□이라고 한다.

02 힘이 클수록, 힘을 받는 면의 넓이가 좁을수록 압력이 □□.

03 기체 입자들이 운동하면서 용기 벽면에 충돌할 때 벽에 미치는 단위 면적당 작용하는 힘의 크기를 □□□ □□이라고 한다.

04 기체의 압력은 □□ 방향에 □□ 크기로 작용한다.

05 □□□은 지구를 둘러싸고 있는 공기가 나타내는 압력으로 지표면에서 보통 1기압을 나타낸다.

01 다음은 압력에 대한 설명이다. 빈칸에 들어갈 알맞은 말을 고르시오.

> 몸무게가 같은 사람에게 발을 밟히더라도 하이힐을 신은 사람에게 밟혔을 때가 운동화를 신은 사람에게 밟혔을 때보다 더 아프다. 그 까닭은 같은 힘을 가해도 하이힐 바닥의 넓이가 운동화보다 더 ㉠(좁아서, 넓어서) 일정한 넓이에 작용하는 힘의 크기, 즉 압력이 더 ㉡(작기, 크기) 때문이다.

02 그림과 같이 같은 벽돌을 스펀지 위에 올려놓았을 때 스펀지가 눌린 깊이를 등호 또는 부등호로 옳게 비교하시오.

(1) 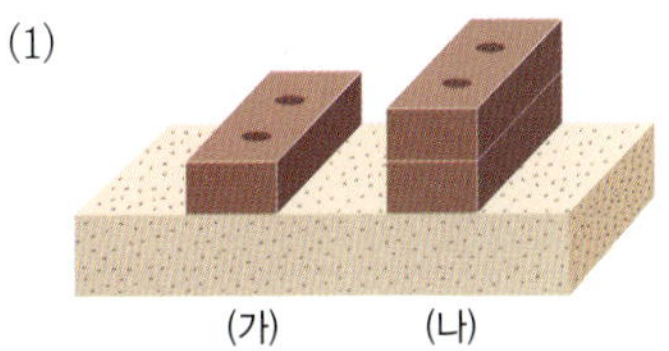

(2) 

03 다음은 고무풍선에 공기를 불어 넣을 때의 변화에 대한 설명이다. 빈칸에 들어갈 알맞은 말을 쓰시오.

> 고무풍선에 공기를 불어 넣으면 풍선 속에 기체 입자의 개수가 (㉠)하여 기체 입자가 풍선 안쪽 벽과 충돌하는 횟수가 (㉡)한다. 따라서 풍선 속 기체의 압력이 (㉢)하여 풍선이 커지는데, 이때 풍선 안팎의 압력이 같아질 때까지 팽창한다.

04 기체의 압력에 대한 설명으로 옳은 것은 ○표, 옳지 <u>않은</u> 것은 ×표를 하시오.

(1) 기체의 압력은 중력 방향으로만 작용한다. ( )
(2) 지표면에서 높이 올라갈수록 대기압이 커진다. ( )
(3) 지표면에서 대기압의 크기는 보통 약 10기압이다. ( )
(4) 기체 입자가 용기 벽에 많이 충돌할수록 기체의 압력이 커진다. ( )

05 기체의 압력을 이용한 예로 옳은 것은 ○표, 옳지 <u>않은</u> 것은 ×표를 하시오.

(1) 칼날이 날카로울수록 음식이 잘 잘린다. ( )
(2) 상품의 파손을 막기 위해 공기주머니로 포장한다. ( )
(3) 혈압계의 공기주머니가 팔에 힘을 가하여 혈압을 측정한다. ( )

2 기체의 압력과 부피의 관계

1. **압력에 따른 기체의 부피 변화***: 온도가 일정할 때 기체에 작용하는 압력이 커지면 기체의 부피가 줄어들고, 기체에 작용하는 압력이 작아지면 기체의 부피가 늘어난다.

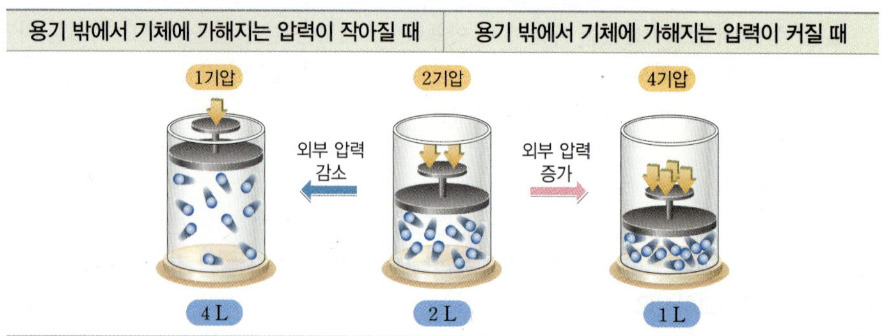

용기 밖에서 기체에 가해지는 압력이 작아질 때	용기 밖에서 기체에 가해지는 압력이 커질 때
• 용기 안 기체의 부피가 커진다. • 기체 입자가 용기 벽면에 충돌하는 횟수가 줄어든다. • 용기 안 기체의 압력이 작아진다.	• 용기 안 기체의 부피가 작아진다. • 기체 입자가 용기 벽면에 충돌하는 횟수가 늘어난다. • 용기 안 기체의 압력이 커진다.

2. **보일 법칙***: 일정한 온도에서 일정한 양의 기체에 작용하는 외부 압력이 커지면 기체의 부피가 작아지고, 내부 기체의 압력이 커진다. ➡ 일정한 온도에서 기체의 압력과 부피의 곱은 일정하다.

$$\text{압력} \times \text{부피} = \text{일정} \Rightarrow \text{압력}_{처음} \times \text{부피}_{처음} = \text{압력}_{나중} \times \text{부피}_{나중}$$

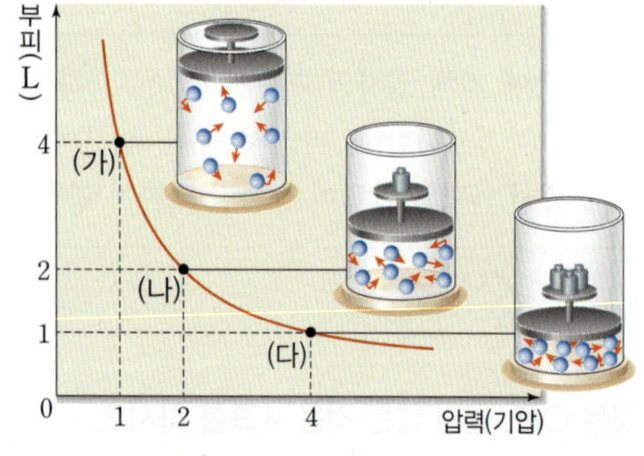

구분	(가)	(나)	(다)
압력(기압)	1	2	4
부피(L)	4	2	1
압력×부피	4	4	4

온도	압력	부피	운동 빠르기	충돌 횟수	입자 수
(가)=(나)=(다)	(가)<(나)<(다)	(가)>(나)>(다)	(가)=(나)=(다)	(가)<(나)<(다)	(가)=(나)=(다)

3. **생활 속 보일 법칙의 예**

   (1) 비행기가 이륙하면 귀가 먹먹해진다*.

   (2) 풍선이 하늘 높이 올라가면 점점 커지다가 터진다.

   (3) 잠수부가 내뿜은 공기 방울은 수면으로 올라갈수록 점점 커진다.

   (4) 감압 용기에 고무풍선을 넣고 용기 속 공기를 빼면 풍선이 부푼다*.

   (5) 과자 봉지를 가지고 높은 산에 올라가면 과자 봉지가 팽팽하게 부푼다.

   (6) 천연 가스를 부피가 작은 통에 높은 압력으로 압축하여 많은 양을 보관한다.

   (7) 자동차의 에어백은 압력에 따라 부피가 변하면서 탑승자의 충격을 감소시킨다.

---

* **압력에 따른 기체의 부피 변화**
기체에 작용하는 외부 압력이 변하면 기체의 압력은 외부 압력과 같아질 때까지 기체의 부피가 변한다. 부피가 변하면 기체 입자들의 충돌 횟수가 달라지므로 기체가 나타내는 압력도 변한다.

* **보일 법칙**
일정한 온도에서 일정한 양의 기체를 실린더 속에 넣고 압력을 2배, 3배…로 늘리면 기체의 부피는 $\frac{1}{2}$배, $\frac{1}{3}$배…로 줄어든다. 반대로 압력을 $\frac{1}{2}$배, $\frac{1}{3}$배…로 줄이면 기체의 부피는 2배, 3배…로 늘어난다.

* **비행기가 이륙할 때 귀가 먹먹해지는 까닭**
고도가 높아질수록 고막 바깥쪽의 압력(대기압)이 작아지므로 고막 안에 있는 공기의 부피가 커지면서 고막을 밀어내기 때문이다.

* **감압 용기 속 풍선의 부피 변화**
감압 용기 속의 공기를 빼면 용기 속 기체 입자의 개수가 줄어들어 용기 속의 압력이 작아진다. 따라서 감압 용기와 풍선 속 기체의 압력이 같아질 때까지 풍선 속 기체의 부피가 커져 풍선이 부푼다.

06 일정한 온도에서 기체에 작용하는 압력이 증가하면 기체의 부피는 □□한다.

07 일정한 온도에서 기체에 작용하는 압력이 감소하면 기체의 부피는 □□한다.

08 일정한 온도에서 기체의 압력과 부피 사이의 관계를 나타낸 법칙을 □□ 법칙이라고 한다.

09 일정한 온도에서 기체의 압력과 부피를 곱한 값은 □□하다.

10 과자 봉지를 가지고 높은 산에 올라가면 과자 봉지의 부피가 □□□.

06 그림은 일정한 온도에서 일정한 양의 기체가 들어 있는 주사기 속 기체를 입자 모형으로 나타낸 것이다.

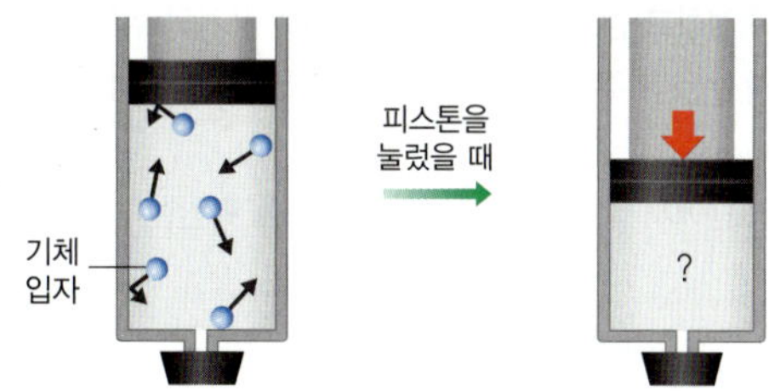

주사기의 피스톤을 눌렀을 때의 변화에 대한 설명으로 옳은 것은 ○표, 옳지 <u>않은</u> 것은 ×표를 하시오.

(1) 기체의 부피가 감소한다. (   )
(2) 기체의 질량이 증가한다. (   )
(3) 기체 입자의 개수가 감소한다. (   )
(4) 기체 입자의 운동이 활발해진다. (   )
(5) 기체 입자의 충돌 횟수가 증가한다. (   )
(6) 기체 입자 사이의 거리가 감소한다. (   )

07 표는 일정한 온도에서 일정한 양의 기체에 작용하는 압력을 변화시키면서 기체의 부피를 측정한 결과이다.

압력(기압)	1	2	3	㉡
부피(mL)	60	㉠	20	15

㉠과 ㉡에 들어갈 알맞은 값을 각각 쓰시오.

08 그림은 일정한 온도에서 실린더에 들어 있는 일정량의 기체의 압력과 부피 사이의 관계를 나타낸 것이다.

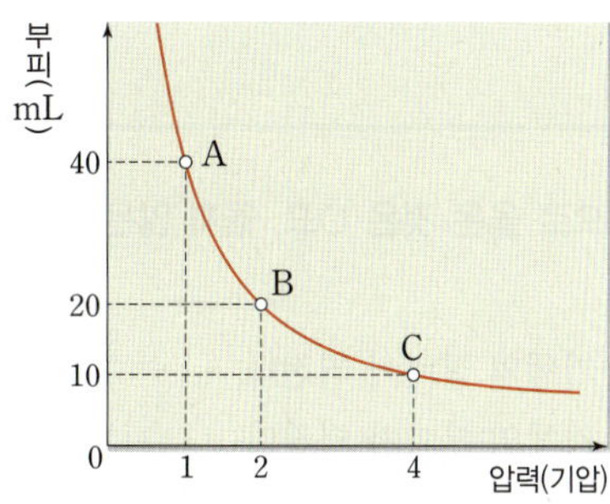

(1) A∼C 중 기체의 부피가 가장 큰 것을 쓰시오.
(2) A∼C 중 기체의 압력이 가장 큰 것을 쓰시오.
(3) A∼C 중 기체 입자 사이의 거리가 가장 먼 것을 쓰시오.
(4) A∼C 중 기체 입자들이 용기 벽면에 충돌하는 횟수가 가장 많은 것을 쓰시오.

탐구 목표 | 기체의 부피와 압력을 측정하고 자료를 해석하여 기체의 압력과 부피의 관계를 설명할 수 있다.

과정

1. 주사기의 피스톤을 20 mL에 맞춘 후, 무선 기체 압력 센서와 주사기를 연결한다.
2. 센서를 작동시켜 압력을 측정하고 센서 분석 앱에 주사기 속 공기의 부피인 20 mL를 입력한다.
3. 주사기의 피스톤을 천천히 누르며 주사기 속 공기의 부피를 18, 16, 14, 12, 10 mL로 줄이면서 압력을 측정한다.
4. 압력 센서에 연결된 프로그램에서 압력과 부피 변화 그래프를 확인한다.

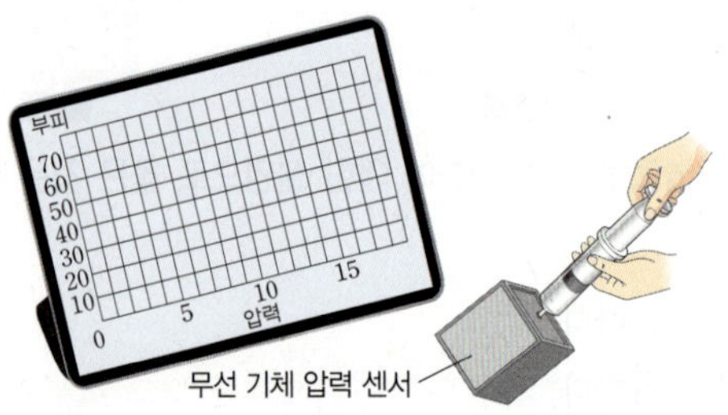

결과

1. 주사기의 피스톤을 누르면 공기의 부피가 줄어들면서 기체의 압력이 커진다.

부피(mL)	20	18	16	14	12	10
압력(기압)	1	1.11	1.25	1.43	1.66	2

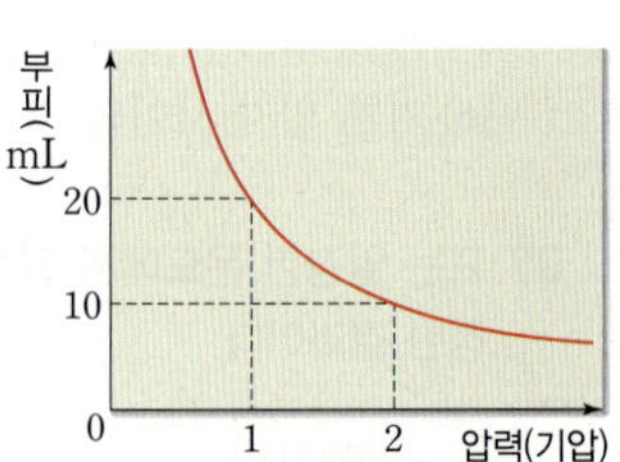

2. 기체의 압력과 부피를 곱한 값이 일정하다.

정리

1. 일정한 온도에서 일정한 양의 기체에 작용하는 압력이 커지면 기체의 부피가 작아진다.
2. 일정한 온도에서 기체의 압력과 부피를 곱한 값은 일정하다.

탐구 확인 문제

정답과 해설 30쪽

1. 위 실험에 대한 설명으로 옳은 것은 ○표, 옳지 <u>않은</u> 것은 ×표를 하시오.

   (1) 피스톤을 누르면 기체의 압력이 커진다. (　　)
   (2) 피스톤을 누르면 기체의 부피가 커진다. (　　)
   (3) 피스톤을 누르는 동안 기체 입자의 개수는 변하지 않는다. (　　)
   (4) 피스톤을 누르는 동안 기체 입자의 충돌 횟수가 줄어든다. (　　)

2. 25 ℃, 1 기압에서 부피가 20 L인 기체가 있다. 온도를 일정하게 유지하면서 기체의 부피를 10 L로 만들었을 때 기체의 압력으로 옳은 것은? (단, 기체 입자의 수는 변하지 않는다.)

   ① 0.25 기압　② 0.5 기압　③ 1 기압
   ④ 2 기압　⑤ 4 기압

1 압력과 기체의 압력

● 242012-0167

01 압력에 대한 설명으로 옳은 것은?

① 압력의 단위는 N이다.
② 단위 넓이에 수직으로 작용하는 힘의 크기이다.
③ 압력은 힘을 받는 면의 넓이를 힘의 크기로 나누어 구한다.
④ 힘을 받는 면의 넓이가 같을 때 힘의 크기가 클수록 압력이 작다.
⑤ 힘의 크기가 같을 때 힘을 받는 면의 넓이가 넓을수록 압력이 크다.

● 242012-0168

02 그림과 같이 삼각 플라스크에 물을 넣어 스펀지 위에 올려놓고 스펀지에 작용하는 압력을 비교하였다.

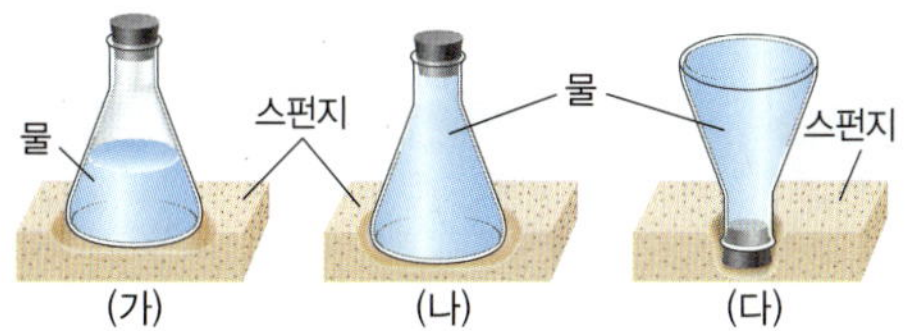

이에 대한 설명으로 옳은 것만을 〈보기〉에서 있는 대로 고른 것은?

보기
ㄱ. 스펀지가 눌린 깊이는 (가)>(나)>(다) 순으로 깊다.
ㄴ. (가)와 (나)를 비교하면 힘의 크기와 압력의 관계를 알 수 있다.
ㄷ. (나)와 (다)를 비교하면 힘을 받는 면의 넓이와 압력의 관계를 알 수 있다.

① ㄱ   ② ㄴ   ③ ㄱ, ㄴ
④ ㄱ, ㄷ   ⑤ ㄴ, ㄷ

● 242012-0169

03 압력의 크기가 가장 큰 경우는?

	힘의 크기(N)	힘을 받는 면의 넓이(m^2)
①	12	3
②	20	1
③	20	2
④	30	1
⑤	30	2

● 242012-0170

04 기체의 압력에 대한 설명으로 옳지 <u>않은</u> 것은?

① 모든 방향에 같은 크기로 작용한다.
② 기체 입자의 수가 많을수록 기체의 압력이 커진다.
③ 기체 입자가 운동하면서 용기 벽에 충돌하기 때문에 나타난다.
④ 기체 입자가 용기 벽에 충돌하는 횟수가 많을수록 기체의 압력이 작아진다.
⑤ 부피가 일정한 용기 안에서 기체 입자의 운동이 활발할수록 기체의 압력이 커진다.

● 242012-0171

05 일정한 온도에서 그림 (가)는 뚜껑을 열지 않은 페트병 속 기체 입자, 그림 (나)는 뚜껑을 열었다 닫은 페트병 속 기체 입자를 모형으로 나타낸 것이다.

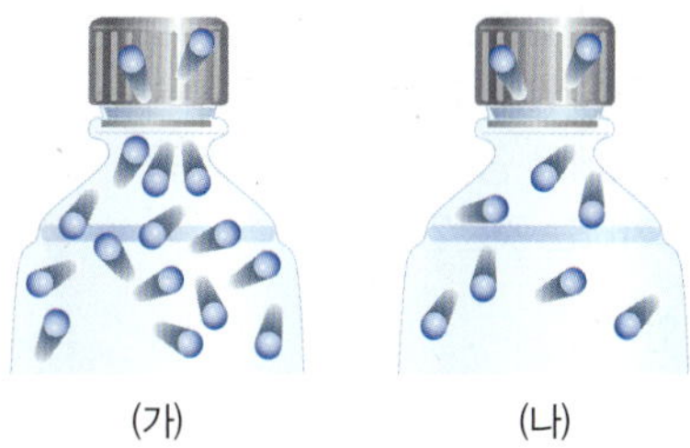

(가)와 (나)를 옳게 비교한 것은?

① 기체의 압력: (가)=(나)
② 기체 입자의 개수: (가)<(나)
③ 기체 입자의 충돌 횟수: (가)>(나)
④ 기체 입자 사이의 거리: (가)=(나)
⑤ 기체 입자의 운동 빠르기: (가)<(나)

● 242012-0172

06 기체의 압력을 이용한 예로 옳지 <u>않은</u> 것은?

① 공기주머니를 이용하여 물건을 포장한다.
② 청소용 압축 공기로 컴퓨터에 붙은 먼지를 뗀다.
③ 겨울철에 공기주머니를 창문에 붙여 열손실을 막는다.
④ 운동화 밑창에 있는 공기주머니가 뛸 때의 충격을 완화시킨다.
⑤ 높은 곳에서 떨어지는 사람을 구하기 위해 안전 매트를 설치한다.

2 기체의 압력과 부피의 관계

▶ 242012-0173

07 그림과 같이 압력계를 연결한 주사기의 피스톤을 누를 때 일어나는 현상에 대한 설명으로 옳지 <u>않은</u> 것은?

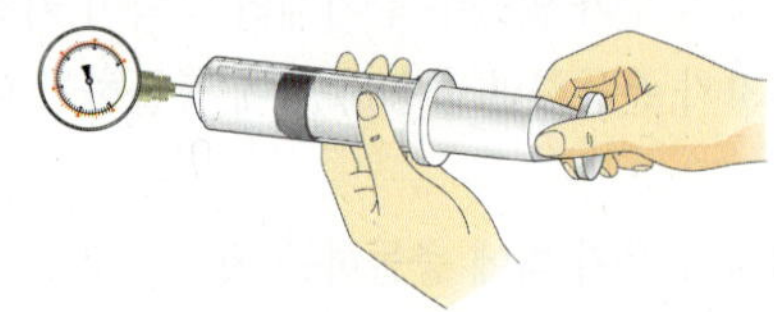

① 측정되는 압력이 커진다.
② 주사기 속 기체의 압력이 커진다.
③ 주사기 속 기체 입자의 수가 많아진다.
④ 주사기 속 기체 입자 사이의 거리가 가까워진다.
⑤ 주사기 속 기체 입자 사이의 충돌 횟수가 많아진다.

▶ 242012-0174

08 그림과 같이 일정한 온도에서 감압 용기에 공기가 들어 있는 고무풍선을 넣고 손으로 감압 용기에서 공기를 뺄 때, 고무풍선 안에서 증가하는 것은?

① 기체의 압력
② 기체 입자의 개수
③ 기체 입자의 빠르기
④ 기체 입자의 충돌 횟수
⑤ 기체 입자 사이의 거리

▶ 242012-0175

09 다음 현상을 설명할 수 있는 그래프로 옳은 것은?

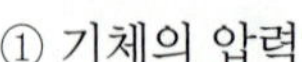

풍선이 하늘 높이 올라가면 점점 커진다.

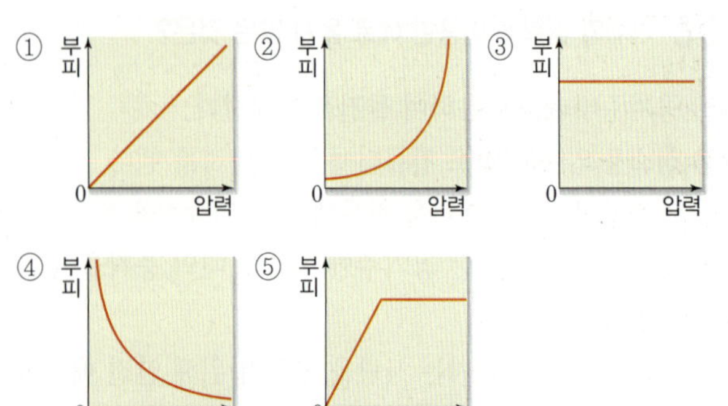

▶ 242012-0176

10 25 ℃, 1 기압에서 부피가 120 mL인 기체의 온도를 일정하게 유지하면서 기체에 작용하는 압력을 4배 증가시켰을 때, 기체의 부피로 옳은 것은?

① 30 mL ② 40 mL ③ 60 mL
④ 240 mL ⑤ 480 mL

▶ 242012-0177

11 그림은 일정한 양의 기체가 들어 있는 용기에 1 기압이 작용할 때의 모습을 입자 모형으로 나타낸 것이다.
일정한 온도에서 압력을 2 기압으로 높였을 때의 기체 입자 모형으로 가장 적절한 것은?

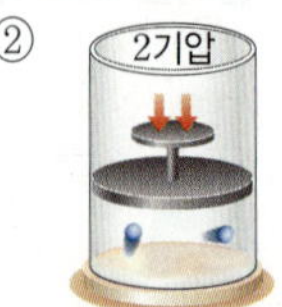

▶ 242012-0178

12 기체의 압력과 부피의 관계와 관련된 현상이 <u>아닌</u> 것은?

① 비행기가 이륙하면 귀가 먹먹해진다.
② 찌그러진 탁구공을 뜨거운 물에 넣으면 탁구공이 다시 펴진다.
③ 물속에서 잠수부가 내뿜은 공기 방울이 수면으로 올라갈수록 커진다.
④ 고무풍선이 들어 있는 감압 용기 속 공기를 빼면 고무풍선이 부푼다.
⑤ 높은 고도의 비행기 안에서 마개를 막아둔 빈 페트병이 지상에 도착했을 때 찌그러진다.

01 그림과 같이 연필의 양쪽 끝을 손으로 누를 때 **A**와 **B**의 압력을 비교하고, 그 까닭을 서술하시오.

242012-0179

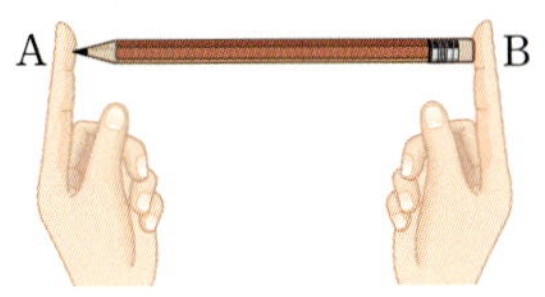

Tip 압력은 일정한 넓이에 수직으로 작용하는 힘의 크기이다.

Key Word 힘, 넓이, 압력

---

02 그림은 무게가 **30 N**인 직육면체를 나타낸 것이다.
각 면을 바닥에 놓고 세웠을 때 만들 수 있는 가장 큰 압력(N/cm^2)을 쓰고, 그 까닭을 서술하시오.

242012-0180

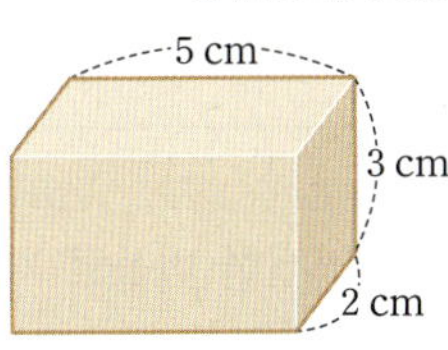

Tip 압력은 물체의 무게를 힘을 받는 면의 넓이로 나누어 구한다.

Key Word 무게, 넓이, 압력

---

03 그림과 같이 일정한 온도에서 부피가 **100 mL**인 기체에 압력을 2배로 높였을 때의 부피(**mL**)를 구하고, 그 까닭을 서술하시오.

242012-0181

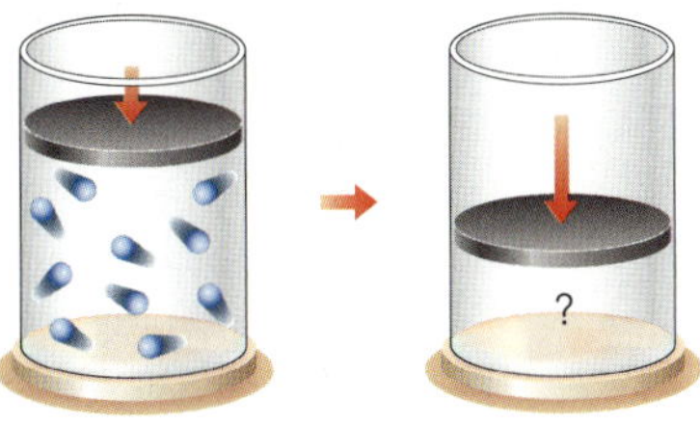

Tip 일정한 온도에서 기체에 작용하는 압력이 두 배로 커지면 부피는 반으로 줄어든다.

Key Word 압력, 부피

---

04 그림과 같이 일정한 온도에서 주사기 속 공기의 부피가 **60 mL**가 되도록 피스톤의 눈금을 맞추고, 주사기를 압력계와 연결한 후 피스톤을 눌러 압력에 따른 부피 변화를 측정하였다. 표의 ㉠에 들어갈 부피를 쓰고, 그 까닭을 서술하시오.

242012-0182

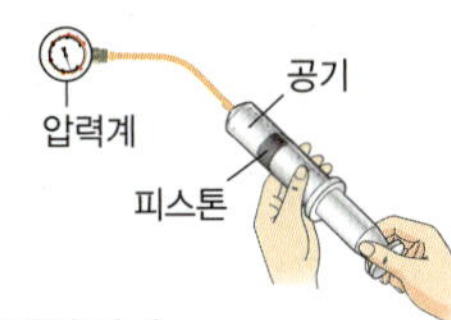

압력(기압)	1.0	1.5	2.0
부피(mL)	60	㉠	30

Tip 일정한 온도에서 기체의 부피가 작아질수록 기체의 압력이 커진다.

Key Word 압력, 부피

---

05 그림은 감압 용기 속에 과자 봉지를 넣은 모습을 나타낸 것이다.
감압 장치를 이용하여 과자 봉지를 부풀리는 방법을 쓰고, 그 까닭을 서술하시오.

242012-0183

Tip 과자 봉지의 부피가 커지기 위해서는 과자 봉지에 작용하는 압력을 작게 해야 한다.

Key Word 압력, 부피

---

06 그림은 높은 산의 정상에서 팽팽했던 과자 봉지를 지상으로 가져왔을 때 과자 봉지의 부피 변화를 나타낸 것이다.

242012-0184

이와 같은 변화가 나타난 까닭을 서술하시오.

Tip 높이 올라갈수록 대기압이 작아진다.

Key Word 대기압

1 기체의 온도와 부피의 관계

1. 온도*에 따른 기체의 부피 변화*: 압력이 일정할 때 온도가 높아지면 기체의 부피가 늘어나고, 온도가 낮아지면 기체의 부피는 줄어든다.

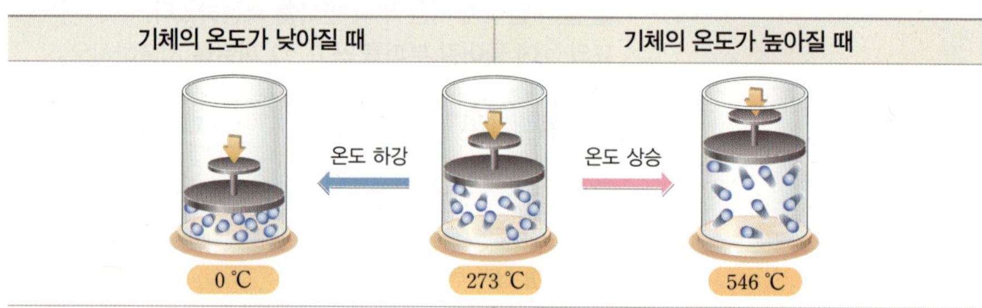

기체의 온도가 낮아질 때	기체의 온도가 높아질 때
• 기체 입자가 더 느리게 운동한다. • 기체의 입자가 용기 벽에 약하게 충돌하여 기체의 압력이 작아진다. • 기체의 부피가 작아진다.	• 기체 입자가 더 빠르게 운동한다. • 기체의 입자가 용기 벽에 강하게 충돌하여 기체의 압력이 커진다. • 기체의 부피가 커진다.

2. 샤를 법칙: 일정한 압력에서 일정한 양의 기체의 온도를 높이면 일정한 비율로 기체의 부피가 늘어나고, 온도를 낮추면 일정한 비율로 기체의 부피가 줄어든다.

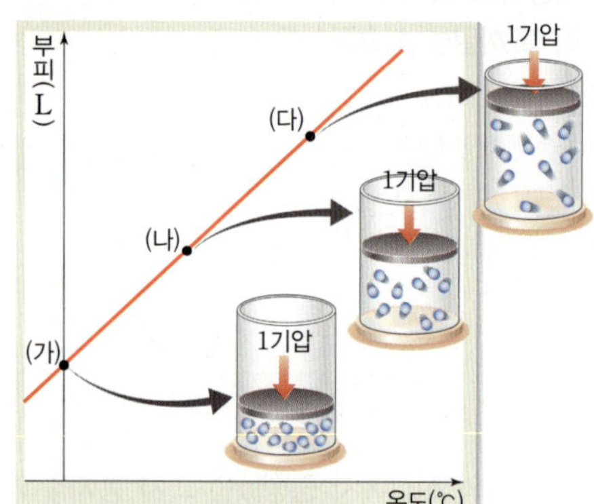

온도	(가)<(나)<(다)
압력	(가)=(나)=(다)
부피	(가)<(나)<(다)
운동 빠르기	(가)<(나)<(다)
입자 수	(가)=(나)=(다)

3. 생활 속 샤를 법칙의 예

(1) 겨울철에 비해 여름철에 자동차 타이어가 팽팽하다.

(2) 열기구의 풍선 속 공기를 가열하면 열기구가 떠오른다.*

(3) 찌그러진 탁구공을 뜨거운 물에 넣으면 탁구공이 펴진다.

(4) 뜨거운 국물이 담긴 그릇이 식탁 위에서 저절로 움직인다.

(5) 차가운 계곡물에 튜브를 오래 두면 튜브의 부피가 작아진다.

(6) 따뜻한 방 안에 놓아둔 페트병을 냉장고에 넣으면 페트병이 찌그러진다.

(7) 찬물이 들어 있는 오줌싸개 인형의 머리에 뜨거운 물을 부으면 인형에서 물이 나온다.

(8) 차가운 빈 유리병 입구에 물을 묻힌 동전을 올려놓고 손으로 유리병을 감싸면 동전이 움직인다.

*** 섭씨 온도와 절대 온도**

• 섭씨 온도: 1기압에서 물의 어는 점을 0 ℃, 물의 끓는점을 100 ℃로 정한 온도

• 절대 온도: 기체를 냉각할 때 이론적으로 기체의 부피가 0이 되는 온도. 즉, −273 ℃를 0으로 정한 온도로, 단위는 K(켈빈)을 쓴다. 절대 온도는 섭씨 온도에 273을 더하여 구한다.

절대 온도(K)＝섭씨 온도(℃)＋273

*** 압력 평형과 부피 변화**

외부와 내부의 압력이 다르면 외부와 내부의 압력이 같아질 때까지 압력이 높은 쪽에서 낮은 쪽으로 용기 벽이 밀리며 기체의 부피가 변한다. 이처럼 외부와 내부의 압력이 같아지는 과정을 압력 평형이라 한다.

*** 열기구의 원리**

열기구 내부를 가열하면 기체 입자의 운동이 활발해져서 기체 입자 사이의 거리가 멀어지므로 기체의 부피가 팽창한다. 팽창된 공기는 상대적으로 가볍기 때문에 공기 중으로 떠오른다.

01 일정한 압력에서 온도가 높아지면 기체의 부피가 ☐☐한다.

01 그림과 같이 일정한 압력에서 실린더에 기체를 넣고 가열했을 때 실린더 속 기체의 변화로 옳은 것은 ○표, 옳지 <u>않은</u> 것은 ×표를 하시오.

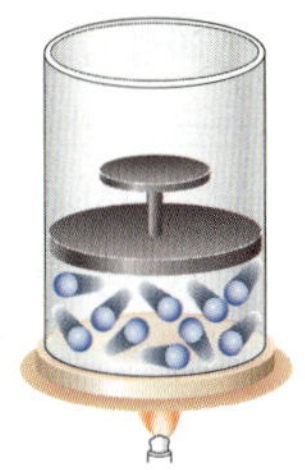

(1) 기체의 부피가 감소한다. ( )

(2) 기체의 질량이 증가한다. ( )

(3) 기체 입자의 개수가 감소한다. ( )

(4) 기체 입자의 운동이 활발해진다. ( )

(5) 기체 입자 사이의 거리가 가까워진다. ( )

02 그림은 일정한 압력에서 온도에 따른 기체의 부피를 나타낸 것이다.

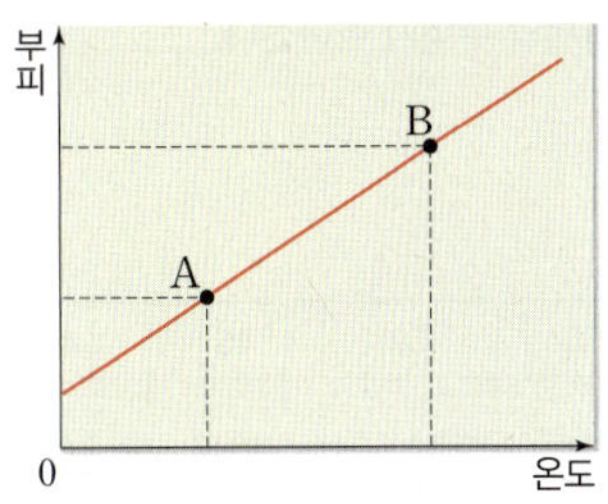

다음을 비교하여 등호 또는 부등호로 표시하시오.

(1) 기체의 온도: A ( ) B

(2) 기체의 부피: A ( ) B

(3) 기체 입자 사이의 거리: A ( ) B

(4) 기체 입자의 운동 빠르기: A ( ) B

02 일정한 압력에서 온도가 낮아지면 기체의 부피가 ☐☐한다.

03 일정한 압력에서 기체의 온도와 부피 사이의 관계를 나타낸 법칙을 ☐☐ 법칙이라고 한다.

03 일상생활에서 관찰할 수 있는 현상 중 보일 법칙과 관련된 현상은 '보일', 샤를 법칙과 관련된 현상은 '샤를'이라고 쓰시오.

(1) 난로 옆에 둔 고무풍선이 커진다. ( )

(2) 높은 산에서 과자 봉지가 팽팽해진다. ( )

(3) 비행기가 이륙할 때 귀가 먹먹해진다. ( )

(4) 빈 페트병을 냉장고에 넣으면 찌그러진다. ( )

(5) 헬륨 풍선이 하늘 높이 올라갈수록 커진다. ( )

(6) 열기구 속 공기를 가열하면 열기구가 떠오른다. ( )

(7) 찌그러진 탁구공을 뜨거운 물에 넣으면 탁구공이 펴진다. ( )

(8) 물속에서 잠수부가 내뿜은 공기 방울이 수면에 가까워질수록 커진다. ( )

(9) 공기가 들어 있는 고무풍선을 액체 질소에 넣으면 고무풍선이 쭈그러든다.

( )

(10) 감압 용기에 공기가 들어 있는 고무풍선을 넣고 감압 용기 속 공기를 빼면 풍선이 부푼다. ( )

04 찌그러진 탁구공을 ☐☐☐ 물에 넣으면 탁구공이 펴진다.

탐구 목표 | 온도에 따른 기체의 부피를 측정하고, 기체의 온도와 부피 관계를 그래프로 나타낼 수 있다.

과정

1. 눈금이 있는 유리관을 실리콘 튜브에 연결한 후, 실리콘 튜브를 시약병에 단단히 끼운다.
2. 70 ℃ 정도의 뜨거운 물에 1의 장치를 담근 후, 유리관 입구에 잉크를 한 방울 떨어뜨린다.
3. 물의 온도가 60 ℃가 되면 유리관 속 잉크의 위치를 표시한다. 물의 온도가 5 ℃씩 낮아질 때마다 잉크의 위치를 표시하고 유리관의 눈금을 읽는다.

준비물

눈금이 있는 유리관, 실리콘 튜브, 시약병, 온도계, 스포이트, 뜨거운 물, 잉크, 비커, 스탠드, 집게 잡이

유의점

- 뜨거운 물에 손이 데이지 않도록 주의한다.
- 눈금과 눈금 사이에 위치가 표시된 경우에는 눈금 개수를 어림하여 센다.

결과

1. 온도가 내려갈수록 유리관 속 기체의 부피가 작아진다.

온도(℃)	60	55	50	45	40
유리관 눈금(mL)	11.4	11.2	11.0	10.8	10.6

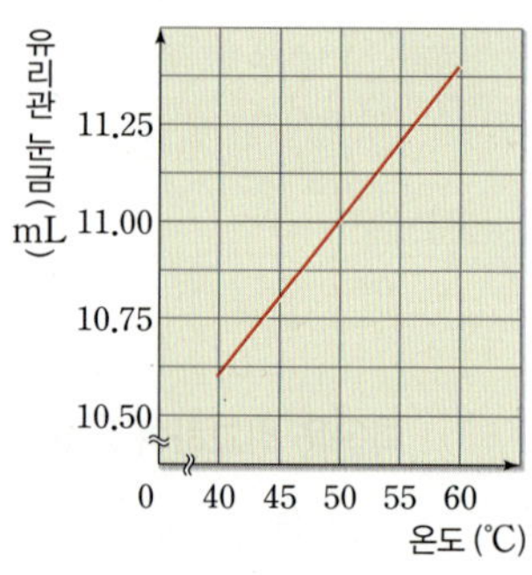

정리

1. 일정한 압력에서 일정한 양의 기체의 온도가 낮아지면 기체의 부피가 일정한 비율로 작아진다.

탐구 확인 문제

정답과 해설 33쪽

1. 위 실험에 대한 설명으로 옳은 것은 ○표, 옳지 <u>않은</u> 것은 ×표를 하시오.

(1) 온도가 낮아질수록 기체의 부피가 작아진다. (　　　)

(2) 잉크의 높이로 기체의 부피를 가늠할 수 있다. (　　　)

(3) 온도가 낮아질수록 기체 입자의 수가 줄어든다. (　　　)

(4) 온도가 낮아질수록 기체 입자의 운동이 활발해진다 (　　　)

2. 위 실험을 통해 알 수 있는 사실이다. 빈칸에 들어갈 알맞은 말을 고르시오.

> 온도가 낮아질수록 유리관 눈금이 일정한 비율로 (커진다, 작아진다). 그 까닭은 온도가 낮아질수록 시약병 속 공기의 부피가 일정한 비율로 (증가, 감소)하기 때문이다. 따라서 일정한 압력에서 온도가 높아질수록 기체의 부피는 일정한 비율로 (증가, 감소)한다.

1 기체의 온도와 부피의 관계

● 242012-0185

01 고무풍선을 끼운 삼각 플라스크를 그림 (가)는 얼음물에 담갔을 때, 그림 (나)는 상온의 물에 담갔을 때, 그림 (다)는 가열했을 때의 모습을 나타낸 것이다.

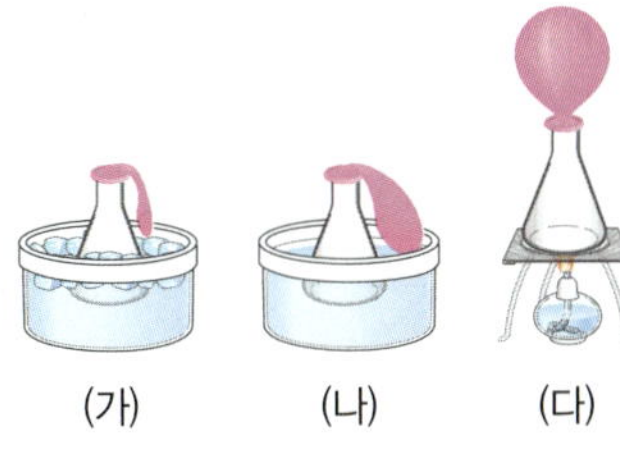

(가)~(다) 삼각 플라스크 안에 들어 있는 기체 입자의 운동 빠르기를 옳게 비교한 것은?

① (가)=(나)=(다)　　② (가)<(나)=(다)
③ (가)<(나)<(다)　　④ (나)<(다)<(가)
⑤ (다)<(나)<(가)

● 242012-0186

02 찌그러진 탁구공을 뜨거운 물에 담그면 탁구공이 펴진다. 탁구공 속에서 일어나는 변화 중 증가하지 <u>않는</u> 것은?

① 기체의 온도　　　② 기체의 부피
③ 기체 입자의 개수　　④ 기체 입자 사이의 거리
⑤ 기체 입자의 운동 빠르기

● 242012-0187

03 그림은 고무풍선을 씌운 삼각 플라스크 안에 있는 기체 입자를 모형으로 나타낸 것이다. 이 삼각 플라스크를 가열했을 때의 모형으로 옳은 것은? (단, 기체 입자의 운동 빠르기는 화살표의 길이로 나타낸다.)

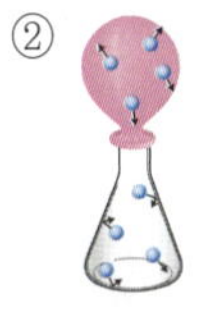
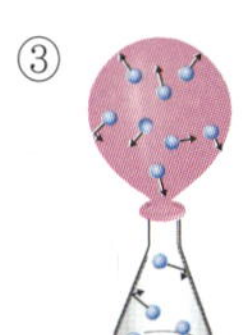
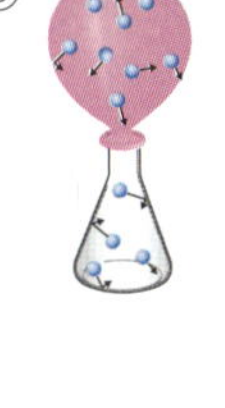
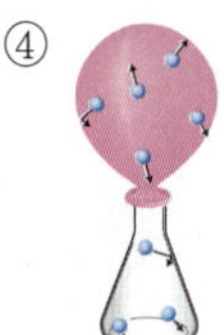
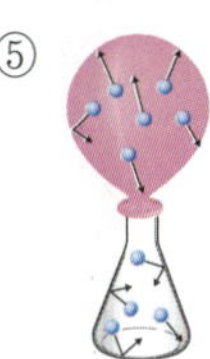

● 242012-0188

04 그림은 일정한 압력에서 기체의 온도와 부피 사이의 관계를 나타낸 것이다. 이와 같은 원리로 설명할 수 있는 현상으로 옳은 것은?

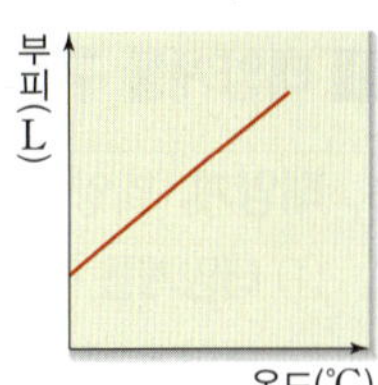

① 높은 산에 올라가면 과자 봉지가 부푼다.
② 비행기를 타고 이륙하면 귀가 먹먹해진다.
③ 고무풍선을 입으로 불면 고무풍선이 커진다.
④ 뚜껑을 닫은 빈 페트병을 냉장고에 넣으면 찌그러진다.
⑤ 주사기의 피스톤을 누르면 주사기 속 공기가 압축된다.

서술형 준비하기 　　　　정답과 해설 34쪽

● 242012-0189

01 그림과 같이 장치하고 둥근바닥 플라스크를 두 손으로 감쌌을 때 잉크 방울이 움직이는 방향을 A와 B 중에서 고르고, 그 까닭을 서술하시오.

Tip 온도가 높아질수록 기체의 부피가 커진다.
Key Word 온도, 부피

● 242012-0190

02 그림과 같이 식은 국솥의 뚜껑이 열리지 않을 때 국솥을 살짝 가열하면 뚜껑이 잘 열린다. 그 까닭을 서술하시오.

Tip 국이 식으면 국솥 속에 있는 공기의 온도도 내려간다.
Key Word 온도, 부피

01 태양계의 구성

1 태양계를 구성하는 천체와 행성

1. 태양계: 태양*과 태양의 영향을 받는 천체들로 구성된 체계

(1) 태양계를 구성하는 천체: 태양, 행성, 왜소 행성,* 소행성,* 혜성,* 위성* 등

(2) 태양계 행성의 특징

① 태양계 행성: 태양 주위를 공전하는 8개의 천체로, 수성, 금성, 지구, 화성, 목성, 토성, 천왕성, 해왕성이 있다.

② 태양계 행성의 특징

행성	특징	행성	특징
수성	• 행성 중 가장 크기가 작다. • 대기가 거의 없어 표면에 많은 운석 구덩이가 있다. • 낮과 밤의 온도차가 매우 크다.	목성	• 행성 중 가장 크기가 크다. • 주로 수소와 헬륨으로 이루어졌다. • 표면에 가로줄 무늬와 대기의 소용돌이인 대적점이 있다. • 희미한 고리가 있다.
금성	• 지구에서 관측한 행성 중 가장 밝다. • 두꺼운 이산화 탄소 대기로 인해 표면 온도와 기압이 매우 높다. • 표면이 비교적 평탄하고 화산이 존재한다.	토성	• 주로 수소와 헬륨으로 이루어졌으며, 물보다 평균 밀도*가 작다. • 표면에 가로줄 무늬가 있다. • 얼음 알갱이와 암석으로 이루어진 크고 뚜렷한 고리가 있다.
지구	• 질소와 산소 등으로 이루어진 대기가 있다. • 물과 생명체가 존재한다.	천왕성	• 주로 수소, 헬륨, 메테인 등으로 이루어졌다. • 청록색으로 보인다. • 자전축*이 거의 누워 있는 형태로 자전을 한다. • 희미한 고리가 있다.
화성	• 대기가 있지만 매우 희박하다. • 토양에 산화 철이 포함되어 있어 표면이 붉은색을 띤다. • 물이 흐른 흔적이 존재하며 극지방에는 극관*이 있다.	해왕성	• 태양계의 가장 바깥에 위치한다. • 대기의 소용돌이인 대흑점이 있다. • 희미한 고리가 있다.

2. 태양계 행성의 분류

(1) 태양계 행성은 물리적 특성에 따라 지구형 행성과 목성형 행성으로 나눌 수 있다.

(2) 지구형 행성과 목성형 행성의 비교

구분	행성	크기	질량	평균 밀도	표면 상태	위성 수	고리 유무
지구형 행성	수성, 금성, 지구, 화성	작다.	작다.	크다.	고체	없거나 적다.	없다.
목성형 행성	목성, 토성, 천왕성, 해왕성	크다.	크다.	작다.	기체	많다.	있다.

*** 태양**

주로 수소와 헬륨으로 이루어져 있으며, 태양계 내에서 유일하게 스스로 빛을 내는 천체이다.

*** 왜소 행성과 소행성**

• 왜소 행성: 태양 주위를 공전하며, 크기와 질량이 행성보다 작다.

• 소행성: 모양이 불규칙하고, 화성과 목성 사이의 소행성대에 많이 분포한다.

*** 혜성**

얼음, 먼지, 암석으로 이루어진 작은 천체로, 혜성이 태양 근처를 지나가게 되면 태양의 반대 방향으로 꼬리가 발달하게 된다.

*** 위성**

행성 주위를 공전하는 천체이며, 달은 지구 주위를 공전하는 지구의 위성이다.

*** 밀도**

일정한 부피에 해당하는 물질의 질량을 말한다.

*** 자전축**

물체가 자기 자신을 축으로 하여 회전할 때의 중심이다.

*** 극관**

화성의 극지방에는 드라이아이스와 얼음으로 된 흰색의 극관이 있으며, 계절 변화에 따라 극관의 크기가 달라진다.

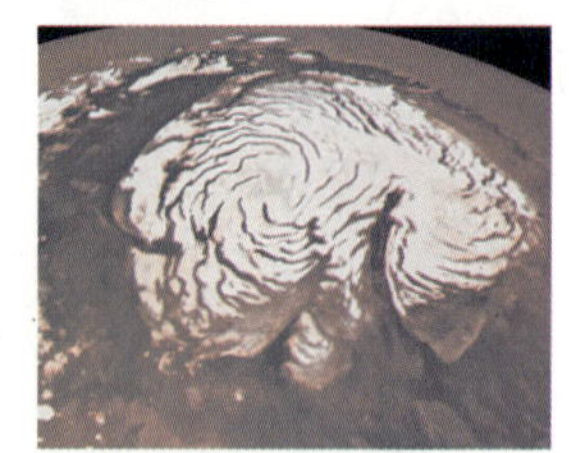

기본 다지기

정답과 해설 34쪽

핵심 용어 익히기

01 태양과 태양의 영향을 받는 천체들로 구성된 체계를 □□□라고 한다.

02 태양계 □□은 태양 주위를 공전하는 8개의 천체로, 수성, 금성, 지구, 화성, 목성, 토성, 천왕성, 해왕성이 여기에 속한다.

03 태양계 행성 중 □□은 두꺼운 이산화 탄소 대기로 인해 표면 온도와 기압이 매우 높다.

04 토성은 주로 □□와 헬륨으로 이루어져 있으며, 얼음 알갱이와 암석으로 이루어진 크고 뚜렷한 고리가 있다.

05 □□□ 행성은 크기와 질량이 작고, 평균 밀도는 크다.

06 □□□ 행성은 크기와 질량이 크고, 평균 밀도는 작다.

---

01 태양계를 구성하는 천체에 대한 설명으로 옳은 것은 ○표, 옳지 <u>않은</u> 것은 ×표를 하시오.

(1) 수성, 목성, 달은 태양계 행성에 속한다.　　　　　　　　　　　(　　)

(2) 혜성은 태양과 멀어질 때 꼬리가 나타난다.　　　　　　　　　(　　)

(3) 태양은 태양계 내에서 유일하게 스스로 빛을 내는 천체이다.　(　　)

(4) 태양계는 태양, 행성, 왜소 행성, 소행성, 혜성 등으로 이루어져 있다. (　　)

02 태양계 행성과 특징을 옳게 연결하시오.

(1) 수성　　•　　　　　•　㉠ 표면에 가로줄 무늬와 대적점이 있다.

(2) 화성　　•　　　　　•　㉡ 태양계의 가장 바깥에 위치하며, 대흑점이 있다.

(3) 목성　　•　　　　　•　㉢ 붉은색으로 보이며, 물이 흐른 흔적과 극관이 있다.

(4) 토성　　•　　　　　•　㉣ 물보다 평균 밀도가 작고, 크고 뚜렷한 고리가 있다.

(5) 해왕성　•　　　　　•　㉤ 행성 중 가장 작으며, 표면에 많은 운석 구덩이가 있다.

03 지구형 행성의 특징이면 '지', 목성형 행성의 특징이면 '목'이라고 쓰시오.

(1) 크기와 질량이 크다.　　　　　　　　　　　　　　　　　　　(　　)

(2) 목성, 토성, 천왕성, 해왕성이 속한다.　　　　　　　　　　　(　　)

(3) 평균 밀도가 크고, 단단한 표면을 가진다.　　　　　　　　　(　　)

(4) 위성이 없거나 적고, 고리를 가지고 있지 않다.　　　　　　　(　　)

04 다음에서 설명하고 있는 행성의 이름을 쓰시오.

> • 희미한 고리가 있고, 위성 수가 많다.
> • 자전축이 거의 누워 있는 형태로 자전을 한다.
> • 주로 수소, 헬륨, 메테인으로 되어 있으며, 청록색으로 보인다.

(　　　　　　)

2 태양의 표면과 대기, 태양의 활동

1. 태양의 표면과 대기

(1) 광구: 우리 눈에 보이는 태양의 밝고 둥근 표면으로, 평균 온도는 약 6000 ℃이다.

① 쌀알 무늬*: 광구에 쌀알을 뿌려 놓은 것처럼 보이는 무늬

② 흑점*: 크기와 모양이 불규칙한 어두운 무늬

- 주변보다 온도가 낮아 어둡게 보인다.

- 흑점의 이동*: 흑점을 매일 관측하면 모양과 크기가 조금씩 변하면서 이동하는 것을 볼 수 있다. → 태양의 자전으로 나타나는 현상

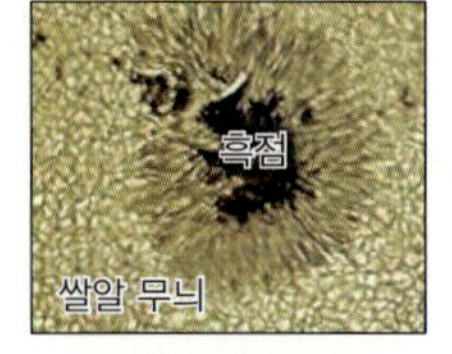

▲ 광구에서 보이는 흑점과 쌀알 무늬

(2) 태양의 대기

① 광구 바깥으로 태양의 대기가 넓게 퍼져 있으며, 다양한 현상이 나타난다.

② 평소에는 밝은 광구 때문에 잘 보이지 않지만, 달에 의해 광구가 완전히 가려지는 현상이 일어나면 관측이 가능하다.

태양의 대기	특징	
채층	• 광구 바로 위의 얇고 붉은 대기층 • 광구보다 온도가 높다.	
코로나	• 채층 바깥으로 수백만 km까지 퍼져 있는 청백색의 대기층 • 온도가 매우 높다. (수백만 ℃)	
홍염	• 광구에서 고온의 물질이 대기로 솟아오르는 현상 • 불꽃이나 고리 등 다양한 모양으로 나타난다.	
플레어	• 흑점 부근에서 일어나는 강한 폭발 현상 • 태양 내부로부터 매우 많은 물질과 에너지가 방출된다.	

2. 태양의 활동

(1) 태양의 활동이 활발할 때 나타나는 현상

① 흑점 수*가 많아지고, 홍염과 플레어가 자주 나타난다.

② 코로나의 크기가 평소보다 커진다.

③ 태양풍*이 강해진다.

(2) 태양의 활동이 활발할 때 지구에 미치는 영향

① 무선 통신이 끊기는 현상이 나타날 수 있다.

② 평상시보다 오로라*가 더 넓은 지역에서 발생한다.

③ 송전 시설이 고장 나 대규모 정전이 일어날 수 있다.

④ 인공위성이 궤도를 이탈하거나 부품이 고장날 수 있다.

⑤ 위성 위치 확인 시스템(GPS)이 교란되어 위치 정보 수신이 방해를 받는다.

⑥ 태양 방사선에 노출된 우주 비행사의 세포가 손상되거나 질병에 걸릴 수 있다.

---

* **쌀알 무늬**

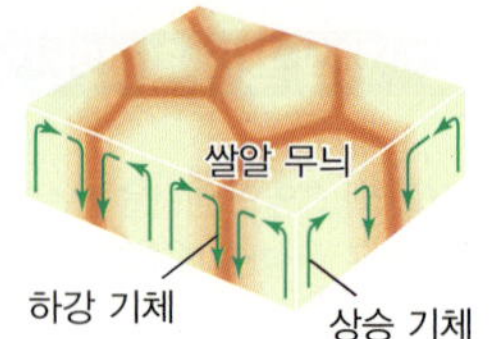

고온의 기체가 상승하는 부분은 밝게 보이고, 저온의 기체가 하강하는 부분은 어둡게 보인다.

* **흑점**

흑점의 온도는 주변보다 약 2000 ℃ 정도 낮다.

* **흑점의 이동 모습**

태양이 자전함에 따라 흑점의 위치가 바뀐다.

* **흑점 수의 변화**

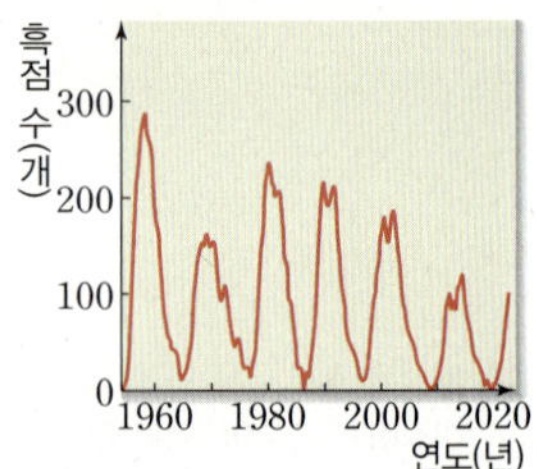

흑점 수는 11 년을 주기로 증가하였다가 감소하는 변화가 반복되며, 태양 활동이 활발한 시기에 흑점 수가 많아진다.

* **태양풍**

태양 표면에서 우주 공간으로 방출되는 전기를 띤 입자들의 흐름이다.

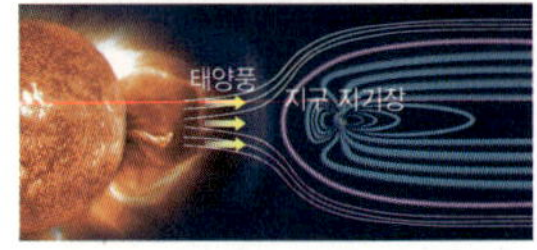

* **오로라**

태양에서 방출된 전기를 띤 입자가 지구 대기로 진입하면서 대기권의 기체들과 부딪히며 빛을 내는 현상이다.

기본 다지기

07 우리 눈에 보이는 태양의 밝고 둥근 표면을 □□라고 한다.

08 광구를 확대하면 쌀알을 뿌려 놓은 듯한 쌀알 무늬와 주변보다 어둡게 보이는 □□을 관측할 수 있다.

09 광구 바로 위의 얇고 붉은 대기층을 □□이라고 한다.

10 채층 바깥으로 멀리까지 퍼져 있는 청백색의 대기층을 □□□라고 한다.

11 태양의 대기에서는 광구에서 솟아오르는 불꽃 덩어리인 □□과 흑점 부근에서 일어나는 강한 폭발 현상인 □□□를 관측할 수 있다.

12 태양의 활동이 활발한 시기에는 흑점 수가 많아지고, □□과 플레어가 자주 나타난다.

---

05 태양의 표면에서 관측할 수 있는 현상만을 〈보기〉에서 있는 대로 고르시오.

> **보기**
> ㄱ. 채층　　　　　ㄴ. 홍염　　　　　ㄷ. 흑점
> ㄹ. 쌀알 무늬　　　ㅁ. 플레어　　　　ㅂ. 코로나

(　　　　　　　　　)

06 태양 대기의 특징과 모습을 옳게 연결하시오.

(1) 채층　　·

· ① 채층 바깥으로 멀리까지 퍼져 있는 청백색의 대기층　·

· ㉠ 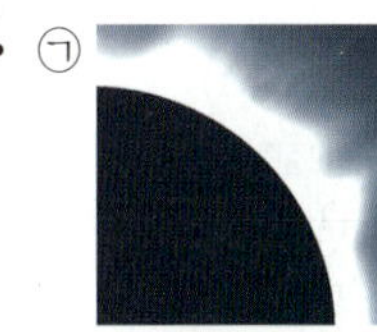

(2) 코로나　·

· ② 흑점 부근에서 일어나는 폭발 현상　·

· ㉡ 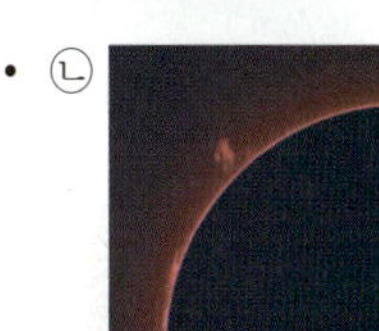

(3) 플레어　·

· ③ 광구 바로 위의 얇고 붉은 대기층　·

· ㉢ 

07 다음에서 설명하고 있는 태양에서 관측할 수 있는 현상이 무엇인지 쓰시오.

> 흑점 부근에서 솟아오르는 불꽃 덩어리로, 불꽃이나 고리 등 다양한 모양으로 나타난다.
> 

(　　　　　　　　　)

08 태양의 활동이 활발한 시기에 나타나는 현상으로 옳은 것은 ○표, 옳지 <u>않은</u> 것은 ×표를 하시오.

(1) 평소보다 흑점 수가 적어진다. 　　　　　　　　　　　　　(　　　　)

(2) 홍염과 플레어가 자주 나타난다. 　　　　　　　　　　　　(　　　　)

(3) 코로나의 크기가 작아지고, 태양풍이 강해진다. 　　　　　(　　　　)

(4) 평소보다 인공위성의 부품이 자주 고장 나기도 한다. 　　(　　　　)

탐구 목표 | 태양계 행성을 특징에 따라 분류할 수 있다.

준비물

스마트 기기

⚠ 유의점

행성의 반지름과 질량은 지구를 기준으로 하여 몇 배인지 계산한다.

🌡 과정

1. 스마트 기기를 이용해 태양계 행성의 반지름, 질량, 평균 밀도, 고리의 유무, 위성 수를 조사한다.
2. 수집한 자료를 이용해 태양계 행성들의 반지름, 질량, 평균 밀도를 그래프로 나타낸다.
3. 태양계 행성들을 두 집단으로 분류하고, 각 집단의 주요 특징을 정리한다.

🧪 결과

1. 태양계 행성의 물리적 특성

[출처: 미국항공우주국, 2023]

구분	수성	금성	지구	화성	목성	토성	천왕성	해왕성
반지름 (지구＝1)	0.38	0.95	1.00	0.53	11.21	9.45	4.01	3.88
질량 (지구＝1)	0.06	0.82	1.00	0.11	317.83	95.16	14.54	17.15
평균 밀도 (g/cm³)	5.43	5.24	5.51	3.94	1.33	0.69	1.27	1.64
고리 유무	없음	없음	없음	없음	있음	있음	있음	있음
위성 수(개)	0	0	1	2	95	146	27	14

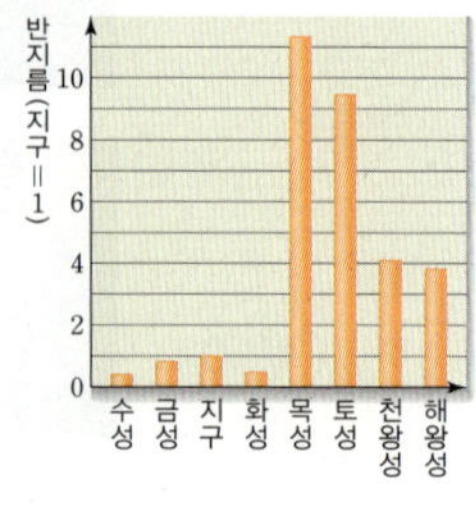
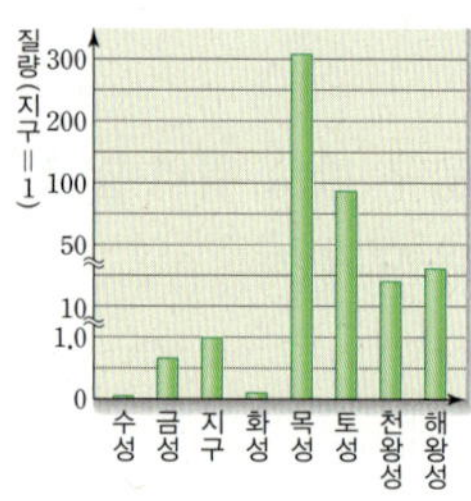
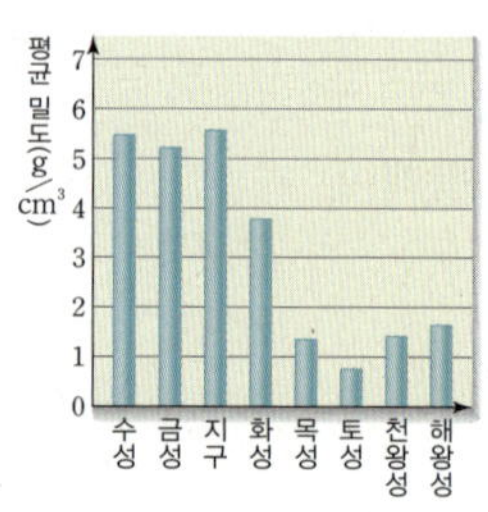

📋 정리

1. 태양계 행성의 물리적 특성에 따른 분류

구분	수성, 금성, 지구, 화성	목성, 토성, 천왕성, 해왕성
특징	• 반지름과 질량이 비교적 작다. • 평균 밀도가 비교적 크다. • 위성이 없거나 수가 적고, 고리가 없다.	• 반지름과 질량이 비교적 크다. • 평균 밀도가 비교적 작다. • 위성의 수가 많고, 고리가 있다.

2. 수성, 금성, 지구, 화성이 비슷한 물리적 특성을, 목성, 토성, 천왕성, 해왕성이 비슷한 물리적 특성을 가진다.

탐구 확인 문제

정답과 해설 35쪽

1. 위 활동 결과 지구와 비슷한 물리적 특성을 가지는 태양계 행성을 모두 쓰시오.

2. 위 활동 결과 목성과 비슷한 물리적 특성을 가지는 태양계 행성을 모두 쓰시오.

3. 목성, 토성, 천왕성, 해왕성의 공통적인 특성에 대한 설명으로 옳은 것만을 〈보기〉에서 있는 대로 고르시오.

— 보기 —
ㄱ. 평균 밀도가 비교적 크다.
ㄴ. 반지름과 질량이 비교적 크다.
ㄷ. 고리가 있고, 위성의 수가 많다.

1 태양계를 구성하는 천체와 행성

▶ 242012-0191

01 태양계를 구성하는 천체에 대한 설명으로 옳지 <u>않은</u> 것은?

① 행성들은 모두 위성을 가지고 있다.
② 태양 주변을 도는 행성은 8개가 있다.
③ 소행성은 화성과 목성 사이에 많이 분포한다.
④ 혜성은 태양 근처를 지나갈 때 꼬리가 발달한다.
⑤ 태양은 태양계에서 유일하게 스스로 빛을 내는 천체이다.

▶ 242012-0192

02 그림은 태양계 행성 중 하나를 나타낸 것이다. 이에 대한 설명으로 옳은 것만을 〈보기〉에서 있는 대로 고른 것은?

┌─ 보기 ─
ㄱ. 태양계 행성 중 가장 크다.
ㄴ. 두꺼운 이산화 탄소 대기가 있다.
ㄷ. 주로 수소와 헬륨으로 이루어져 있다.

① ㄱ　　　　　② ㄴ　　　　　③ ㄱ, ㄴ
④ ㄱ, ㄷ　　　　⑤ ㄴ, ㄷ

▶ 242012-0193

03 다음은 태양계 행성을 분류한 것이다.

(가) 수성, 금성, 지구, 화성
(나) 목성, 토성, 천왕성, 해왕성

이에 대한 설명으로 옳은 것은?

① (가)는 (나)보다 질량이 크다.
② (나)는 고리를 가지고 있지 않다.
③ (가)는 (나)보다 평균 밀도가 크다.
④ (가)는 (나)보다 위성을 많이 가지고 있다.
⑤ (가)는 주로 수소와 헬륨으로 이루어져 있다.

▶ 242012-0194

04 다음에서 설명하고 있는 행성의 이름을 쓰시오.

• 극지방에는 극관이 있다.
• 대기가 있지만 매우 희박하다.
• 표면이 붉고, 물이 흐른 흔적이 있다.

(　　　　　　　　　)

▶ 242012-0195

05 그림은 태양계 행성을 질량과 평균 밀도에 따라 A, B로 분류하여 나타낸 것이다.
이에 대한 설명으로 옳은 것만을 〈보기〉에서 있는 대로 고른 것은?

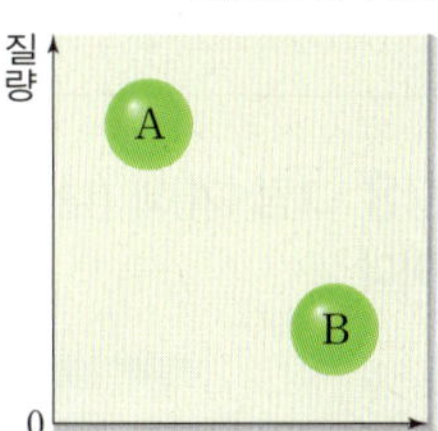

┌─ 보기 ─
ㄱ. A에 속하는 행성들은 위성의 수가 많다.
ㄴ. B에 속하는 행성 중 가장 큰 것은 목성이다.
ㄷ. B에 속하는 행성들은 주로 기체로 이루어져 있다.

① ㄱ　　　　　② ㄴ　　　　　③ ㄷ
④ ㄴ, ㄷ　　　　⑤ ㄱ, ㄴ, ㄷ

▶ 242012-0196

06 표는 태양계 행성 A〜C의 특징을 나타낸 것이다.

특징 ＼ 행성	A	B	C
반지름(지구=1)	0.38	0.53	9.45
질량(지구=1)	0.06	0.11	95.16
평균 밀도(g/cm³)	5.43	3.94	0.69
위성 수(개)	0	2	146

행성 A〜C에 대한 설명으로 옳은 것은?

① A는 고리를 가지고 있다.
② A와 B는 목성형 행성이다.
③ B의 표면 온도는 매우 높다.
④ C는 크고 뚜렷한 고리를 가지고 있다.
⑤ C는 표면이 단단한 암석으로 이루어져 있다.

2 태양의 표면과 대기, 태양의 활동

▶ 242012-0197

07 그림은 태양의 표면에서 볼 수 있는 현상이다.
이에 대한 설명으로 옳지 <u>않은</u> 것은?

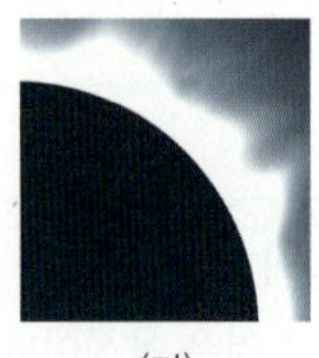

① A는 B보다 온도가 낮다.
② A는 흑점, B는 쌀알 무늬이다.
③ A와 B는 개기일식 때 자세히 관측할 수 있다.
④ 태양의 활동이 활발해지면 A의 수가 증가한다.
⑤ A의 수는 11년을 주기로 증가와 감소를 반복한다.

▶ 242012-0198

08 그림 (가)와 (나)는 태양에서 관측되는 현상을 나타낸 것이다.

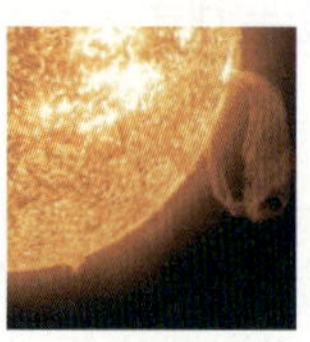

(가)   (나)

이에 대한 설명으로 옳은 것만을 〈보기〉에서 있는 대로 고른 것은?

┌ 보기 ┐
ㄱ. (가)는 광구 바로 위의 얇은 대기층이다.
ㄴ. (가)의 크기는 태양의 활동이 활발할 때 작아진다.
ㄷ. (나)는 태양의 대기에서 관측할 수 있다.
ㄹ. (나)는 흑점 수가 많을 때 자주 나타난다.
└─────┘

① ㄱ, ㄴ   ② ㄱ, ㄷ   ③ ㄴ, ㄷ
④ ㄴ, ㄹ   ⑤ ㄷ, ㄹ

▶ 242012-0199

09 다음에서 설명하고 있는 태양에서 관측되는 현상을 쓰시오.

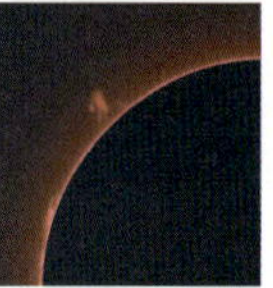

• 광구 바로 위에 있는 붉은색의 대기층이다.
• 광구의 강한 빛이 가려지면 관측할 수 있다.

(   )

▶ 242012-0200

10 태양의 표면과 대기에서 볼 수 있는 현상에 대한 설명으로 옳지 <u>않은</u> 것은?

① 쌀알 무늬는 흑점보다 온도가 높다.
② 광구에 흑점과 쌀알 무늬가 나타난다.
③ 코로나의 바깥쪽으로 채층이 나타난다.
④ 태양의 대기에서 홍염과 플레어가 관측된다.
⑤ 흑점의 이동으로 태양이 자전함을 알 수 있다.

▶ 242012-0201

11 태양의 활동이 활발할 때 나타나는 현상으로 옳지 <u>않은</u> 것은?

① 강한 태양풍이 발생한다.
② 코로나의 크기가 작아진다.
③ 홍염과 플레어가 자주 나타난다.
④ 대규모의 정전이 일어나기도 한다.
⑤ 인공위성의 오작동이 발생할 수 있다.

▶ 242012-0202

12 그림은 태양 표면의 흑점 수 변화를 나타낸 것이다.

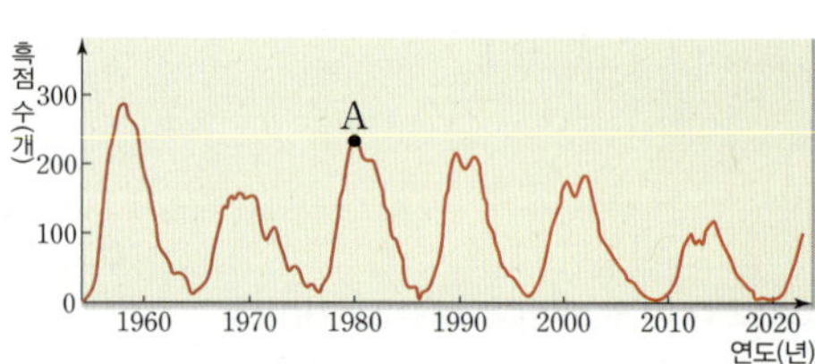

A 시기에 대한 설명으로 옳은 것만을 〈보기〉에서 있는 대로 고른 것은?

┌ 보기 ┐
ㄱ. 태양의 활동이 활발한 시기이다.
ㄴ. 무선 통신이 끊기는 현상이 나타날 수 있다.
ㄷ. 태양 표면에서 방출되는 전기를 띤 입자의 흐름이 감소한다.
└─────┘

① ㄱ   ② ㄴ   ③ ㄱ, ㄴ
④ ㄱ, ㄷ   ⑤ ㄴ, ㄷ

01 다음은 몇 가지 태양계 행성의 특징을 나타낸 것이다.

> (가) 행성 중 크기가 가장 작다.
> (나) 붉은색으로 보이며, 물이 흐른 흔적과 극관이 있다.
> (다) 물보다 평균 밀도가 작고, 크고 뚜렷한 고리가 있다.
> (라) 주로 수소와 헬륨으로 이루어져 있고, 표면에 대적점이 있다.

(가)~(라)의 행성 이름을 쓰고, 태양에서부터 가까운 것부터 순서대로 나열하시오.

Tip 태양계에는 태양을 중심으로 공전하는 8개의 행성이 있다.

Key Word 태양, 행성

242012-0204

02 다음은 태양계 행성을 두 집단 (가)와 (나)로 분류한 것이다.

| (가) | 수성, 금성, 지구, 화성 |
| (나) | 목성, 토성, 천왕성, 해왕성 |

(가)와 (나)를 구성하는 태양계 행성의 질량과 평균 밀도를 비교하여 서술하시오.

Tip 태양계 행성은 물리적 특성에 따라 지구형 행성과 목성형 행성으로 나눌 수 있다.

Key Word 질량, 평균 밀도

242012-0205

03 그림 (가)는 태양계 행성을 두 집단 A, B로 구분하여 나타낸 것이고, (나)는 태양계 행성 중 하나를 나타낸 것이다.

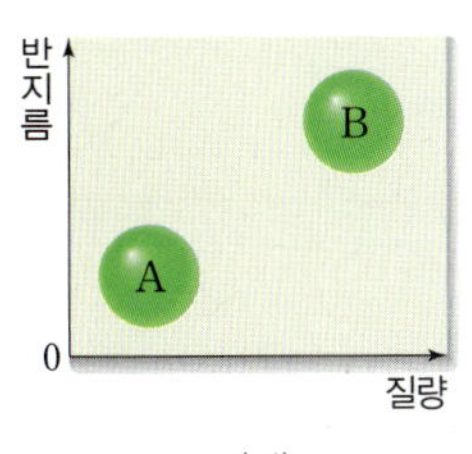

(가)   (나)

(나)는 (가)의 A, B 집단 중 어디에 속하는지 쓰고, 그 까닭을 서술하시오.

Tip 태양계 행성은 물리적 특성에 따라 지구형 행성과 목성형 행성으로 나눌 수 있다.

Key Word 목성형 행성

242012-0206

04 그림은 태양 표면을 나타낸 것이다. A가 어둡게 보이는 까닭을 서술하시오.

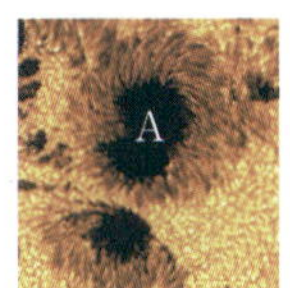

Tip 태양 표면에는 쌀알 무늬와 흑점이 나타난다.

Key Word 흑점, 온도

242012-0207

05 개기일식 때 관측할 수 있는 현상만을 있는 대로 고르고, 그 까닭을 서술하시오.

> 흑점   채층   코로나   쌀알 무늬

Tip 태양의 대기는 평소에는 광구가 너무 밝아 관측이 어렵다.

Key Word 개기일식, 태양 표면, 대기

242012-0208

06 그림은 태양의 대기에서 관측되는 현상을 나타낸 것이다. 이와 같은 현상이 자주 발생하는 시기에 흑점 수는 어떠한지 쓰고, 그 까닭을 서술하시오.

Tip 태양의 활동에 따라 흑점 수는 변한다.

Key Word 태양 활동, 흑점 수

1 지구의 자전과 공전

1. 지구의 자전: 지구가 자전축을 중심으로 하루에 한 바퀴씩 서쪽에서 동쪽으로 회전하는 운동

(1) **지구의 자전으로 나타나는 현상**

① 태양의 일주 운동: 태양이 동쪽에서 떠서 서쪽으로 지는 것처럼 보인다.

② 별의 일주 운동*: 별이 하루에 한 바퀴씩 천구의 북극을 중심으로 회전하는 것처럼 보이는 겉보기 운동*

(2) **우리나라에서 본 별의 일주 운동 모습**

▲ 지구의 자전과 별의 일주 운동

북쪽 하늘	서쪽 하늘	동쪽 하늘	남쪽 하늘
북극성을 중심으로 별이 시계 반대 방향으로 회전한다.	지평선으로부터 별이 비스듬히 진다.	지평선으로부터 별이 비스듬히 뜬다.	별이 지표면과 나란하게 동쪽에서 서쪽으로 움직인다.

2. 지구의 공전: 지구가 태양을 중심으로 1 년에 한 바퀴씩 서쪽에서 동쪽으로 회전하는 운동

(1) **지구의 공전으로 나타나는 현상**

① 태양의 연주 운동: 지구의 공전으로 인해 태양이 별자리 사이를 매일 약 1°씩 서쪽에서 동쪽으로 이동하여 1 년 뒤 처음 위치로 되돌아오는 겉보기 운동

② 계절에 따른 별자리의 변화: 계절에 따라 관측되는 별자리가 달라진다.

(2) **태양의 연주 운동과 황도 12궁*:** 태양이 황도*를 따라 연주 운동하는 동안 태양 근처에 있는 별자리는 보기 어렵지만, 태양 반대쪽에 있는 별자리는 한밤중에 남쪽 하늘에서 볼 수 있다. 따라서 태양이 보이는 위치에 따라 계절별로 잘 관측되는 별자리가 달라진다.

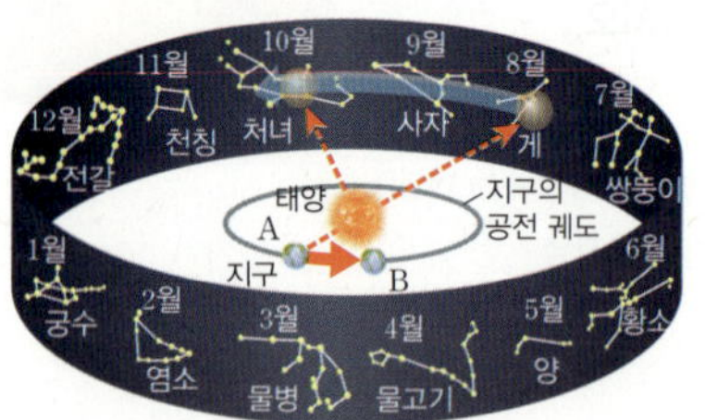

▲ 태양의 연주 운동과 황도 12궁

지구의 위치	태양 쪽 별자리	한밤중에 보이는 별자리
A	게자리	염소자리
B	처녀자리	물고기자리

*** 천구**
우리가 보는 별들은 무한히 멀리 떨어져 있는 거대한 구의 안쪽 면에 붙어 있는 것처럼 보이는데, 이러한 가상의 구를 천구라고 한다. 천구의 북극 가까이에 북극성이 있고, 천구의 중심에는 지구가 있다.

*** 별의 일주 운동의 방향과 속도**
• 방향: 동 → 서
• 속도: 1 시간에 15°씩 회전

*** 겉보기 운동**
자전과 공전을 하는 지구에서 관측한 천체의 상대적인 운동이다.

*** 황도와 황도 12궁**
태양이 연주 운동을 하면서 별자리 사이를 지나가는 길을 황도라고 하며, 황도 부근에 있는 대표적인 12개의 별자리를 황도 12궁이라고 한다.

01 지구가 자전축을 중심으로 하루에 한 바퀴씩 회전하는 운동을 지구의 □□이라고 한다.

02 별이 하루에 한 바퀴씩 천구의 북극을 중심으로 회전하는 것처럼 보이는 운동을 별의 □□ 운동이라고 한다.

03 별의 일주 운동은 지구의 자전에 의해 나타나는 □□□ 운동이다.

04 지구가 태양을 중심으로 1 년에 한 바퀴씩 서쪽에서 동쪽으로 회전하는 운동을 지구의 □□이라고 한다.

05 태양이 별자리 사이를 매일 약 1°씩 서쪽에서 동쪽으로 이동하여 1 년 후에 처음 위치로 되돌아오는 겉보기 운동을 태양의 □□ 운동이라고 한다.

06 태양이 연주 운동하면서 별자리 사이를 지나가는 길을 □□라고 한다.

01 지구의 자전과 별의 일주 운동에 대한 설명으로 옳은 것은 ○표, 옳지 <u>않은</u> 것은 ×표를 하시오.

(1) 지구는 서쪽에서 동쪽으로 자전한다. ( )

(2) 별은 1 시간에 1°씩 움직이는 것처럼 보인다. ( )

(3) 지구의 자전 방향과 별의 일주 운동 방향은 같다. ( )

02 우리나라에서 본 별의 일주 운동 모습을 옳게 연결하시오.

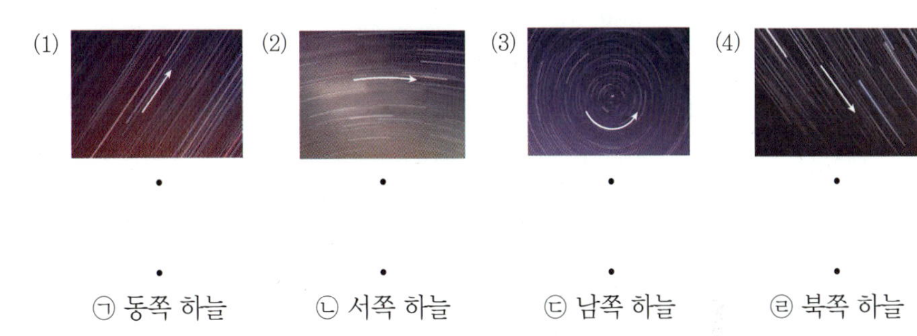

(1)   (2)   (3)   (4)

㉠ 동쪽 하늘   ㉡ 서쪽 하늘   ㉢ 남쪽 하늘   ㉣ 북쪽 하늘

03 지구의 공전에 대한 설명으로 옳은 것만을 〈보기〉에서 있는 대로 고르시오.

보기
ㄱ. 지구의 공전 속도는 15°/일이다.
ㄴ. 지구의 자전 방향과 공전 방향은 같다.
ㄷ. 지구의 공전 방향은 서쪽에서 동쪽이다.
ㄹ. 지구가 공전하기 때문에 별의 일주 운동이 나타난다.

( )

04 지구의 공전으로 나타나는 현상을 두 가지 쓰시오.

( )

05 그림은 황도 12궁을 나타낸 것이다. 빈칸에 들어갈 알맞은 말을 고르시오.

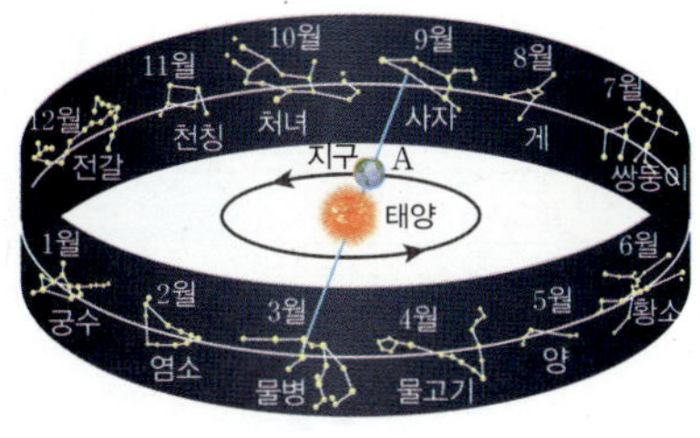

(1) 매달 관측되는 별자리가 달라지는 까닭은 지구가 (자전, 공전)하기 때문이다.

(2) 지구가 A에 위치할 때 태양은 (㉠ 사자자리, 물병자리) 부근에 위치하고, 한밤중에 남쪽 하늘에서는 (㉡ 사자자리, 물병자리)가 보인다.

2 달의 위상 변화

1. 달의 공전: 달이 지구를 중심으로 약 한 달에 한 바퀴씩 서쪽에서 동쪽으로 회전하는 운동

2. 달의 모양과 위치 변화*

(1) 달의 위치 변화*: 매일 같은 시각에 달을 관측하면 달의 위치가 조금씩 서쪽에서 동쪽으로 이동한다.

(2) 달의 위상* 변화: 달이 지구 주위를 공전하면서 태양, 지구, 달의 상대적인 위치가 변함에 따라 지구에서 보는 달의 모양이 달라지게 된다.

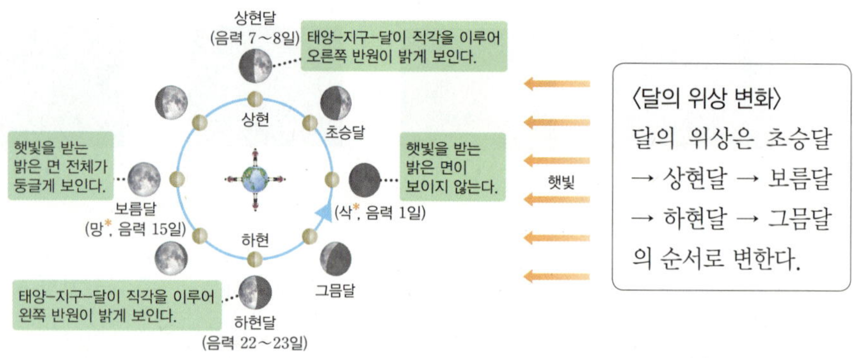

▲ 달의 공전과 달의 위상 변화

3 일식과 월식

1. 일식*: 달이 태양을 가려 태양의 전체 또는 일부가 보이지 않는 현상

(1) 달이 삭의 위치에 와서 태양 − 달− 지구의 순서로 일직선을 이룰 때 일어난다.

(2) 일식의 종류

① 개기일식: 태양이 달에 완전히 가려지는 현상

② 부분일식: 태양이 달에 일부 가려지는 현상

③ 일식은 지구에서 달의 그림자가 생기는 지역*에서만 관측할 수 있다.

2. 월식*: 달이 지구 그림자 속으로 들어가 달의 전체 또는 일부가 가려지는 현상

(1) 달이 망의 위치에 와서 태양 −지구 − 달의 순서로 일직선을 이룰 때 일어난다.

(2) 월식의 종류

① 개기월식: 달 전체가 지구의 그림자에 가려져 붉게 보이는 현상

② 부분월식: 달 일부가 지구의 그림자에 가려지는 현상

③ 월식은 지구에서 밤이 되는 모든 지역에서 관측할 수 있다.

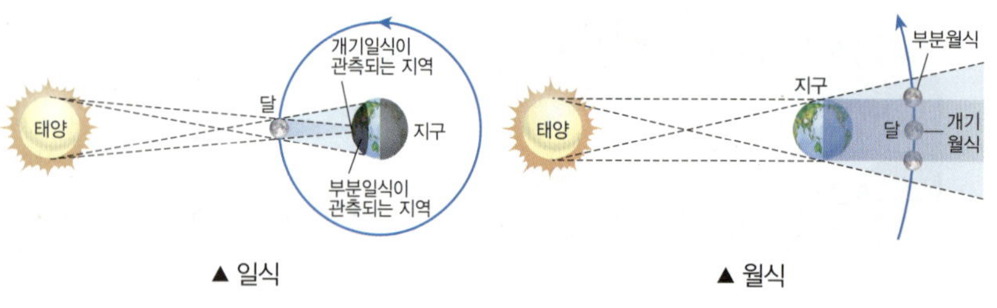

▲ 일식   ▲ 월식

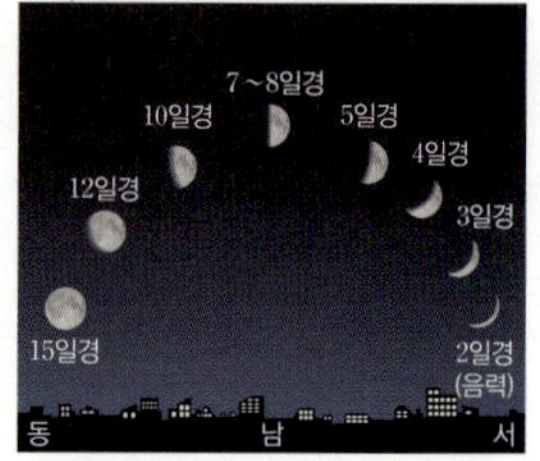

여러 날 동안 해가 진 뒤 같은 시각에 달을 관측하면 달의 모양과 보이는 위치가 조금씩 달라짐을 알 수 있다.

* **달의 위상**

지구에서 보는 달의 모양은 다양하게 나타나는데, 이러한 달의 모양을 달의 위상이라고 한다. 달은 스스로 빛을 내지 못하고 태양 빛을 반사하여 밝게 보이는 천체이므로 태양, 지구, 달의 위치에 따라 우리가 보는 달의 모양은 달라지게 된다.

* **삭과 망**

달이 지구를 기준으로 태양과 같은 방향에 있을 때를 삭, 태양의 반대 방향에 있을 때를 망이라고 한다.

* **일식의 진행 모습(북반구)**

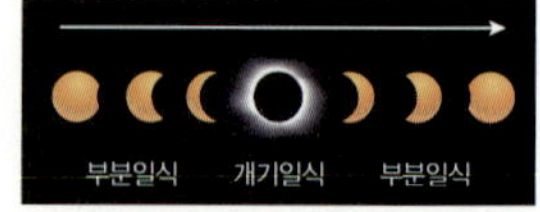

일식이 진행되면 태양의 오른쪽 부분이 먼저 가려진다.

* **일식의 관측 지역**

태양 빛이 모두 차단되는 지역에서는 개기일식이 관측되고, 태양 빛의 일부가 차단되는 지역에서는 부분일식이 관측된다.

* **월식의 진행 모습(북반구)**

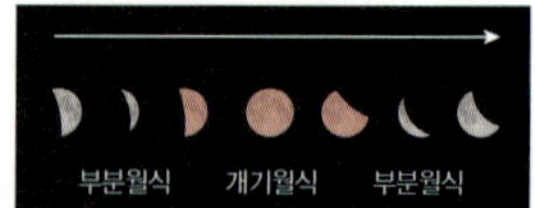

월식이 진행되면 달의 왼쪽 부분이 먼저 어두워진다.

07 지구에서 보이는 달의 모양은 다양하게 나타나는데 이를 달의 ⬜⬜이라고 한다.

08 달이 태양과 같은 방향에 있어 달의 모습이 보이지 않는 때는 ⬜이다.

09 달이 태양의 반대 방향에 있어 달의 앞면 전체가 보이는 때는 ⬜이다.

10 달이 태양과 직각 방향을 이루어 달의 오른쪽 반원이 밝게 보이면 ⬜⬜, 달의 왼쪽 반원이 밝게 보이면 ⬜⬜이다.

11 달이 태양을 가려 태양의 전체 또는 일부가 보이지 않는 현상을 ⬜⬜이라고 한다.

12 달이 지구 그림자 속으로 들어가 달의 전체 또는 일부가 가려지는 현상을 ⬜⬜이라고 한다.

06 달의 공전과 위상 변화에 대한 설명으로 옳은 것은 ○표, 옳지 <u>않은</u> 것은 ×표를 하시오.

(1) 달이 자전하기 때문에 달의 위상 변화가 나타난다. ( )

(2) 달은 지구를 중심으로 서쪽에서 동쪽으로 공전한다. ( )

(3) 매일 같은 시각에 달을 관측하면 달의 위치가 조금씩 동쪽으로 이동한다. ( )

(4) 달이 태양과 같은 방향에 있으면 지구에서는 달의 밝은 면 전체가 보인다. ( )

07 그림은 지구 주위를 공전하는 달의 위치를 나타낸 것이다. 달의 위치가 A~D일 때, 지구에서 관측되는 달의 위상을 옳게 연결하시오.

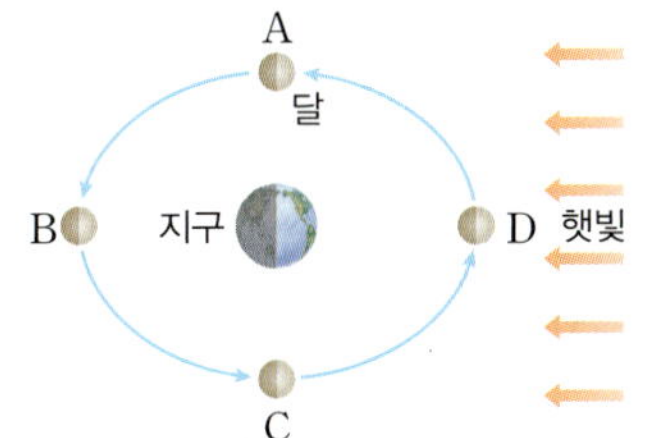

(1) A·　　　　·㉠ 보이지 않음.
(2) B·　　　　·㉡ 보름달
(3) C·　　　　·㉢ 상현달
(4) D·　　　　·㉣ 하현달

08 빈칸에 들어갈 알맞은 말을 고르시오.

(1) (일식, 월식)은 달이 태양의 전체 또는 일부를 가리는 현상이다.

(2) 북반구에서 일식이 일어날 때, 태양의 (오른쪽, 왼쪽) 부분이 먼저 가려진다.

(3) 일식은 달이 (삭, 망)의 위치에 와서 태양, 달, 지구 순으로 일직선 상에 놓일 때 일어난다.

09 그림은 월식이 일어나는 원리를 나타낸 것이다.

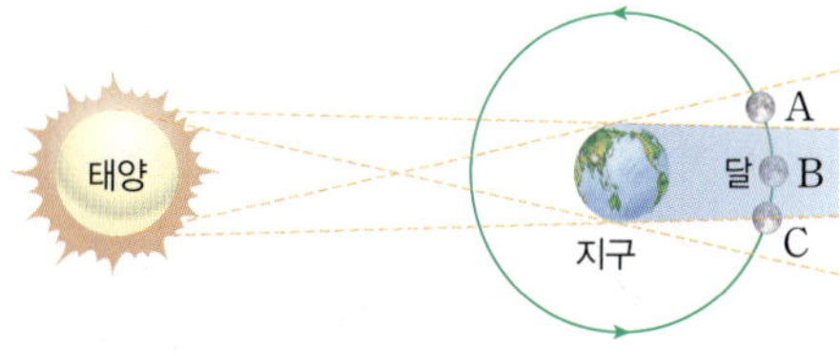

(1) A~C 중 부분월식이 일어나는 위치를 쓰시오. ( )

(2) A~C 중 개기월식이 일어나는 위치를 쓰시오. ( )

4 천체 망원경

1. 천체 망원경*: 렌즈나 거울로 빛을 모아 천체를 확대해서 보는 기구

2. 천체 망원경의 구조: 천체 망원경은 크게 경통, 가대, 삼각대로 이루어져 있다.

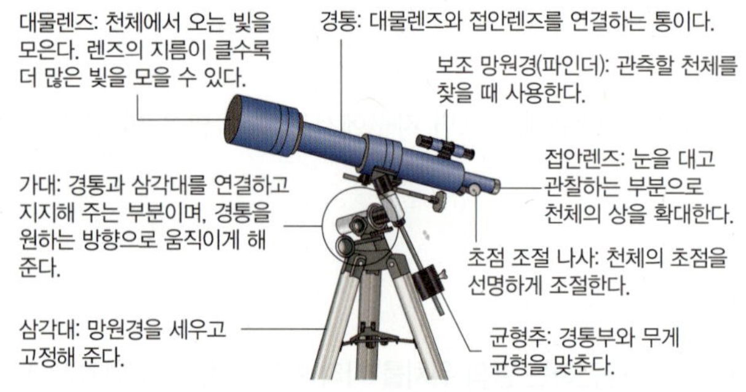

▲ 천체 망원경(굴절 망원경)의 구조

3. 천체 망원경 사용 방법

(1) 조립 순서: 아래에서부터 위로 균형을 맞춰가며 조립한다.

　① 평평한 곳에 삼각대를 세운다.

　② 삼각대 위에 가대를 올려 고정하고, 균형추를 매단다.

　③ 가대 위에 경통을 올리고 고정한다.

　④ 경통에 보조 망원경과 접안렌즈 등 부속 장치를 연결한다.

　⑤ 균형추와 경통의 위치를 조절하여 균형을 맞춘다.

(2) **보조 망원경 정렬**: 천체 망원경은 배율이 높은 만큼 시야가 좁으므로 배율이 낮고 시야가 넓은 보조 망원경이 지시하는 방향을 주 망원경과 일치시켜 두면, 관측하려는 천체를 찾기 쉽다.

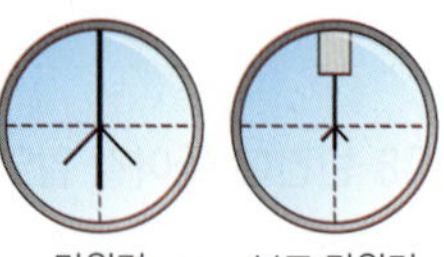

▲ 보조 망원경 정렬

> 경통의 방향을 관측하고자 하는 천체를 향하도록 조절 → 보조 망원경의 십자선 중앙에 천체가 오도록 조절 → 접안렌즈로 천체를 보면서 초점을 맞추고 관측

4. 천체 망원경 사용 시 유의점

(1) 주위가 탁 트여 있고, 빛이 적은 곳에 천체 망원경을 설치한다.

(2) 보조 망원경을 통해 관측할 천체를 찾을 때는 천체의 상하좌우가 바뀌어 보이는 점을 유의한다.

(3) 천체를 관측할 때는 먼저 저배율*로 관측하고, 필요한 경우에는 배율을 높이면서 관측한다.

(4) 태양 관측: 태양 투영판*이나 태양 필터*를 이용해 관측하고, 접안렌즈로 태양을 직접 보지 않는다.

(5) 달 관측: 초승달이나 상현달일 때 달 표면의 특징이 잘 보인다.

*** 천체 망원경의 종류**

천체 망원경은 빛을 모으는 방식에 따라 볼록 렌즈로 빛을 모으는 굴절 망원경과 오목 거울로 빛을 모으는 반사 망원경이 있다.

*** 저배율과 고배율**

저배율로 관측할 경우 대상이 작게 보이지만 넓은 범위가 선명하게 보인다. 고배율로 관측할 경우 대상이 보이는 범위가 좁아지고 어두워지지만 확대되어 보인다.

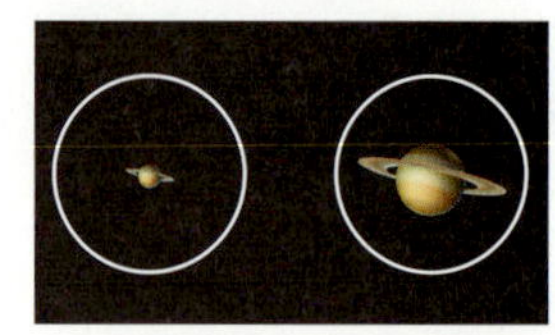

▲ 저배율　　▲ 고배율

*** 태양 투영판과 태양 필터의 사용**

• 태양 투영판: 접안렌즈 쪽에 종이를 고정한 태양 투영판을 끼우고, 태양의 상이 투영판의 중앙에 오도록 맞춘다.

• 태양 필터: 경통 앞에 태양 필터를 설치해 태양에서 오는 일부의 빛만 통과되도록 한다.

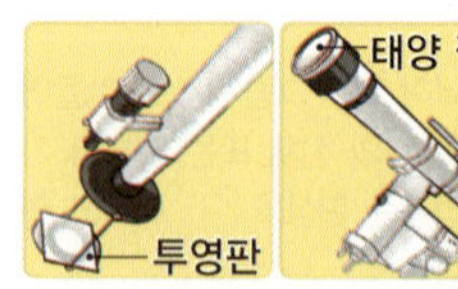

기본 다지기

13 렌즈나 거울로 빛을 모아 천체를 확대해서 보는 기구를 □□□□□이라고 한다.

14 천체 망원경의 □□□□는 천체에서 오는 빛을 모아주고, □□□□는 상을 확대하는 역할을 한다.

15 천체 망원경의 대물렌즈와 접안렌즈를 연결해 주는 부분은 □□이며, 경통과 삼각대를 연결하고 지지해 주는 부분을 □□라고 한다.

16 천체 망원경으로 천체를 관측할 때는 먼저 □□의 방향을 관측하려는 천체를 향하도록 조절한다.

17 천체를 관측할 때는 먼저 □배율로 관측해야 한다.

---

10 그림은 천체 망원경의 구조를 나타낸 것이다.

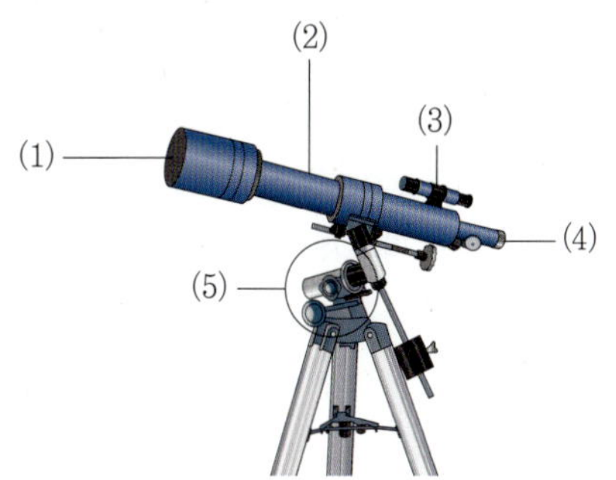

(1)~(5)의 이름을 〈보기〉에서 찾아 기호를 쓰시오.

> **보기**
> ㄱ. 경통　　　　ㄴ. 가대　　　　ㄷ. 대물렌즈
> ㄹ. 접안렌즈　　ㅁ. 보조 망원경

(1) (　　　) (2) (　　　) (3) (　　　) (4) (　　　) (5) (　　　)

11 천체 망원경의 구조와 기능을 옳게 연결하시오.

(1) 가대　　　　•　　　　　　•㉠ 눈을 대고 관찰하는 부분
(2) 경통　　　　•　　　　　　•㉡ 천체에서 오는 빛을 모음.
(3) 대물렌즈　•　　　　　　•㉢ 관측할 천체를 찾을 때 사용
(4) 접안렌즈　•　　　　　　•㉣ 대물렌즈와 접안렌즈를 연결
(5) 보조 망원경 •　　　　•㉤ 경통과 삼각대를 연결하고 지지해 줌.

12 천체 망원경의 조립 순서를 기호로 옳게 나열하시오.

> ㄱ. 경통을 가대에 고정한다.
> ㄴ. 가대에 균형추를 끼운다.
> ㄷ. 경통에 보조 망원경과 접안렌즈를 설치한다.
> ㄹ. 삼각대를 세우고 삼각대 위에 가대를 올려 고정한다.

(　　　) → (　　　) → (　　　) → (　　　)

13 천체 망원경의 사용 방법에 대한 설명으로 옳은 것은 ○표, 옳지 <u>않은</u> 것은 ×표를 하시오.

(1) 주위가 트여 있고, 빛이 적은 곳에 설치한다. (　　　)
(2) 천체를 관측할 때는 먼저 고배율로 관찰하고 필요하면 배율을 낮춘다. (　　　)
(3) 접안렌즈로 초점을 맞춘 뒤, 보조 망원경의 십자선 중앙에 천체가 오도록 조절한다.
(　　　)

탐구 목표 | 달의 위상 변화를 설명할 수 있다.

과정

1. 한 학생은 막대에 꽂은 스타이로폼 공을 들고 서고, 다른 학생은 스마트폰을 들고 적당히 떨어진 위치에 선다.
2. 교실을 어둡게 한 후, 한쪽에서 전등을 켠다.
3. 공을 든 학생이 천천히 원을 그리며 스마트폰을 든 학생 주위를 한 바퀴 돈다. 스마트폰을 든 학생은 공을 따라 제자리에서 돌면서 (가)~(라)에서 공의 모습을 촬영한다.

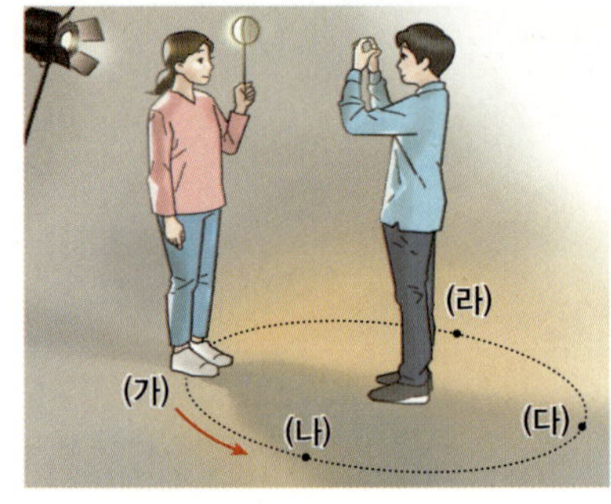

준비물

지름 10 cm 정도의 스타이로폼 공, 전등, 막대, 스마트폰(또는 카메라)

유의점

- 전등 불빛을 직접 눈으로 보지 않도록 주의한다.
- 교실 위에서 내려다 보았을 때, 시계 반대 방향으로 회전하면서 관찰하도록 한다.

결과

1. 실험에서 전등은 태양, 스타이로폼 공은 달, 스마트폰을 든 학생은 지구에 해당한다.
2. (가)~(라)에서 촬영한 사진을 보고 공이 밝게 보이는 부분을 표시한다.

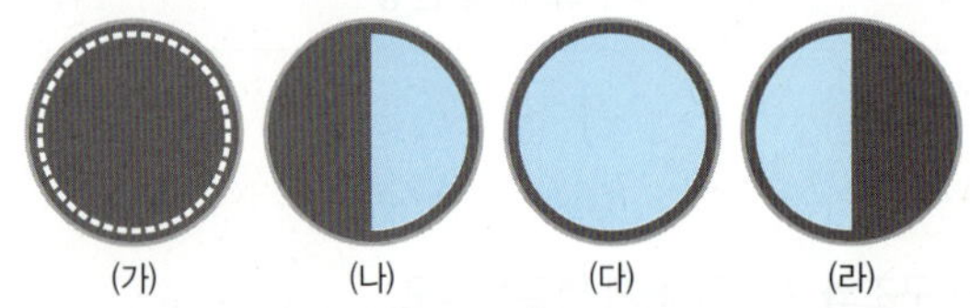

정리

1. 달은 스스로 빛을 내지 못하므로, 태양 빛을 반사한 부분만 밝게 보인다.
2. 달이 공전하면서 태양, 지구, 달의 위치가 변하기 때문에 지구에서 보는 달의 밝게 보이는 부분은 변하게 된다.

탐구 확인 문제

정답과 해설 38쪽

1. 위 실험 결과에 대한 설명으로 옳은 것만을 〈보기〉에서 있는 대로 고르시오.

> **보기**
> ㄱ. (가)에서는 공이 밝게 보이는 부분이 없다.
> ㄴ. 실험에서 전등은 태양, 스타이로폼 공은 달을 의미한다.
> ㄷ. 지구가 공전하기 때문에 달의 위상이 달라짐을 알 수 있다.

2. 위 실험에서 스타이로폼 공이 (나)의 위치에 왔을 때에 해당하는 달의 위상을 쓰시오.

3. 위 실험을 통해 알게 된 달의 위상 변화에 대한 설명으로 옳은 것은?

① 달은 스스로 빛을 낼 수 있다.
② 달이 자전하기 때문에 달의 위상은 달라진다.
③ 지구에서 보는 달의 밝게 보이는 부분은 항상 같다.
④ 달의 위상은 상현달 – 하현달 – 보름달 순으로 변한다.
⑤ 달이 지구 주위를 공전하기 때문에 달의 위상이 달라진다.

1 지구의 자전과 공전

▶ 242012-0209

01 다음과 같은 현상이 나타나는 까닭으로 옳은 것은?

> • 태양이 동쪽에서 떠서 서쪽으로 진다.
> • 별이 북극성을 중심으로 하루에 한 바퀴씩 회전한다.

① 지구가 둥글기 때문이다.
② 별이 공전하기 때문이다.
③ 지구가 자전하기 때문이다.
④ 지구가 공전하기 때문이다.
⑤ 별이 정지해 있기 때문이다.

▶ 242012-0210

02 그림은 우리나라의 밤 하늘에서 2시간 동안 관측한 별의 일주 운동 모습을 나타낸 것이다.
이에 대한 설명으로 옳은 것만을 〈보기〉에서 있는 대로 고른 것은?

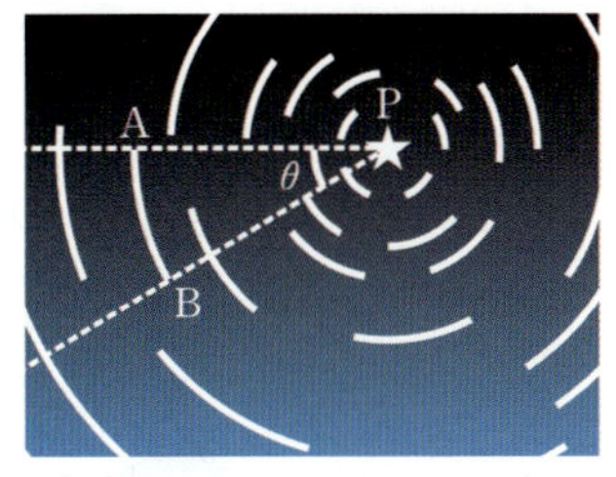

> **보기**
> ㄱ. θ는 30°이다.
> ㄴ. P는 북극성이다.
> ㄷ. 동쪽 하늘을 관측한 것이다.
> ㄹ. 별은 B → A 방향으로 움직인다.

① ㄱ, ㄴ　　② ㄱ, ㄷ　　③ ㄴ, ㄷ
④ ㄴ, ㄹ　　⑤ ㄷ, ㄹ

▶ 242012-0211

03 지구의 공전에 대한 설명으로 옳지 않은 것은?

① 지구는 서에서 동으로 공전한다.
② 지구의 공전 방향과 자전 방향은 같다.
③ 지구는 한 바퀴 공전하는 데 1년이 걸린다.
④ 지구는 태양 주위를 하루에 약 1°씩 공전한다.
⑤ 태양의 연주 운동 방향과 지구의 공전 방향은 반대이다.

▶ 242012-0212

04 그림 (가)~(다)는 같은 장소에서 해가 진 직후 15일 간격으로 별자리를 관측한 모습을 순서 없이 나타낸 것이다.

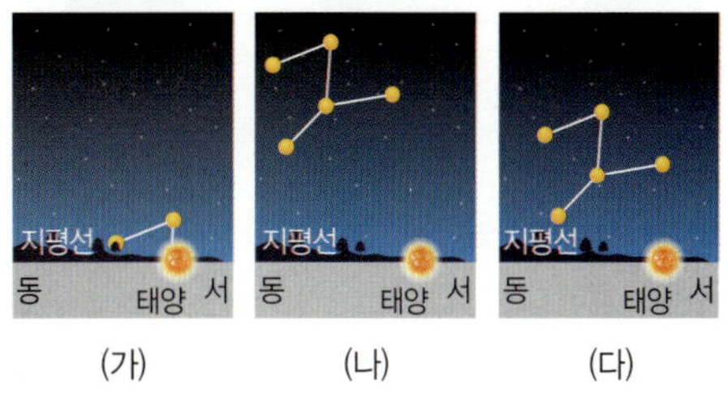

이에 대한 설명으로 옳은 것은?

① 별자리는 하루에 15°씩 움직인다.
② 관측 순서는 (가) → (다) → (나)이다.
③ 지구가 자전하기 때문에 나타나는 현상이다.
④ 태양은 별자리 사이를 서쪽에서 동쪽으로 움직인다.
⑤ 별자리는 태양을 기준으로 서쪽에서 동쪽으로 움직인다.

▶ 242012-0213

05 지구의 공전 방향과 같은 방향으로 운동하는 것만을 〈보기〉에서 있는 대로 고르시오.

> **보기**
> ㄱ. 지구의 자전　　　　ㄴ. 달의 공전
> ㄷ. 별의 일주 운동　　　ㄹ. 태양의 일주 운동
> ㅁ. 태양의 연주 운동

(　　　　　　　　　)

2 달의 위상 변화

▶ 242012-0214

06 그림은 지구 주위를 공전하고 있는 달의 위치를 나타낸 것이다.
달이 A 위치에 있을 때, 우리나라에서 관측한 달의 위상으로 옳은 것은?

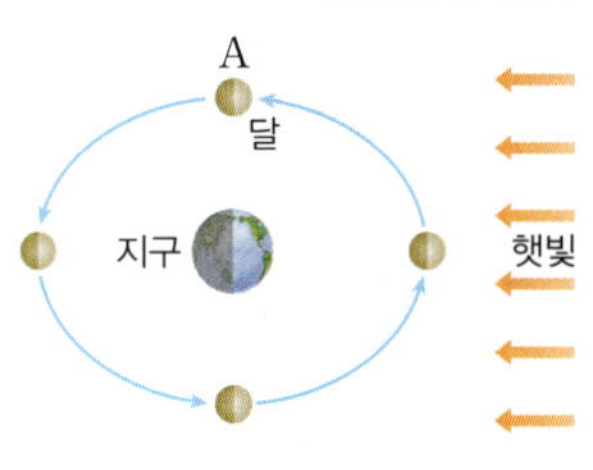

① 　　② 　　③ 

④ 　　⑤ 

07 그림 (가)~(다)는 우리나라에서 10월 한 달 동안 서로 다른 날에 관측한 달의 위상을 나타낸 것이다.

● 242012-0215

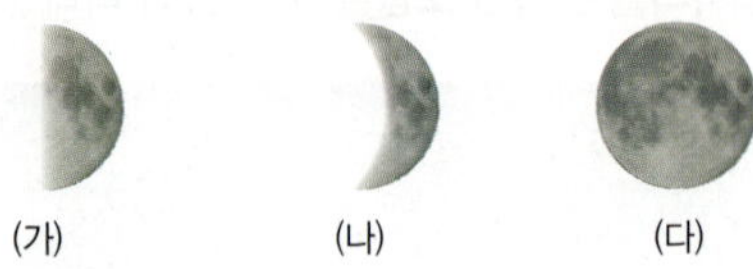

(가)　　　(나)　　　(다)

이에 대한 설명으로 옳은 것은?

① (가)의 위상은 하현달이다.
② (나)는 음력 7~8일경에 관측된다.
③ 태양과 달 사이의 거리는 (다)일 때 가장 멀다.
④ 달의 위상은 (나) ‒ (다) ‒ (가)의 순으로 변한다.
⑤ 달의 위상이 (다)일 때, 달은 태양과 같은 방향에 있다.

● 242012-0216

08 그림은 달의 위상 변화를 알아보는 실험을 나타낸 것이다. 이에 대한 설명으로 옳은 것만을 〈보기〉에서 있는 대로 고르시오.

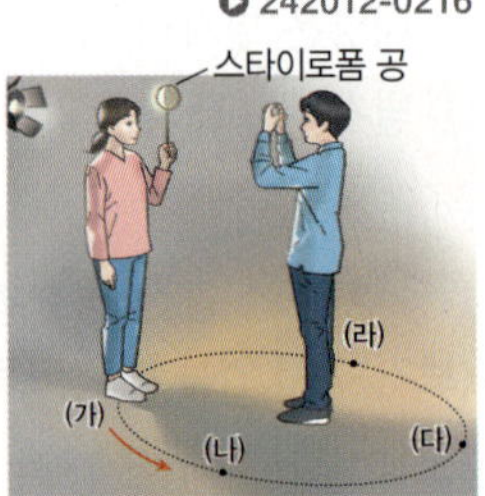

> **보기**
> ㄱ. 스타이로폼 공은 달에 해당한다.
> ㄴ. (가)~(라)는 지구의 공전 경로를 나타낸 것이다.
> ㄷ. 태양, 지구, 달의 상대적인 위치에 따라 달의 위상이 달라짐을 알 수 있다.

(　　　　　　　　　　　)

3 일식과 월식

● 242012-0217

09 일식과 월식에 대한 설명으로 옳지 않은 것은?

① 달의 위상이 삭일 때 월식이 일어난다.
② 월식은 달의 왼쪽부터 어두워지기 시작한다.
③ 일식이 일어난 날의 밤에는 달을 볼 수 없다.
④ 일식은 태양, 달, 지구의 순서로 일직선을 이룰 때 일어난다.
⑤ 개기월식은 달 전체가 지구의 그림자에 가려졌을 때 일어난다.

● 242012-0218

10 그림은 어느 날 월식이 일어났을 때 태양, 지구, 달의 상대적인 위치를 나타낸 것이다.

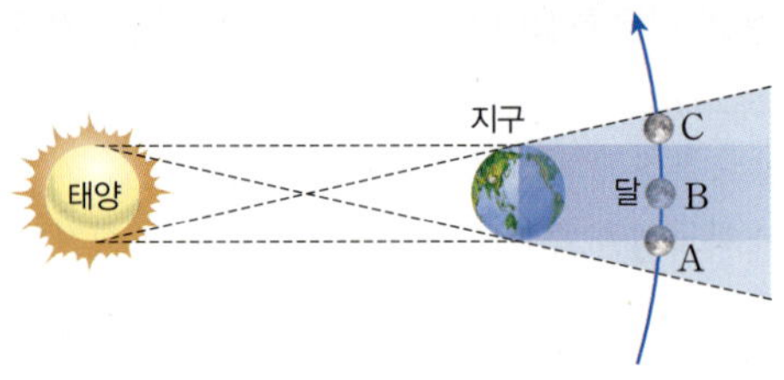

이에 대한 설명으로 옳은 것은?

① 달이 A에 위치할 때 개기월식이 일어난다.
② 달이 C에 위치할 때 부분월식이 일어난다.
③ 달이 B에 위치할 때 달 전체가 붉게 보인다.
④ 달이 B에 위치할 때 달 전체가 보이지 않는다.
⑤ 이날 지구에서는 밤에 상현달을 관측할 수 있다.

4 천체 망원경

● 242012-0219

11 그림은 천체 망원경을 나타낸 것이다.

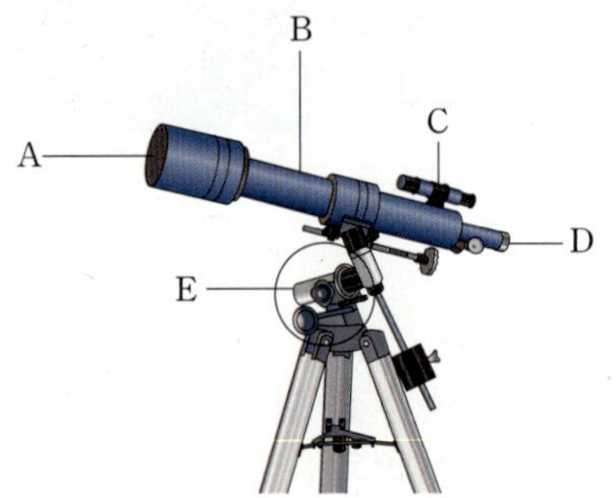

A~E 중 대물렌즈와 접안렌즈를 연결하는 역할을 하는 부분의 기호와 이름을 쓰시오.

(　　　　，　　　　)

● 242012-0220

12 천체 망원경의 설치와 조작에 대한 설명으로 옳은 것은?

① 태양은 접안렌즈로 직접 관측한다.
② 가대에 경통을 올린 뒤에 균형추를 끼운다.
③ 천체 망원경은 높은 건물로 둘러싸인 곳에 설치한다.
④ 처음에는 저배율로 관측하고 점차 배율을 높여 관측한다.
⑤ 관측할 천체를 접안렌즈로 찾은 뒤, 보조 망원경으로 관측한다.

01 그림은 우리나라에서 어느 날 저녁에 관측한 북극성 P와 별 A의 모습을 나타낸 것이다. 6 시간 뒤의 별 A의 위치를 그림에 표시하고, 그렇게 생각한 까닭을 서술하시오.

242012-0221

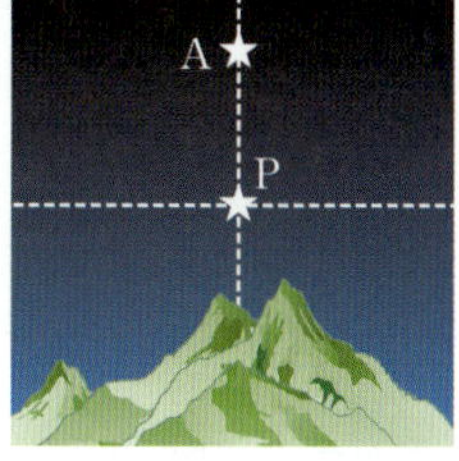

Tip 북쪽 하늘에서는 별이 북극성을 중심으로 동심원을 그리며 일주 운동을 한다.

Key Word 북쪽 하늘, 일주 운동 방향, 일주 운동 속도

[02-03] 그림은 황도 12궁을 나타낸 것이다. 물음에 답하시오.

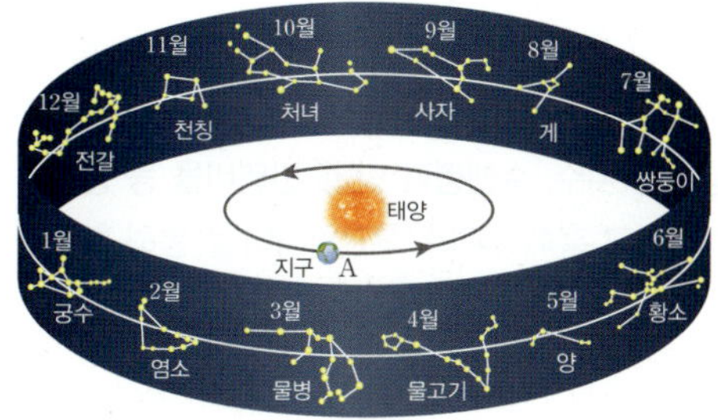

242012-0222

02 태양이 별자리 사이를 움직이는 것처럼 보이는 까닭을 서술하시오.

Tip 태양은 별자리 사이를 매일 이동해 1 년 뒤에 처음 위치로 되돌아오는 걸보기 운동을 한다.

Key Word 지구, 태양, 공전

242012-0223

03 지구의 위치가 A로부터 3 개월이 지난 뒤, 한밤중에 남쪽 하늘에서 볼 수 있는 별자리를 고르고, 그 까닭을 서술하시오.

Tip 태양이 황도를 따라 연주 운동을 할 때, 태양 반대쪽에 있는 별자리는 한밤중에 남쪽 하늘에서 볼 수 있다.

Key Word 태양 반대쪽, 별자리

242012-0224

04 그림 (가)는 일식이 있던 날에 태양을 촬영한 것이고, (나)는 일식이 일어날 때의 태양, 달, 지구를 나타낸 것이다.

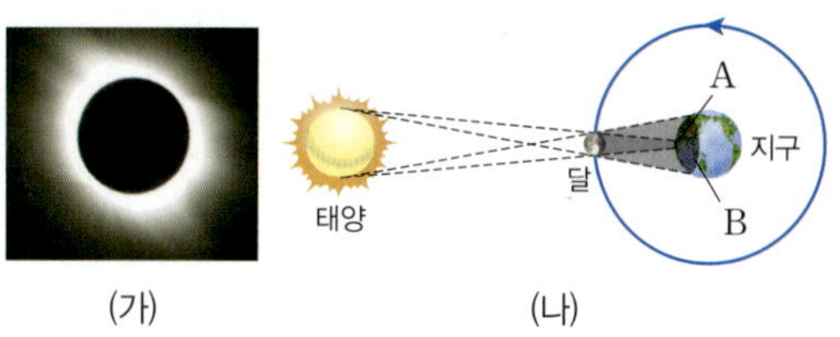

(가)   (나)

(나)의 A, B 지역 중 (가)와 같은 현상이 관측될 수 있는 지역을 고르고, 그 까닭을 서술하시오.

Tip 일식은 달이 태양을 가려 태양의 전체 또는 일부가 보이지 않는 현상이다.

Key Word 개기일식, 달, 태양

242012-0225

05 그림은 지구 주위를 공전하고 있는 달의 위치를 나타낸 것이다. A~D 중 월식이 나타날 수 있는 위치를 고르고, 그 까닭을 서술하시오.

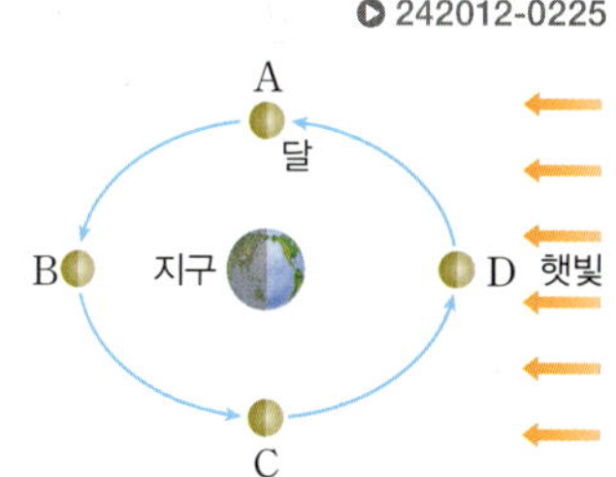

Tip 월식은 달이 지구 그림자 속으로 들어가 달의 전체 또는 일부가 가려지는 현상이다.

Key Word 월식, 달의 위상

242012-0226

06 그림은 천체 망원경을 나타낸 것이다.
A의 이름과 역할을 서술하시오.

Tip 천체 망원경의 균형이 맞지 않으면 천체를 효과적으로 관측할 수 없다.

Key Word 천체 망원경, 균형

중학교, 이렇게 시작하세요!

늘어나는 수업 시간!
많아지는 학습량

새롭게 시작되는 중학교 생활! 중학교는 수업 시간이 45분으로, 초등학교에 비해 5분 늘어납니다. 또 배우는 과목도 많아지고 과목마다 선생님이 다릅니다. 그러나 두려워할 필요는 없습니다. 달라지는 평가 방법을 파악하고 학습 전략을 제대로 수립한다면 중학교에서도 좋은 성적을 거둘 수 있습니다.

달라지는 평가 방법!
평가계획서 확인하기

중학교에서는 1년간 학습 내용과 평가 운영 계획을 작성하여 미리 안내합니다. 중학교에서의 평가는 지필평가와 수행평가로 구성되고, 반영비율을 적용하여 절대평가로 성적이 산출됩니다. 평가계획서에는 지필평가와 수행평가를 시행하는 횟수, 수행평가 방법, 반영비율 등 평가와 관련된 모든 정보가 담겨 있습니다. 각 평가계획서는 학교 홈페이지와 '학교알리미'를 통해 확인 가능합니다.

[국어 평가계획서 예시]

평가 종류	지필평가			수행평가	
반영비율	60%			20%	20%
횟수 및 평가 영역	1차(중간고사)		2차(기말고사)	설명문 쓰기	고민 처방전 공유하기
	선택형	서 · 논술형	선택형		
만점(반영비율)	60점(18%)	40점(12%)	100점(30%)	100점(20%)	100점(20%)
평가 시기	4월 29, 30일 ~ 5월 1일		7월 3, 4, 5일	3월	6월

성공적인 중학 생활을 위한
과목별 학습 전략의 필요성

중학교는 교과목에 따른 학습 전략을 세울 필요가 있습니다. 특히 중학교의 교과는 고등학교 과목의 기초가 되기 때문에 고교까지 연결되는 교과 특성에 맞게 학습 습관을 만들어야 합니다.

과학 과목

중학 과학에는 비교적 낯설고 어려운 용어가 등장합니다. 먼저 용어에 익숙해져 보세요. 중학 과학은 초등 과학보다 과정이 복잡하고 과학 개념을 담은 실험이 많아집니다. 새롭게 학습하는 과학 개념을 정확히 이해하고, 다양한 문제 풀이로 응용력을 높이세요.

★ **EBS 100% 활용하기**
(+학습 습관 기르기)

· 교재에 수록된 문항코드로 모르는 문제만 골라 강의로 확인하기
· EBS에서 제공하는 다양한 내신 대비 특강 & 수행평가 대비 특강 수강하기

중학 신입생 예비과정

과학

정답과 해설

01 과학적 탐구

핵심 용어 익히기
본문 5, 7쪽

01 과학적 탐구　　**02** 탐구　　**03** 가설
04 탐구 설계　　**05** 자료, 규칙성　　**06** 결론 도출
07 탐구 문제　　**08** 가설, 탐구　　**09** 실험
10 변인　　**11** 같게, 다르게

기본 다지기
본문 5, 7쪽

01 ㄱ, ㄴ, ㄹ, ㅁ　　**02** (1) 조사 (2) 토의　　**03** 가설 설정, 결론 도출　　**04** (1) ○ (2) ○ (3) × (4) ○　　**05** ㄱ, ㄷ, ㄹ
06 ㉠ 탐구 문제 ㉡ 실험 과정 ㉢ 준비물
07 (1) ㉺ (2) ㉠ (3) ㉡ (4) ㉢ (5) ㉣
08 (1) × (2) ○ (3) × (4) ○

01 주의 사항은 탐구 계획서에 포함된다.

02 (1) 조사는 책, 컴퓨터 등을 이용하여 필요한 정보를 찾는 활동이다.
(2) 토의는 문제에 대한 해결 방법을 찾기 위해 서로 의견을 교환하고 협의하는 활동이다.

03 과학적 탐구 방법의 절차는 '문제 인식 → 가설 설정 → 탐구 설계 → 탐구 수행 → 자료 해석 → 결론 도출'이다.

04 (3) 탐구를 수행할 때는 측정한 내용이 예상과 다르더라도 고치거나 빼지 않는다.

05 탐구 문제는 연구자가 흥미를 가지고 탐구할 수 있는 것으로 한다.

06 ㉠ '땅에 떨어뜨린 탄산음료 캔을 언제 열면 음료가 흘러넘치지 않을까?'는 탐구 문제에 해당한다.
㉡ '탄산음료 캔을 같은 횟수로 흔들고 10초씩 시간을 늦춰 가면서 열어 본다.'는 실험 과정에 해당한다.
㉢ 탄산음료 캔, 초시계는 준비물에 해당한다.

07 (1) 탐구 문제는 탐구해 보고 싶은 문제이다.
(2) 가설은 탐구 문제에 대한 잠정적인 해답이다.
(3) 실험 과정은 탐구 문제를 해결하기 위한 실험 방법이다.
(4) 예상되는 결과는 탐구 결과에 대한 예상이다.
(5) 주의 사항은 실험할 때 주의해야 할 점이다.

08 (1) 가설은 쉽고 간결하게 작성한다.
(3) 스스로 탐구할 수 있는 것만 탐구 문제가 될 수 있다.

탐구 확인 문제
본문 8쪽

1. 종이비행기를 접는 방법, 날리는 방법, 던지는 힘의 세기, 종이의 종류 등　**2.** 종이비행기의 날개 크기(길이)　**3.** ㄱ, ㄴ, ㄷ

1. 실험을 할 때는 다르게 할 조건 외에는 모두 같게 해야 한다. 탐구 과정에서는 종이비행기를 접는 방법, 종이비행기를 날리는 방법, 종이비행기를 던지는 힘의 세기, 종이의 종류 등을 같게 해야 한다.

2. 탐구 문제가 '종이비행기의 날개 크기에 따라 비행 시간이 어떻게 달라질까?'이므로 종이비행기의 날개 크기(길이)를 다르게 해야 한다.

3. ㄹ. 실험 결과를 고치거나 수정하지 않는다.

중단원 실력 확인
본문 9~10쪽

01 ②　　**02** ⑤　　**03** ⑤　　**04** ①
05 (다) → (라) → (나) → (가)　　**06** ④　　**07** ③　　**08** ②
09 ①　　**10** ①　　**11** ②　　**12** ④

01 과학적 탐구 방법의 절차는 '문제 인식하기 → 가설 설정하기 → 탐구 설계 및 수행하기 → 자료 해석하기 → 결론 도출하기'이다.

02 ㄱ. 가설은 예측 가능해야 한다.

03 ① 가설을 설정하는 것은 가설 설정 단계이다.
② 탐구 수행은 여러 번 실시할 수 있다.

③ 실험 결과와 가설의 일치 여부를 확인하는 것은 결론 도출 단계이다.
④ 수집한 자료를 모아 표나 그래프로 정리하는 것은 자료 해석 단계이다.

04 현상을 관찰하고 의문을 갖는 단계는 문제 인식 단계이다.

05 (다)는 가설 설정이다.
(라)는 탐구 설계 및 수행이다.
(나)는 자료 해석이다.
(가)는 결론 도출이다.

06 자료 해석 단계에서는 수집한 자료를 모아 표나 그래프로 정리하고, 자료에서 어떤 경향이나 규칙성을 찾아내는 활동을 한다.

07 탐구 계획서를 작성할 때 주의 사항을 생각한다.

08 ② 탐구 계획서는 과학적 탐구 방법의 요소를 포함하여 다양한 방식으로 작성할 수 있다.

09 같은 양의 녹말 용액이 들어 있는 시험관 Ⅰ과 Ⅱ 모두 37 ℃로 유지하였으므로 같게 한 조건은 녹말의 양과 온도이고, 시험관 Ⅰ에는 소화효소 X를, 시험관 Ⅱ에는 증류수를 넣었으므로 다르게 한 조건은 소화효소 X의 첨가이다.

10 '모래의 양에 따라 모래시계가 측정하는 시간이 다를 것이다.'는 탐구 문제에 대한 잠정적인 해답으로 가설에 해당한다.

11 종이비행기의 날개 길이에 따른 비행 시간을 알고 싶은 것이므로 종이비행기의 날개 길이를 다르게 해야 한다.

12 노란색 감자가 빛을 받으면 초록색으로 변하는지 알아보는 탐구이므로, 상자 A와 B에 모두 노란색 감자를 넣고 빛 조건을 달리하여 상자 B에는 빛을 비추지 않는다.

본문 11쪽

01 **모범 답안** 향수 냄새는 모기를 유인하는 역할을 할 것이다.
해설 가설은 의문에 대한 잠정적인 해답이다. 철수의 의문은 '향수 냄새가 모기를 유인하는 역할을 하지 않을까?'이므로 가설은 '향수 냄새는 모기를 유인하는 역할을 할 것이다.'이다.

채점 기준	배점
향수 냄새의 역할을 모기의 유인으로 옳게 서술한 경우	100 %

02 **모범 답안** 빛의 세기만 다르게 하고 온도, 물의 양, 식물의 크기 등은 같게 한다.
해설 식물의 생장에는 빛, 온도, 물 등이 영향을 미치므로, 빛의 세기를 제외한 온도, 물의 양, 식물의 크기 등은 같게 해야 한다.

채점 기준	배점
다르게 할 조건과 같게 할 조건을 모두 옳게 서술한 경우	100 %
다르게 할 조건과 같게 할 조건 중 하나만 옳게 서술한 경우	50 %

03 **모범 답안** 소화효소 X는 녹말을 분해한다.
해설 증류수를 넣은 시험관 Ⅰ에서는 녹말이 분해되지 않았고, 소화효소 X를 넣은 시험관 Ⅱ에서는 녹말이 분해되었으므로 소화효소 X는 녹말을 분해한다는 결론을 도출할 수 있다.

채점 기준	배점
소화효소 X가 녹말을 분해한다고 옳게 서술한 경우	100 %

04 **모범 답안** 화분 B의 온도를 5 ℃에서 25 ℃로 고친다. 수분은 다르게 할 조건이고, 장소와 온도는 같게 할 조건이기 때문이다.
해설 탐구 과정에서 같게 할 조건은 장소와 온도이므로 화분 A와 B 모두 양지 바른 곳에 두고 온도는 25 ℃로 같게 해야 한다. 수분은 다르게 할 조건이다. 수분 외 다른 조건들이 실험에 영향을 주지 않도록 변인 통제를 한다.

채점 기준	배점
탐구 설계의 수정과 까닭을 모두 옳게 서술한 경우	100 %
탐구 설계의 수정과 까닭 중 하나만 옳게 서술한 경우	50 %

05 **모범 답안** 식물은 햇빛이 잘 들 때 잘 자랄 것이다.
해설 화분 한 개는 햇빛이 잘 들게 하고 나머지 한 개는 햇빛이 잘 들지 않게 한 뒤, 같은 양의 물을 주면서 식물이

자라는 정도를 측정하였다. 즉, 햇빛 조건에 따른 식물이 자라는 정도를 비교하였다.

채점 기준	배점
햇빛과 식물의 생장을 포함해 가설을 옳게 서술한 경우	100 %

06 모범 답안 같게 할 조건은 캔의 온도, 캔의 모양, 떨어뜨리는 높이 등이다.

해설 탄산음료 캔을 흔든 뒤 여는 시간은 다르게 할 조건이고, 캔의 온도, 캔의 모양, 떨어뜨리는 높이 등은 같게 할 조건이다.

채점 기준	배점
캔의 온도, 캔의 모양, 떨어뜨리는 높이 등 같게 할 조건을 모두 옳게 서술한 경우	100 %
캔의 온도, 캔의 모양, 떨어뜨리는 높이 등 같게 할 조건 중 2가지를 옳게 서술한 경우	50 %
캔의 온도, 캔의 모양, 떨어뜨리는 높이 등 같게 할 조건 중 하나만 옳게 서술한 경우	20 %

02 인류의 지속가능한 삶

핵심 용어 익히기

본문 13, 15쪽

01 과학 원리　**02** 인쇄술　**03** 증기 기관　**04** 질소
05 백신　**06** 망원경　**07** 첨단 과학　**08** 생명공학
09 나노　**10** 자율 주행　**11** 지속가능

기본 다지기

본문 13, 15쪽

01 태양 중심설　**02** (1) ㉣ (2) ㉤ (3) ㉠ (4) ㉢
03 (1) × (2) ○ (3) ○ (4) ○　**04** ㉠ 현미경 ㉤ 암모니아
05 나노 기술　**06** (1) ㉢ (2) ㉠ (3) ㉤
07 (1) × (2) ○ (3) ○　**08** ㄱ, ㄹ, ㅁ

01 지구와 다른 행성들이 태양 주위를 돌고 있다는 코페르니쿠스의 태양 중심설은 당시의 지구 중심 우주관을 믿는 사람들의 우주관 변화에 큰 영향을 끼쳤다.

02 (1) 금속 활자를 이용한 인쇄술이 개발되어 새로운 사상과 지식이 널리 퍼지게 되었다.
(2) 전자기 유도 법칙의 발견으로 전기 에너지를 생활에 사용할 수 있게 되었다.
(3) 증기 기관을 사용하는 기계가 개발되어 기계가 물건을 생산하는 산업 사회로 변화하게 되었다.
(4) 암모니아 합성법의 개발로 질소 비료가 대량 생산되어 농업 생산량이 급격히 늘어났다.

03 (1) 인터넷의 발달로 실시간으로 세계 곳곳의 정보를 빠르고 쉽게 교환할 수 있게 되었다.
(2) 증기 기관을 이용한 기계와 증기 기관차의 발명으로 공업과 교통이 발달했다.
(3) 항생제의 개발로 기존에 치료가 어려웠던 질병도 치료가 가능해졌다.
(4) 인쇄술의 발달로 책의 대량 인쇄가 가능해져 새로운 사상과 지식이 널리 퍼지게 되었다.

04 ㉠ 현미경을 이용하면 눈으로 볼 수 없는 세포나 미생물도 관찰할 수 있으며, 이를 통해 질병의 원인을 찾아낼 수 있다. ㉡ 공기 중의 질소와 수소를 이용한 암모니아 합성법의 개발은 질소 비료의 대량 생산을 가능하게 하였다.

05 나노 기술을 이용하여 새로운 특성과 기능을 갖는 다양한 소재를 개발할 수 있다.

06 (1) 생명공학 기술의 발달로 해충에 강한 콩이나 인공 장기를 개발할 수 있게 되었다.
(2) 우주항공 기술의 발달로 발사 과정에서 분리된 로켓을 회수해 재활용할 수 있게 되었다.
(3) 정보 통신 기술의 발달로 증강 현실과 가상 현실의 구현이 가능해졌다.

07 (1) 미래에는 자율 주행 자동차가 현재보다 보편화되고, 드론도 다양한 분야에서 활용될 것이다.
(2) 반려동물 로봇, 간병 로봇 등이 개발되어 공장뿐 아니라 가정과 의료 현장에서도 로봇이 다양하게 활용될 것이다.
(3) 첨단 수송 수단이 등장하면 먼 거리도 더욱 빠르고 안전하게 이동할 수 있다.

08 지속가능한 삶을 위해서 개인은 재활용 및 분리배출, 대중교통 이용, 에너지 절약 등을 실천할 수 있다. 국제 협력, 녹지 및 생태 공원 조성, 신재생 에너지 개발은 사회 차원의 실천 방안이다.

1. ㄱ, ㄷ   **2.** 생명공학 기술

1. ㄴ. 초소형 칩에 대량의 정보를 담을 수 있는 것은 나노 기술의 발달과 관계있다.

2. 생명공학 기술의 발달로 의료 분야와 농업 분야의 발전이 가능해졌다.

01 ①   **02** 증기 기관   **03** ①   **04** ⑤

01 전자기 유도 법칙의 발견으로 인류는 전기를 생산하고 활용하게 되었다.

02 증기 기관의 발명으로 기계가 물건을 생산하는 산업 중심의 사회로 변화하게 되었다.

03 ① 드론은 미래에 택배, 농업, 재난 구조 등 다양한 분야에서 활용될 수 있다.

04 ⑤ 지속가능발전은 현재 세대가 여러 가지 발전을 진행하면서도 미래 세대가 이용할 환경과 자원을 훼손하지 않는 형태의 발전이다.

01 **모범 답안** 암모니아 합성법의 개발로 질소 비료의 대량 생산이 가능해져, 농업 생산량이 크게 증대되어 식량 문제 해결에 크게 기여하였다.
해설 하버가 개발한 암모니아의 대량 합성 방법을 통해 식물에 꼭 필요한 질소 비료의 대량 생산이 가능해져 농업 생산량이 크게 증대되었다.

채점 기준	배점
질소 비료의 대량 생산과 농업 생산량의 증대를 모두 옳게 서술한 경우	100 %
질소 비료의 대량 생산과 농업 생산량의 증대 중 하나만 옳게 서술한 경우	50 %

02 **모범 답안** 사물 인터넷 기술 또는 정보 통신 기술, 사용자의 위치를 파악하여 냉난방기가 집안 온도를 자동으로 조절해 준다, 냉장고에 들어 있는 식품을 확인하여 인터넷으로 필요한 재료를 주문해 준다, 스마트 자동차가 자동차 내부나 외부의 상황을 실시간으로 주변과 공유한다. 등
해설 사물 인터넷 기술은 교통, 농업, 건설 등 다양한 분야에서 적용되고 있다.

채점 기준	배점
용어와 이용한 사례를 모두 옳게 서술한 경우	100 %
용어와 이용한 사례 중 하나만 옳게 서술한 경우	50 %

01 생물의 구성

핵심 용어 익히기
본문 19, 21쪽

01 세포   **02** 핵   **03** 마이토콘드리아
04 엽록체   **05** 세포막   **06** 세포질   **07** 세포벽
08 세포   **09** 기관   **10** 기관계   **11** 조직
12 조직계   **13** 기관

기본 다지기
본문 19, 21쪽

01 ㄱ, ㄴ, ㄹ, ㅂ
02 A: 엽록체, B: 핵, C: 세포질, D: 마이토콘드리아, E: 세포막
03 (1) 신경세포 (2) 표피세포 (3) 적혈구 (4) 상피세포
04 (1) 엽록체 (2) 핵 (3) 마이토콘드리아 (4) 세포막 (5) 세포벽
05 (1) 조직, 기관계 (2) 세포, 조직계
06 (1) 기관계 (2) 조직계   **07** (1) ㉡ (2) ㉠ (3) ㉣ (4) ㉢
08 (1) × (2) × (3) ○ (4) ○

01 동물 세포를 이루는 구조에는 핵, 마이토콘드리아, 세포막, 세포질이 있다.

02 엽록체는 식물 세포에만 있고, 핵, 세포막, 세포질, 마이토콘드리아는 식물 세포와 동물 세포에 모두 있다.

03 (1) 신경세포는 몸에서 발생하는 신호를 전달한다.
(2) 표피세포는 식물 몸의 표면을 덮고 있는 세포이다.
(3) 적혈구는 움푹 파인 원반 모양으로 온몸으로 산소를 운반한다.
(4) 상피세포는 동물 몸이나 내장 기관의 표면을 덮고 있는 세포이다.

04 (1) 엽록체는 광합성으로 영양분을 만든다.
(2) 핵은 세포의 생명 활동을 조절한다.
(3) 마이토콘드리아는 생명 활동에 필요한 에너지를 만든다.
(4) 세포막은 세포를 둘러싸고 있는 막으로, 물질의 출입을 조절한다.

(5) 세포벽은 세포막 바깥을 둘러싸는 부분으로, 세포를 보호하고 모양을 일정하게 유지한다.

05 동물의 구성 단계는 '세포 → 조직 → 기관 → 기관계 → 개체'이고, 식물의 구성 단계는 '세포 → 조직 → 조직계 → 기관 → 개체'이다.

06 기관계는 동물의 구성 단계에만 있고, 조직계는 식물의 구성 단계에만 있다.

07 상피세포는 동물의 구성 단계 중 세포에 해당하고, 상피조직은 조직에 해당한다. 위는 기관에 해당하고, 소화계는 기관계에 해당한다.

08 (1) 식물의 잎은 기관 단계에 해당한다.
(2) 모양과 기능이 비슷한 세포가 모여 조직을 이룬다.

탐구 확인 문제
본문 22쪽

1. 신경세포   **2.** 동물 상피세포   **3.** ㄱ, ㄴ

1. 신경세포는 인터넷 선처럼 여러 방향으로 길게 뻗은 모양을 하고 있다.

2. 동물 상피세포는 동물의 몸 표면을 덮어 몸을 보호한다.

3. ㄷ. 동물의 몸을 구성하는 세포는 기능에 따라 모양이 서로 다르다.

중단원 실력 확인
본문 23~24쪽

01 ⑤   **02** ③   **03** ③   **04** ②   **05** 세포벽
06 ⑤   **07** ③   **08** ④   **09** ④   **10** ①   **11** ④
12 ③

01 ㄱ. 세포는 생물의 몸을 이루는 가장 작은 단위이다.

02 A는 핵, B는 세포막, C는 마이토콘드리아이다.
ㄷ. 광합성이 일어나는 세포 소기관은 엽록체이고, C는 마이토콘드리아로 생명 활동을 하는 데 필요한 에너지를 만든다.

03 ③ 세포벽은 세포막 바깥을 둘러싸는 부분이다.

04 ㄱ. 세포에 엽록체가 있으므로 이 세포는 식물 세포이다.
ㄴ. A는 엽록체, B는 마이토콘드리아이다.
ㄷ. 세포의 생명 활동을 조절하는 것은 핵이고, 마이토콘드리아는 생명 활동을 하는 데 필요한 에너지를 만든다.

05 세포벽은 세포를 보호하고 모양을 일정하게 유지한다.

06 (가) 신경세포는 몸에서 발생하는 신호를 전달한다.
(나) 상피세포는 피부를 이루고 외부로부터 몸을 보호한다.
(다) 표피세포는 식물 몸의 표면을 덮고 있다.

07 ㄷ. 식물의 구성 단계는 '세포 → 조직 → 조직계 → 기관 → 개체'이다.

08 사람은 생물의 구성 단계 중 개체에 해당한다. 간, 위, 심장 등이 기관에 해당한다.

09 ㄱ. A는 조직, B는 기관이다.
ㄴ. B는 여러 조직이 모여 특정한 형태와 기능을 나타내는 기관이다.
ㄷ. 소화계, 순환계, 호흡계 등은 기관계에 해당한다.

10 (가) 근육조직은 몸의 근육을 구성하는 조직이다.
(나) 상피조직은 몸 표면이나 몸속 기관의 안쪽 표면을 덮고 있는 조직이다.
(다) 신경조직은 자극을 받아들이고 신호를 전달하는 기능을 하는 조직이다.

11 ④ 식물의 구성 단계에서는 비슷한 조직들이 모여 조직계를 이룬다.

12 ③ 상피조직은 생물의 구성 단계 중 조직에 해당하고, 위, 잎, 심장, 줄기는 모두 기관에 해당한다.

서술형 준비하기　　　　　　　본문 25쪽

01 **모범 답안** 근육세포는 생명 활동을 위한 많은 에너지가 필요하므로 세포의 생명 활동에 필요한 에너지를 만드는 마이토콘드리아가 다른 세포에 비해 많이 있다.

해설 마이토콘드리아는 세포의 생명 활동에 필요한 에너지를 만든다. 사람의 근육을 이루는 근육세포는 근육을 움직이기 위한 에너지를 많이 소비한다. 따라서 근육세포에는 에너지를 만드는 마이토콘드리아가 다른 세포에 비해 많이 있다.

채점 기준	배점
근육세포에서의 에너지 소비와 마이토콘드리아의 기능을 연결지어 근육세포에 마이토콘드리아의 수가 많은 까닭을 옳게 서술한 경우	100 %
근육세포에서의 에너지 소비와 마이토콘드리아의 기능 중 하나만 옳게 서술한 경우	50 %

02 **모범 답안** 동물 세포인 적혈구는 세포벽이 없어 세포 안으로 들어온 물에 의해 터지고, 식물 세포인 양파 표피세포는 세포벽이 있어서 터지지 않는다.

해설 양파 표피세포는 식물 세포이고, 적혈구는 동물 세포이다. 식물 세포에는 세포벽이 있어서 세포를 보호하고 모양을 일정하게 유지한다. 반면 동물 세포에는 세포벽이 없다. 농도가 낮은 용액에 넣은 적혈구는 유입된 물에 의해 터지게 된다.

채점 기준	배점
양파 표피세포가 터지지 않은 까닭과 적혈구가 터진 까닭을 모두 옳게 서술한 경우	100 %
양파 표피세포가 터지지 않은 까닭과 적혈구가 터진 까닭 중 하나만 옳게 서술한 경우	50 %

03 **모범 답안** 식물을 구성하는 식물 세포에는 엽록체가 있어서 광합성을 통해 스스로 영양분을 만들므로 햇빛이 있는 곳에서 식물이 잘 자란다.

해설 식물을 구성하는 세포에는 광합성으로 영양분을 만드는 엽록체가 있어서 식물은 햇빛이 있는 곳에서 물만 주면 자랄 수 있다.

채점 기준	배점
엽록체의 기능과 식물의 생장을 연결지어 옳게 서술한 경우	100 %
엽록체의 기능만 옳게 서술한 경우	50 %

04 **모범 답안** A는 조직계, B는 기관, C는 조직, D는 기관이다. 동물과 식물의 구성 단계의 공통점은 세포, 조직, 기관, 개체가 있다는 것이고, 차이점은 동물의 구성 단계에는 기관계가 있고, 식물의 구성 단계에는 조직계가 있는 것이다.

해설 식물의 구성 단계는 '세포 → 조직 → 조직계 → 기관 → 개체'이므로 A는 조직계, B는 기관이다. 동물의 구성 단계는 '세포 → 조직 → 기관 → 기관계 → 개체'이므로 C는 조직, D는 기관이다. 식물의 구성 단계에는 조직과 기관 사이에 조직계가 있고, 동물의 구성 단계에는 기관과 개체 사이에 기관계가 있다.

채점 기준	배점
A~D와 동물과 식물의 구성 단계의 공통점과 차이점을 모두 옳게 서술한 경우	100 %
동물과 식물의 구성 단계의 공통점과 차이점을 모두 옳게 서술한 경우	50 %
동물과 식물의 구성 단계의 공통점과 차이점 중 하나만 옳게 서술한 경우	30 %
A~D만 옳게 서술한 경우	20 %

05 **모범 답안** 핵은 세포의 생명 활동을 조절하므로 핵이 있는 부분의 아메바는 살아남고, 핵이 없는 부분의 아메바는 살아남지 못한다.

해설 핵은 세포의 생명 활동을 조절한다. 아메바를 자른 후 핵이 있는 부분은 핵에 의해 세포의 생명 활동이 조절되어 살아남고, 핵이 없는 부분은 생명 활동이 조절되지 않아서 살아남지 못한다.

채점 기준	배점
핵의 기능과 아메바의 생존을 연결지어 옳게 서술한 경우	100 %
핵의 기능만 옳게 서술한 경우	50 %

06 **모범 답안** 생물을 구성하는 모든 요소는 유기적으로 기능하여 하나의 문제가 개체 전체에 영향을 줄 수 있으므로 사람의 소장 상피세포에 세균이 침입하면 식중독에 걸려 소화계뿐만 아니라 사람의 몸 전체에 이상이 생긴다.

해설 생물을 구성하는 모든 요소는 서로 영향을 주고받으며 전체를 구성하고 있다. 따라서 생물의 몸을 구성하는 요소 하나의 문제가 개체 전체에 영향을 줄 수 있다. 소장 상피세포가 세균의 침입으로 파괴되면 이 과정에서 극심한 복통과 설사가 일어난다.

채점 기준	배점
생물의 유기적 구성과 세균 침입에 의한 영향을 연결지어 옳게 서술한 경우	100 %
생물의 유기적 구성만 옳게 서술한 경우	50 %

---

02 생물의 다양성

핵심 용어 익히기
본문 27, 29, 31, 33쪽

01 생물다양성 **02** 생태계 **03** 종류
04 다양 **05** 변이 **06** 환경 **07** 생물분류
08 자연분류 **09** 관계 **10** 종
11 종, 속, 과, 목, 강, 문 **12** 원핵생물 **13** 원생생물
14 균 **15** 광합성 **16** 동물, 소화
17 생물다양성 **18** 생물자원 **19** 멸종 위기종
20 인간 **21** 외래종 **22** 기후 변화

기본 다지기
본문 27, 29, 31, 33쪽

01 변이 **02** (1) 다르다 (2) 초원 **03** ㄱ, ㄷ, ㄹ
04 (1) × (2) × (3) ○ (4) × **05** ㄱ, ㄷ, ㅁ **06** 사람
07 (가) 종 (나) 과 (다) 강 (라) 계 **08** (1) ○ (2) × (3) ○
09 ㄱ, ㄴ **10** (1) ⓒ (2) ⓔ (3) ⓛ (4) ⓙ
11 (1) 엽록체 유무(광합성 여부), 기관 발달 (2) 식물계
12 (1) × (2) ○ (3) × (4) ○ **13** (1) (가) (2) (나)
14 (1) ○ (2) ○ (3) ○ (4) × **15** ㄱ, ㄴ, ㅁ
16 (1) ⓔ (2) ⓙ (3) ⓛ (4) ⓒ

---

01 무당벌레는 겉날개 색깔과 무늬가 조금씩 다르다. 이처럼 같은 종류의 생물 사이에서 나타나는 생김새나 특성의 차이를 변이라고 한다.

02 (1) 초원과 사막을 이루는 환경이 다르므로, 그 속에서 살아가는 생물의 종류도 다르다.
(2) 사막보다 초원에 더 많은 종류의 생물이 살고 있으므로 초원과 사막 중 생물다양성이 높은 지역은 초원이다.

03 온도와 빛은 환경에 해당한다.

04 (1) 생태계가 다양할수록 생물다양성이 높다.
(2) 생태계에서 환경과 생물은 서로 영향을 주고받는다.
(4) 같은 종류의 생물로 이루어진 무리에서는 생물의 변이가 다양할수록 생물다양성이 높다.

05 생물의 쓰임새, 서식지는 인간의 편의에 의한 분류 기준이다.

06 사람은 고래와 호흡 방법이 같고, 상어는 고래와 호흡 방법이 다르므로 사람과 상어 중 고래와 더 가까운 생물은 사람이다.

07 생물분류체계는 '종 → 속 → 과 → 목 → 강 → 문 → 계'의 단계로 이루어진다.

08 (2) 생물분류체계에서 종이 가장 작은 단계이고, 계가 가장 큰 단계이다.

09 ㄷ. 원핵생물계는 균사로 이루어져 있지 않다.
ㄹ. 원핵생물계는 핵막으로 둘러싸인 뚜렷한 핵이 없다.

10 (1) 고사리는 식물계에 속한다.
(2) 표고버섯은 균계에 속한다.
(3) 짚신벌레는 원생생물계에 속한다.
(4) 폐렴균은 원핵생물계에 속한다.

11 (1) (가)는 엽록체가 있어 광합성을 하고 기관이 발달한 식물계이고, (나)는 엽록체가 없어 광합성을 하지 못하고 기관이 발달하지 않은 균계이다.
(2) 보리, 애기똥풀, 솔이끼는 식물계에 속한다.

12 (1) 살모넬라는 원핵생물계에 속하고, 종벌레는 원생생물계에 속한다.
(3) 동물계에 속하는 생물은 세포벽이 없다.

13 (1) (가)는 뒤쥐를 대신할 먹이가 없고, (나)는 뒤쥐를 대신할 먹이의 종류가 많기 때문에 뒤쥐가 멸종되면 수리부엉이도 멸종될 가능성이 높은 생태계는 (가)이다.
(2) (가)는 생물다양성이 낮은 생태계로 먹이그물이 단순하다. (나)는 생물다양성이 높은 생태계로 먹이그물이 복잡하다. 생물다양성이 높으면 생물이 멸종될 위험이 줄어들므로 (나)는 (가)보다 안정적으로 유지될 수 있다.

14 (4) 생물다양성이 높은 열대우림도 생물의 서식지가 파괴되면 생물종의 수가 감소할 수 있다.

15 생태통로 설치와 고유종 복원은 생물다양성의 감소를 막기 위한 방법에 해당한다.

16 (1) 서식지 보전으로 서식지파괴에 의한 생물다양성 감소를 줄일 수 있다.

(2) 멸종 위기 생물 지정으로 불법 포획에 의한 생물다양성 감소를 줄일 수 있다.
(3) 외래종의 무분별한 유입 방지로 외래종 유입에 의한 생물다양성 감소를 줄일 수 있다.
(4) 탄소 중립 실천으로 기후 변화에 의한 생물다양성 감소를 줄일 수 있다.

1. 원생생물계   **2.** 세포벽의 유무, 운동성의 유무   **3.** ㄹ, ㅁ

1. 미역과 짚신벌레는 원생생물계에 속한다.

2. (가)는 세포벽이 없고 운동성이 있는 동물계이고, (나)는 세포벽이 있고 운동성이 없는 균계와 식물계이다. 따라서 (가)와 (나)의 분류 기준은 세포벽의 유무와 운동성의 유무이다.

3. ㄱ. 균계는 운동성이 없다.
ㄴ. 동물계는 다세포생물이다.
ㄷ. 원핵생물계는 세포벽이 있다.

01 ③	**02** ⑤	**03** ④	**04** ④	**05** ⑤
06 A: 종, B: 강, C: 문, D: 계		**07** ⑤	**08** ④	**09** ①
10 ①	**11** ⑤	**12** ⑤		

01 조개껍데기 무늬의 다양함처럼 같은 종류의 생물 사이에서 나타나는 생김새나 특성의 차이를 변이라고 한다.

02 ① 변이가 다양할수록 생물다양성이 높다.
② 생물은 변이가 다양할수록 환경에 적응하기가 쉽다.
③ 부리가 크고 두꺼운 핀치는 단단한 씨앗이 많은 섬에 살기에 적합하다.
④ 부리가 길고 뾰족한 핀치는 선인장이 많은 섬에 살기에 적합하다.

03 ④ 생물다양성이 높을수록 생태계는 안정적으로 유지된다.

04 ④ 생물의 서식지는 인간의 편의에 의한 분류 기준이다.

05 ① 암말과 수탕나귀 사이에서 태어난 노새는 생식 능력이 없으므로 말과 당나귀는 다른 종이다.
② 수사자와 암호랑이 사이에서 태어난 라이거는 생식 능력이 없으므로 사자와 호랑이는 다른 종이다.
③ 진돗개와 삽살개 사이에서 태어난 개는 생식 능력이 있으므로 진돗개와 삽살개는 같은 종이다.
④ 자연 상태에서 번식 능력이 있는 자손을 낳을 수 있는 생물 무리가 같은 종이다.
⑤ 진돗개와 삽살개 사이에서 태어난 개는 생식 능력이 있으므로 진돗개와 삽살개 사이에서 태어난 개와 삽살개는 같은 종이다.

06 생물분류체계는 '종 → 속 → 과 → 목 → 강 → 문 → 계'의 단계로 이루어진다.

07 동물계는 세포의 형태를 유지시켜주는 세포벽이 없다.

08 보리, 은행나무, 애기똥풀은 식물계이다.
① 식물계는 핵이 있다.
② 식물계는 다세포생물이다.
③, ⑤ 식물계는 광합성을 통해 스스로 영양분을 얻는다.

09 ② 달팽이는 동물계에 속한다.
③ 폐렴균은 원핵생물계에 속한다.
④ 고사리는 식물계에 속한다.
⑤ 짚신벌레는 원생생물계에 속한다.

10 ㄱ, ㄴ. (가)는 생물다양성이 높은 생태계로 먹이그물이 복잡하다. (나)는 생물다양성이 낮은 생태계로 먹이그물이 단순하다. 생물다양성이 높으면 생물이 멸종될 위험이 줄어들기 때문에 (가)는 (나)보다 안정적으로 유지될 수 있다.
ㄷ. (가)에는 뒤쥐를 대신할 먹이의 종류가 많기 때문에 뒤쥐가 멸종되어도 수리부엉이가 멸종될 가능성이 낮다.

11 ⑤ 야생 동식물이 많이 사는 지역을 국립공원으로 지정하여 관리하는 것은 생물다양성을 높이는 활동이다.

12 ① 보호 구역 지정으로 불법 포획에 의한 생물다양성 감소를 줄일 수 있다.
② 환경 정화 시설 설치로 환경오염에 의한 생물다양성 감소를 줄일 수 있다.
③ 생태통로 설치로 서식지파괴에 의한 생물다양성 감소를 줄일 수 있다.

④ 외래종의 무분별한 유입 방지로 외래종 유입에 의한 생물다양성 감소를 줄일 수 있다.

01 **모범 답안** 대벌레의 가늘고 길쭉한 생김새는 나뭇가지가 많은 환경에서 천적으로부터 몸을 숨기기 유리하다.
해설 대벌레는 나뭇가지가 많은 환경에서 산다. 대벌레의 가늘고 길쭉한 생김새는 나뭇가지와 비슷해서 천적은 나뭇가지에 있는 대벌레를 잘 발견하지 못한다. 그래서 천적에게 잡아먹힐 위험이 줄어든다.

채점 기준	배점
생김새가 생존에 유리한 까닭을 옳게 서술한 경우	100 %
대벌레의 생김새만 서술한 경우	50 %

02 **모범 답안** 숲, 숲에 살고 있는 생물의 종류가 더 많기 때문에 생물다양성이 높다.
해설 밭에는 한 종류의 작물만 심기 때문에 적은 종류의 생물이 산다. 반면 숲에는 많은 종류의 생물이 살아가므로 생물다양성이 높다.

채점 기준	배점
생물다양성이 더 높은 곳이 숲이고, 숲에 살고 있는 생물의 종류가 더 많기 때문이라는 내용이 포함된 경우	100 %
숲이라고만 서술한 경우	50 %

03 **모범 답안** 참새, 분류체계에서 까치와 참새는 모두 참새목으로 목이 같고, 닭은 닭목으로 목이 다르기 때문이다.
해설 같은 분류체계에 있는 생물일수록 가까운 관계이다. 까치, 닭, 참새는 모두 동물계, 척삭동물문, 조강으로 계, 문, 강의 분류체계가 같다. 하지만 까치와 참새는 모두 참새목이고, 닭은 닭목으로 목의 분류체계가 다르다. 같은 목의 분류체계를 갖는 참새가 다른 목의 분류체계를 갖는 닭보다 까치와 가까운 생물이다.

채점 기준	배점
까치와 가까운 생물이 참새이고, 까치와 참새는 같은 목의 분류체계이고 닭은 다른 목의 분류체계이기 때문이라는 내용이 포함된 경우	100 %
참새라고만 서술한 경우	50 %

04 **모범 답안** 보리, 버섯, 달팽이는 모두 핵막으로 둘러싸인 뚜렷한 핵이 있고, 다세포생물이다.

해설 보리는 식물계, 버섯은 균계, 달팽이는 동물계에 속한다. 세 종류의 생물은 모두 핵막으로 둘러싸인 뚜렷한 핵이 있으며, 다세포생물이다. 균계에 속하는 생물은 대부분 다세포생물이지만, 효모와 같은 단세포생물도 있다.

채점 기준	배점
보리, 버섯, 달팽이는 모두 핵막으로 둘러싸인 뚜렷한 핵이 있고, 다세포생물이라는 내용이 포함된 경우	100 %
핵막으로 둘러싸인 뚜렷한 핵이 있다는 것과 다세포생물이라는 내용 중에서 한 가지 내용만 포함된 경우	50 %

05 **모범 답안** 짚신벌레를 (나)로 옮기고, 남세균을 (가)로 옮긴다. 대장균, 남세균, 젖산균은 원핵생물계, 미역, 짚신벌레, 종벌레는 원생생물계에 속한다.

해설 대장균, 남세균, 젖산균은 모두 핵막으로 둘러싸인 뚜렷한 핵이 없으며, 원핵생물계에 속한다. 미역, 짚신벌레, 종벌레는 모두 핵막으로 둘러싸인 뚜렷한 핵이 있으며, 원생생물계에 속한다.

채점 기준	배점
짚신벌레를 (나)로 옮기고, 남세균을 (가)로 옮기는 것과 대장균, 남세균, 젖산균은 원핵생물계에 속하고, 미역, 짚신벌레, 종벌레는 원생생물계에 속하기 때문이라는 내용이 포함된 경우	100 %
짚신벌레를 (나)로 옮기고, 남세균을 (가)로 옮기는 것만 쓴 경우	50 %

06 **모범 답안** (가), (가)는 생물다양성이 높은 생태계로 생물이 멸종될 위험이 줄어들기 때문에 생태계가 안정적으로 유지될 가능성이 높다.

해설 (가)는 생물다양성이 높은 생태계로 먹이그물이 복잡하다. (나)는 생물다양성이 낮은 생태계로 먹이그물이 단순하다. 생물다양성이 높으면 생물이 멸종될 위험이 줄어들기 때문에 (가)는 (나)보다 안정적으로 유지될 수 있다.

채점 기준	배점
생태계가 안정적으로 유지될 가능성이 더 높은 곳이 (가)이고, 생물다양성이 높으면 멸종될 위험이 줄어들기 때문이라는 내용이 포함된 경우	100 %
(가)라고만 쓴 경우	50 %

01 열의 이동

핵심 용어 익히기
본문 39, 41, 43쪽

01 온도 **02** 입자 **03** 운동 **04** ℃ (또는 K)
05 활발 **06** 둔 **07** 열 **08** 높, 낮
09 낮, 둔 **10** 높, 활발 **11** 열평형 **12** 전도
13 대류 **14** 복사 **15** 전도 **16** 대류
17 복사 **18** 단열

기본 다지기
본문 39, 41, 43쪽

01 온도 **02** (나), (다), (가) **03** (1) × (2) ○ (3) × (4) ○
04 (1) ㉡ (2) ㉠ **05** 높은, 낮은 **06** (1) ○ (2) × (3) ○
07 (1) A, B (2) 30 (3) 4 **08** ㄱ, ㄴ, ㄷ **09** (1) ㉠ (2) ㉢
(3) ㉡ **10** (1) 복사 (2) 대류 (3) 전도 **11** (가) 복사 (나) 전도 (다) 대류 **12** (가) 전도와 대류 (나) 복사

01 물체의 차갑고 뜨거운 정도를 숫자로 나타낸 것을 온도라고 한다. 사람 피부의 감각으로는 온도를 정확하게 측정할 수 없으므로 다양한 온도계를 이용해서 온도를 측정한다.

02 온도가 높을수록 물질의 입자 운동은 활발하다. 입자 운동의 활발한 정도는 (나), (다), (가) 순이므로 온도가 높은 물질도 (나), (다), (가) 순이다.

03 (1) 온도가 높을수록 입자 운동이 더 활발하므로 잉크는 차가운 물보다 따뜻한 물에서 더 빠르게 퍼진다.
(2) 물체의 온도가 높아지면 물체의 입자 운동이 활발해지고, 온도가 낮아지면 물체의 입자 운동이 둔해진다.
(3) 사람의 피부 감각은 정확하지 않으므로 물체의 온도를 정확하게 측정할 수 없다. 따라서 온도를 정확하게 측정할 때는 알코올 온도계, 적외선 온도계 등 다양한 온도계를 이용한다.
(4) 온도는 물체를 이루는 입자의 운동이 활발한 정도를 나타낸다. 온도가 높은 물체는 입자 운동이 활발하고, 온도가 낮은 물체는 입자 운동이 둔하다.

04 온도는 물체를 이루는 입자의 운동이 활발한 정도를 나타낸다. 온도가 높을수록 물체를 이루는 입자의 운동이 활발하고, 온도가 낮을수록 물체를 이루는 입자의 운동이 둔하다.

05 온도가 서로 다른 두 물체를 접촉하면 열은 온도가 높은 물체에서 온도가 낮은 물체로 이동한다.

06 (1) A와 B를 접촉하면 온도가 높은 A에서 온도가 낮은 B로 열이 이동한다.
(2) A는 열을 잃어버리므로 A의 온도는 점점 낮아지고 B는 열을 얻으므로 B의 온도는 점점 높아진다.
(3) A의 온도는 점점 낮아지므로 A의 입자 운동은 점점 둔해지고, B의 온도는 점점 높아지므로 B의 입자 운동은 점점 활발해진다.

07 (1) 열은 온도가 높은 A에서 온도가 낮은 B로 이동한다.
(2) A는 열을 잃어 점점 온도가 낮아지고 B는 열을 얻어 점점 온도가 높아지다가 30 ℃에서 온도가 같아져 열평형을 이룬다.
(3) 4분 이후부터 A와 B의 온도가 더 이상 변하지 않는다. 이때부터 A와 B는 열평형 상태이다.

08 ㄱ. 음료수를 냉장고 속에 넣으면, 냉장고의 차가운 공기와 음료수가 열평형을 이루어 음료수가 차갑게 유지된다.
ㄴ. 몸의 열이 온도계로 이동하여 몸과 온도계가 열평형 상태가 된다.
ㄷ. 생선을 얼음 위에 두면 열이 생선에서 얼음으로 이동하여 생선과 얼음이 열평형 상태에 도달하므로 생선이 차가운 상태를 유지할 수 있다.

09 전도는 물질을 이루고 있는 입자의 운동이 이웃한 입자에 차례로 전달되어 열이 이동하는 방법이다. 대류는 기체나 액체를 이루는 입자가 직접 이동하여 열을 전달하는 방법이다. 복사는 물질의 도움 없이 직접 열이 전달되는 방법이다.

10 (1) 태양의 열은 복사의 방법으로 지구에 전달된다.
(2) 난로에 의해 주변의 데워진 공기가 직접 이동하여 방 전체가 따뜻해지므로 대류에 의한 열의 이동 방법이다.
(3) 금속 숟가락의 뜨거운 국에 담긴 부분에서 입자의 운동이 이웃한 입자로 차례로 전달되어 손잡이까지 뜨거워지므로 전도에 의한 열의 이동 방법이다.

11 (가) 공을 던지는 것은 열이 물질의 도움 없이 직접 이동하는 복사를 비유한 것이다.
(나) 공을 뒤의 이웃한 학생에게 건네주는 것은 열이 차례로 전달되는 전도를 비유한 것이다.
(다) 공을 직접 들고 가는 것은 입자가 열을 직접 이동시키는 대류를 비유한 것이다.

12 (가) 보온병의 이중벽 사이를 진공으로 만들면 전도와 대류에 의한 열의 이동을 차단할 수 있다.
(나) 보온병 내부 벽면에 은도금을 하면 내부에서 반사가 일어나므로 복사에 의한 열의 이동을 차단할 수 있다.

1. 전도   **2.** A → B   **3.** ㄴ

1. 전도는 입자의 운동이 이웃한 입자에 차례로 전달되어 열이 이동하는 방법이다. 따라서 막대를 따라 열이 이동하는 방법은 전도이다.

2. A 부분을 가열하면 A 부분에서 활발해진 입자의 운동이 이웃한 입자에 차례로 전달된다. 따라서 열은 A에서 B로 이동한다.

3. ㄱ. 열이 전도되는 빠르기는 고체 막대의 종류에 따라 다르다.
ㄴ. 막대의 한쪽 끝을 가열하면 열을 얻은 막대의 부분은 입자 운동이 활발해진다.
ㄷ. 막대 내에서 입자의 운동이 이웃한 입자에 전달되면서 열이 이동한다.

01 ③	02 ②	03 ①	04 ⑤	05 ⑤	06 ③
07 ⑤	08 ⑤	09 ①	10 ①	11 ④	12 ④

01 온도는 물질을 이루는 입자의 운동이 활발한 정도를 수치로 나타낸 것으로 단위는 ℃(섭씨도) 또는 K(켈빈)을 사용한다. 사람의 감각으로는 온도를 정확하게 측정할 수 없으므로 온도계를 사용하여 온도를 측정한다.

02 ① 물의 온도는 (가)가 (나)보다 높다.
③ (나)의 물이 열을 얻으면 (가)와 같은 상태가 될 수 있다.
④ (나)의 물의 온도가 낮아지면 입자 운동이 둔해진다.
⑤ (가)의 물이 열을 잃으면 온도가 낮아지므로 입자의 운동은 둔해진다.

03 (가) 과정 이후 입자의 운동이 활발해지고 있으므로 (가) 과정에서 온도가 높아진다. 입자의 운동이 활발해져도 입자의 크기는 변하지 않는다.

04 열은 온도가 높은 물체에서 온도가 낮은 물체로 이동한다. 열이 A에서 B로, C에서 A, B로 이동하므로 온도는 C가 가장 높고 B가 가장 낮다. 따라서 C>A>B 이다.

05 ㄱ. A에서 B로 열이 이동하므로 처음 온도는 A가 B보다 높다.
ㄴ. A에서 B로 열이 이동하므로 B는 열을 얻어 온도가 높아지고 입자 운동이 처음보다 활발해진다.
ㄷ. 시간이 지나면 A와 B는 열평형 상태에 도달하며 A와 B의 온도는 같아진다.

06 ㄱ, ㄴ. 4분 후부터 A와 B의 온도는 30 ℃로 같아지며 열평형 상태에 있다.
ㄷ. 열은 온도가 높은 물체에서 온도가 낮은 물체로 이동하므로 열은 A에서 B로 이동한다.

07 ⑤ 프라이팬 손잡이를 나무나 플라스틱으로 만드는 까닭은 프라이팬으로부터 열이 느리게 전달되게 하기 위해서이다.

08 온도가 높은 삶은 달걀을 온도가 낮은 물에 넣으면 두 물체의 온도가 같아질 때까지 달걀에서 물로 열이 이동한다. 따라서 달걀의 온도는 내려가고 물의 온도는 올라가 열평형에 도달한다. 온도가 낮은 물이 열을 얻으므로 물을 구성하는 입자의 운동이 활발해진다.

09 (가) 냄비를 가열하면 열이 전도되어 금속 손잡이까지 뜨거워진다.
(나) 대류에 의해 냄비 속 뜨거워진 바닥 부분의 물은 위로, 위에 있던 차가운 물은 아래로 내려오면서 물이 전체적으로 데워진다.
(다) 가스불 근처에 손을 가까이하면 복사의 형태로 열이 전달되므로 손이 뜨겁다.

10 ㄴ. (나) 부분이 (다) 부분보다 먼저 뜨거워진다.
ㄷ. (가) 부분의 입자 운동이 (나) 부분으로 전달되는 전도에 의해 열이 전달된다.

11 ① 햇빛이 비치는 곳에 있으면 태양에서 방출된 열이 직접 이동하는 복사에 의해 따뜻하다.
②, ⑤ 에어컨, 난로를 켜면 대류에 의해 차가운 공기가 아래로 내려오고 뜨거운 공기가 위로 올라가면서 방 전체가 시원해지거나 따뜻해진다.
③ 열화상 카메라는 사람에게서 나오는 복사열을 촬영한다.

12 ㄷ. 막대의 종류에 따라 열이 전달되는 빠르기는 다르다.

01 **모범 답안**　B, 따뜻해진 공기는 위로 올라가고 차가운 공기는 아래로 내려오는 대류 현상으로 방 전체가 따뜻해지기 때문이다.
해설　방 안의 아래(B)에 있는 난로에 의해 따뜻해진 공기는 위로 올라가고 차가운 공기는 아래로 내려오면서 대류가 일어나 방 전체가 따뜻해진다.

채점 기준	배점
난로의 위치와 그 까닭을 옳게 서술한 경우	100 %
난로의 위치만 옳게 쓴 경우	50 %

02 **모범 답안**　(가), 고체 막대의 한쪽 끝이 불에 닿아 있을 때 열이 전달되어 반대쪽 끝도 뜨거워지는 현상은 전도 때문이다.
해설　고체에서 열을 얻은 부분의 입자 운동이 이웃한 입자에 전달되어 반대쪽 끝까지 뜨거워지는 것은 전도에 의한 열의 이동 방법이다.

채점 기준	배점
전도에 해당하는 경우와 그 까닭을 옳게 서술한 경우	100 %
전도에 해당하는 경우만 옳게 쓴 경우	50 %

03 **모범 답안**　철봉과 나무 의자의 온도는 같다. 겨울철 공기와 철봉, 나무 의자는 열평형 상태이기 때문이다.
해설　철봉과 나무 의자가 차가운 공기와 접촉한 상태에서 시간이 충분히 지나면 열평형 상태가 되어 온도가 같아진다.

채점 기준	배점
두 물체의 온도 비교와 그 까닭을 옳게 서술한 경우	100 %
두 물체의 온도만 옳게 비교한 경우	50 %

04 모범 답안 (나)의 공기가 (가)의 공기보다 입자 운동이 활발하다. 열을 얻은 (나)의 공기는 온도가 올라가서 입자의 운동이 활발해지기 때문이다.

해설 물체가 열을 얻으면 온도가 올라가고 물체를 구성하는 입자의 운동이 활발해진다. 따라서 열풍선을 가열한 (나)가 가열하기 전인 (가)보다 공기의 온도가 높고 입자 운동이 활발하다.

채점 기준	배점
입자의 운동 비교와 그 까닭을 옳게 서술한 경우	100 %
입자의 운동만 옳게 비교한 경우	50 %

05 모범 답안 열은 B에서 A로 이동하고 열평형 온도는 30 ℃이다.

해설 열은 온도가 높은 물체 B에서 온도가 낮은 물체 A로 이동한다. 열을 잃은 B는 온도가 내려가고 열을 얻은 A는 온도가 올라가다가 A, B 모두 30 ℃가 되면 열평형 상태에 도달하여 더 이상 온도가 변하지 않는다.

채점 기준	배점
열의 이동 방향과 열평형 온도를 모두 옳게 서술한 경우	100 %
열의 이동 방향과 열평형 온도 중 하나만 옳게 서술한 경우	50 %

06 모범 답안 (가)에서는 가열된 물이 위로 이동하면서 시험관의 가열되는 지점의 위쪽부터 대류가 일어나므로 아래의 톱밥이 움직이지 않는다. (나)에서는 가열된 물의 맨 아래 부분이 위로 올라가면서 시험관 전체에서 대류가 일어나므로 톱밥이 위아래로 움직인다.

해설 가열된 물이 위쪽으로 이동하므로 (가)에서는 시험관의 가열되는 지점의 위쪽에서 물의 대류가 일어나고 (나)에서는 시험관 전체에서 물의 대류가 일어난다.

채점 기준	배점
두 톱밥의 움직임을 그 까닭과 함께 옳게 서술한 경우	100 %
두 톱밥의 움직임만 옳게 설명하거나 한쪽 시험관 톱밥의 움직임과 까닭만 옳게 서술한 경우	50 %

02 비열과 열팽창

핵심 용어 익히기
본문 49, 51쪽

01 비열 **02** 비열 **03** 크다 **04** 많다
05 작다 **06** 열팽창 **07** 활발, 멀어 **08** 바이메탈
09 작은 **10** 큰

기본 다지기
본문 49, 51쪽

01 (1) ○ (2) × (3) ○ **02** 작고, 크다 **03** (1) 많을, 작을
(2) 작기 **04** (1) 식용유 (2) 물 **05** ㉠ 활발 ㉡ 올라 ㉢ 멀어
㉣ 커 **06** B, A, C **07** A **08** (1) ○ (2) ○ (3) ○
(4) ×

01 (2) 온도가 다른 물질 사이에서 이동하는 열의 양은 열량이다. 비열은 어떤 물질 1 kg의 온도를 1 ℃ 올리는데 필요한 열량으로, 물질마다 다르다.

02 같은 질량의 두 물질에 같은 열량을 가했을 때, 비열이 작을수록 온도가 쉽게 변한다.

03 (1) 흡수한 열량이 많을수록, 질량이 작을수록 물질의 온도 변화는 크다.
(2) 비열이 작을수록 온도 변화가 크다.

04 (1) 시간에 따른 온도 변화는 식용유가 물보다 크다.
(2) 비열이 클수록 온도 변화가 작다. 따라서 시간에 따른 온도 변화가 작은 물이 식용유보다 비열이 크다.

05 고체를 가열하면 고체의 온도가 높아지고 고체를 이루는 입자의 운동이 활발해지면서 입자 사이의 거리가 멀어지므로 고체의 부피가 커진다.

06 열팽창하는 정도가 큰 액체일수록 유리관 속 액체가 높이 올라간다. 따라서 액체의 높이가 가장 높은 B가 열팽창 정도가 제일 크고 유리관 속 액체의 높이가 가장 낮은 C가 열팽창 정도가 제일 작다. 따라서 열팽창 정도는 B, A, C 순이다.

07 바이메탈을 가열했을 때 B 방향으로 휘어진 까닭은 A의 길이가 B의 길이보다 더 길어졌기 때문이다. 따라서 A가 B보다 열팽창 정도가 크다.

08 ⑴ 다리 이음매 부분에 틈을 두어 온도가 높아질 때 다리가 뒤틀리는 것을 막는다.
⑵ 가스관은 중간에 구부러진 부분을 만들어 열팽창에 의한 사고를 막는다.
⑶ 여름에는 전깃줄이 열팽창하여 길이가 길어져서 늘어지고 겨울에는 길이가 줄어들어 팽팽해진다.
⑷ 음식을 오랫동안 따뜻하게 유지하기 위해 뚝배기를 사용하는 까닭은 뚝배기의 비열이 커서 온도 변화가 작기 때문이다.

1. 작다.　　　**2.** 물　　　**3.** ㄴ, ㄷ

1. 질량과 가한 열량이 같으면 비열이 큰 물질일수록 온도 변화가 작다.

2. 온도 변화를 같게 하려면 비열이 큰 물질에 더 많은 열을 가해야 한다. 따라서 콩기름보다 물에 더 많은 열량이 필요하다.

3. 0~5분 동안 콩기름의 온도 변화가 물보다 크므로 물의 비열이 콩기름의 비열보다 크다. 온도가 40 ℃가 되는데 걸린 시간은 물의 경우 5분, 콩기름의 경우 2분으로 물이 콩기름보다 길다.

01 ⑤　**02** ②　**03** ②　**04** ⑤　**05** ②　**06** ④
07 ③　**08** ③　**09** ③　**10** ③　**11** ④　**12** ②

01 비열은 어떤 물질 1 kg을 1 ℃ 만큼 변화시키는데 필요한 열량이며, 비열은 물질마다 고유한 값을 가진다. 따라서 동일한 물질이라면 질량이 다르더라도 비열은 같다.

02 ② 비열이 큰 물질일수록 온도 변화가 작다.

03 ① 비열은 물질의 특성으로, A와 B의 비열은 다르다.
② 온도 변화는 A가 B의 2배이므로 비열은 B가 A의 2배이다.
③ A의 온도가 B의 온도보다 더 빠르게 올라간다.
④ 시간이 지날수록 A, B가 얻은 열량은 많아지므로 A, B가 얻은 열량은 시간에 비례한다.
⑤ A의 질량만 2배로 하면 A의 온도 변화는 절반으로 줄어들게 되므로 A와 B의 온도 변화가 같아진다.

04 같은 질량의 물질에 같은 양의 열을 가할 때 비열이 작을수록 온도 변화가 크다. 따라서 비열이 가장 작은 철이 온도 변화가 가장 크다.

05 A의 온도 변화는 35℃이고 B의 온도 변화는 25℃이다. 질량이 같은 물질에 같은 열량을 가하면 온도 변화와 비열은 반비례한다. A와 B의 온도 변화의 비는 7 : 5이므로 A와 B의 비열의 비는 5 : 7이다.

06 비열이 클수록 온도 변화가 작다.
ㄱ. 물이 모래보다 비열이 크므로 여름 해안가에서는 낮에 모래의 온도가 바닷물의 온도보다 더 높이 올라간다.
ㄴ. 공기가 들어 있는 풍선을 가열하면 팽팽해지는 것은 열팽창에 의한 현상이다.
ㄷ. 우리 몸은 약 70%가 비열이 큰 물로 구성되므로 외부의 온도 변화에도 일정한 체온을 유지할 수 있다.

07 고체가 열을 얻으면 고체의 온도가 높아지고 고체를 이루는 입자의 운동이 활발해져 입자 사이의 거리가 멀어진다. 이때, 입자의 크기는 변하지 않는다.

08 금속에 열을 가하면 금속을 이루는 입자 사이의 거리가 멀어져 길이가 길어진다. 바이메탈을 가열했을 때 B쪽으로 휘어진 까닭은 A의 열팽창 정도가 커서 길이가 더 많이 늘어났기 때문이다. 이 바이메탈을 냉각하면 열팽창 정도가 큰 A가 더 많이 수축하므로 금속의 길이는 A보다 B가 더 길어진다. 따라서 바이메탈은 A쪽으로 휘어진다.

09 물체에 열을 가하면 물체를 이루는 입자의 크기, 개수는 변함없이 입자 사이의 거리만 멀어진다.

10 불 위에 올려둔 냄비가 시간이 지나면 전체가 뜨거워지는 까닭은 가열된 부분의 입자 운동이 이웃한 입자에 전달되는 전도 때문이다.

11 액체가 열을 얻으면 온도가 올라가고 입자 운동이 활발해진다. 이때 입자 사이의 거리가 멀어져 액체의 부피가 팽창한다. 유리관에 든 에탄올의 높이가 유리관에 든 물의 높이보다 높으므로 열팽창 정도는 에탄올이 물보다 크다. 액체를 이루는 입자 운동은 온도가 높을수록 활발하다. 따라서 액체를 이루는 입자 운동은 에탄올, 물 둘다 뜨거운 물에 넣은 후가 넣기 전보다 활발하다.

12 ① 액체 A~D가 모두 뜨거운 물과 열평형 상태를 이루므로, A~D의 온도는 모두 같다.
② 유리관 속 액체의 높이는 D가 가장 높으므로 열팽창 정도는 D가 가장 크다.
③ 열은 고온에서 저온으로 이동하므로 열은 뜨거운 물에서 액체 A~D로 이동한다.
④ 일반적으로 열팽창 정도는 액체가 고체보다 크다.
⑤ 차가운 물이 담긴 수조에 A~D를 넣으면 열은 A~D에서 차가운 물로 이동하고 A~D는 열을 잃어 온도가 내려간다. 따라서 A~D를 이루는 입자 사이의 거리는 가까워진다.

서술형 준비하기　　　　　　　　　　　　　本문 55쪽

01 **모범 답안**　물, 물은 다른 물질에 비해 비열이 커서 온도 변화가 작아 뜨거운 상태 또는 차가운 상태가 오랫동안 유지되기 때문이다.
해설　찜질팩에 비열이 큰 물을 넣으면 오랫동안 따뜻한 상태나 차가운 상태를 유지할 수 있다.

채점 기준	배점
물을 쓰고 그 까닭을 옳게 서술한 경우	100 %
물만 쓴 경우	50 %

02 **모범 답안**　A의 비열이 B보다 크다. 같은 질량, 같은 열량일 때 A가 B보다 온도 변화가 작기 때문이다.
해설　같은 열량, 같은 질량일 때 A의 온도 변화는 20 ℃, B의 온도 변화는 40 ℃이며, 비열이 클수록 온도 변화가 작다. 따라서 A의 비열이 B보다 크다.

채점 기준	배점
A, B의 비열을 옳게 비교하고 그 까닭을 옳게 서술한 경우	100 %
A, B의 비열만 옳게 비교한 경우	50 %

03 **모범 답안**　뚝배기의 비열이 금속 냄비의 비열보다 크기 때문에 온도 변화가 작다. 따라서 뚝배기로 찌개를 끓이면 온도는 천천히 높아지지만 오랫동안 따뜻한 상태를 유지할 수 있다.
해설　비열이 큰 물질일수록 가열할 때는 온도가 천천히 높아지고 냉각될 때는 온도가 천천히 낮아진다.

채점 기준	배점
뚝배기와 금속 냄비의 비열과 온도 변화 관계를 옳게 서술한 경우	100 %
비열의 크기만 옳게 비교한 경우	50 %

04 **모범 답안**　틈 간격은 겨울이 여름보다 크다. 여름에는 다리가 열팽창하여 틈 간격이 줄어들기 때문이다.
해설　다리가 여름에 열을 얻으면 다리의 온도가 높아지고 다리를 구성하는 입자 운동이 활발해진다. 이때 입자 사이의 거리가 멀어져 다리의 길이와 부피가 팽창하고 이음매 부분의 틈 간격은 줄어든다.

채점 기준	배점
여름과 겨울의 틈 간격을 옳게 비교하고 그 까닭을 옳게 서술한 경우	100 %
틈 간격만 옳게 비교한 경우	50 %

05 **모범 답안**　화재가 나면 바이메탈은 B 방향으로 휜다. 열팽창 정도는 A가 B보다 크다.
해설　화재가 나면 바이메탈이 열을 얻어 휘어지고 회로가 연결되어 화재 경보기가 작동하게 된다. 화재 경보기가 작동하기 위해서는 바이메탈이 B 방향으로 휘어야 하므로 열팽창 정도는 A가 B보다 크다.

채점 기준	배점
바이메탈이 휘는 방향과 A, B의 열팽창 정도를 옳게 서술한 경우	100 %
바이메탈이 휘는 방향만 옳게 서술한 경우	50 %

06 **모범 답안** 음료수병에 음료수를 가득 채우면 온도가 높을 때 음료가 열팽창하여 흘러 넘칠 수 있으므로 가득 채우지 않는다.

해설 액체가 열을 받으면 입자 운동이 활발해지고 입자 사이의 거리가 멀어져 부피가 커진다.

채점 기준	배점
열팽창 개념을 사용하여 옳게 서술한 경우	100 %
열팽창 개념 사용 없이 열을 받으면 넘칠 수 있다는 의미로 서술한 경우	50 %

01 입자의 운동과 상태 변화

핵심 용어 익히기
본문 57, 59, 61쪽

01 입자 **02** 운동 **03** 활발 **04** 입자 모형
05 증발 **06** 확산 **07** 세(3) **08** 고체
09 액체 **10** 기체 **11** 온도 **12** 융해
13 응고 **14** 기화 **15** 액화 **16** 승화
17 부피

기본 다지기
본문 57, 59, 61쪽

01 (1) × (2) × (3) ○ (4) × (5) ×　　**02** (1) ○ (2) ○ (3) ×
03 (1) ○ (2) × (3) ○ (4) ○　　**04** (1) 증발 (2) 증발 (3) 증발
(4) 증발 (5) 증발 (6) 확산 (7) 확산 (8) 증발 (9) 증발 (10) 확산
(11) 확산 (12) 확산 (13) 확산 (14) 증발　　**05** (1) ㉡ (2) ㉠ (3) ㉢
06 (1) ○ (2) ○ (3) ○ (4) × (5) × (6) ×　　**07** (가) 액체 (나)
기체 (다) 고체　　**08** (1) (나) (2) (다) (3) (다) (4) (가)
09 (가) 융해 (나) 응고 (다) 액화 (라) 기화 (마) 승화 (바) 승화
10 (1) (나) (2) (나) (3) (가) (4) (다) (5) (라) (6) (가) (7) (나) (8) (마)
(9) (바) (10) (라) (11) (다) (12) (마) (13) (라) (14) (바)　　**11** ㄱ, ㅂ

01 (1) 입자는 종류에 따라 모양과 크기가 다르다.
(2) 고체를 이루는 입자도 제자리에서 진동하는 운동을 한다.
(4) 입자는 모든 방향으로 운동한다.
(5) 온도가 높을수록 입자 운동이 활발하다.

02 (3) 증발은 액체의 표면에서 액체가 기체로 변하는 현상이다.

03 (2) 진공 속에서는 입자가 운동할 때 방해받지 않으므로 확산이 더 잘 일어난다.

04 (1) 비가 온 이후에 젖었던 땅에 있던 물이 증발하므로 땅이 마른다.
(2) 감 속에 들어 있던 물이 증발하여 딱딱한 곶감이 된다.
(3) 어항 속의 물이 증발하여 물의 양이 점점 줄어든다.
(4) 젖은 머리카락에 있던 물이 증발하여 머리카락이 마른다.

⑸ 빵 속에 들어 있던 물이 증발하여 빵이 딱딱해진다.

⑹ 전기 모기향을 이루는 입자가 공기 중으로 확산하여 모기를 쫓는다.

⑺ 마약을 이루는 입자가 공기 중으로 확산하여 마약 탐지견이 마약 냄새를 맡고 마약을 찾는다.

⑻ 새벽녘 풀잎에 맺힌 이슬이 낮이 되어 온도가 올라가면 증발하여 이슬이 사라진다.

⑼ 염전에 바닷물을 가두면 햇빛에 의해 물이 증발하여 소금만 남는다.

⑽ 뜨거운 물에 티백을 넣으면 차의 성분 입자가 물속으로 확산하여 차가 우러난다.

⑾ 울창한 숲에서 식물이 내뿜는 물질의 입자들이 공기 중으로 확산하여 풀 내음을 맡을 수 있다.

⑿ 음식 냄새 입자가 공기 중으로 확산하여 멀리서도 음식 냄새를 맡을 수 있다.

⒀ 물에 잉크를 떨어뜨리면 잉크 입자가 물속으로 확산하여 물 전체가 잉크색으로 변한다.

⒁ 수채 물감으로 그림을 그리면 물만 증발하여 물감이 종이 위에 남는다.

05 ⑴ 병 속의 물은 흐르는 성질이 있고, 모양은 일정하지 않지만 부피는 일정하므로 액체이다.

⑵ 자전거의 몸체는 딱딱하고 모양과 부피가 일정한 고체이다.

⑶ 타이어 속 공기는 모양과 부피가 일정하지 않고 쉽게 압축되므로 기체이다.

06 ⑷ 기체는 입자 사이의 거리가 멀고 입자들이 자유롭게 운동하므로 모양과 부피가 일정하지 않고 담는 용기에 따라 변한다.

⑸ 고체는 입자들이 규칙적으로 배열되어 있어서 모양이 일정하다.

⑹ 액체는 입자 운동이 비교적 자유로워서 모양은 일정하지 않지만 부피는 일정하다.

07 ⑺ 입자 운동이 비교적 자유로운 액체이다.

⑻ 입자 사이의 거리가 매우 먼 기체이다.

⑼ 입자들이 규칙적으로 배열되어 있는 고체이다.

08 ⑴ 기체는 입자 사이의 거리가 매우 멀다.

⑵ 고체는 입자 사이의 거리가 매우 가까워서 입자들이 자유롭게 움직일 수 없다.

⑶ 고체는 입자들이 규칙적으로 배열되어 있다.

⑷ 액체는 입자 사이의 거리가 비교적 가깝고, 비교적 자유롭게 움직이므로 흐르는 성질이 있다.

09 ⑺ 고체가 액체로 변하므로 융해이다.

⑻ 액체가 고체로 변하므로 응고이다.

⑼ 기체가 액체로 변하므로 액화이다.

⑽ 액체가 기체로 변하므로 기화이다.

⑾ 기체가 고체로 변하므로 승화이다.

⑿ 고체가 기체로 변하므로 승화이다.

10 ⑴ 액체 상태인 물이 얼음이 되는 과정은 응고이다.

⑵ 추운 겨울에 처마 끝에서 떨어지던 물이 얼어 고드름이 생기는 과정은 응고이다.

⑶ 고체 상태의 초콜릿이 녹아 액체 상태가 되는 과정은 융해이다.

⑷ 공기 중의 수증기가 차가운 안경 표면에 닿아 액체 상태인 김으로 변하는 과정은 액화이다.

⑸ 젖은 빨래에 있던 물이 증발하여 수증기로 변하는 과정은 기화이다.

⑹ 고체 상태인 철이 녹아 액체 상태로 변하는 과정은 융해이다.

⑺ 흘러내리던 액체 상태의 촛농이 굳어서 고체 상태로 변하는 과정은 응고이다.

⑻ 공기 중의 수증기가 차가운 물체 표면에서 얼음으로 변하는 과정은 승화이다.

⑼ 고체 상태의 드라이아이스가 기체 상태인 이산화 탄소로 변하는 과정은 승화이다.

⑽ 액체 상태의 손 소독제가 기체로 변하여 사라지는 과정은 기화이다.

⑾ 공기 중의 수증기가 차가운 컵 표면에 닿아 액체 상태인 물로 변하는 과정은 액화이다.

⑿ 공기 중의 수증기가 차가운 유리창에 닿아 고체 상태인 얼음으로 변하는 과정은 승화이다.

⒀ 액체 상태인 이슬이 증발하여 기체 상태인 수증기로 변하는 과정은 기화이다.

⒁ 얼음이 액체 상태를 거치지 않고 기체 상태로 변하는 과정은 승화이다.

11 상태 변화가 일어나면 입자 사이의 거리(ㅂ)가 변하므로 전체 부피(ㄱ)가 변한다.

탐구 확인 문제

1. 승화　　　**2.** (1) = (2) <　　　**3.** ㄱ, ㄴ

1. 고체 상태의 드라이아이스가 기체 상태의 이산화 탄소로 변하는 과정은 승화에 해당한다.

2. (1) 드라이아이스의 상태가 변하는 동안 입자의 수가 변하지 않으므로 질량은 일정하게 유지된다.
(2) 고체 상태에서 기체 상태로 승화하는 동안 입자 사이의 거리가 매우 멀어지므로 부피가 커진다.

3. ㄱ. 드라이아이스가 승화하는 동안 입자 배열이 불규칙하게 변한다.
ㄴ. 드라이아이스가 승화할 때 입자 사이의 거리가 멀어진다.
ㄷ. 드라이아이스의 상태가 변하는 동안 입자의 종류와 개수는 변하지 않는다.

중단원 실력 확인

01 ③　　**02** ①　　**03** ②　　**04** ⑤　　**05** ④　　**06** ②
07 A, C, E　　**08** E　　**09** ⑤　　**10** ④　　**11** ④
12 ④

01 ③ 고체 상태의 입자도 제자리에서 진동하는 운동을 한다.

02 감이 곶감으로 변하는 것은 감 속에 있던 수분이 증발하여 나타나는 현상이다.
① 논에 있던 물이 증발하여 논바닥이 갈라진다.
② 전기 모기향 입자가 공기 중으로 확산하므로 모기향을 싫어하는 모기를 쫓을 수 있다.
③ 마약 탐지견이 공기 중으로 확산된 마약 입자의 냄새를 맡고 마약을 찾는다.
④ 티백의 차 성분 입자가 뜨거운 물속에서 확산하여 차가 우러난다.
⑤ 음식 냄새 입자가 공기 중으로 확산하여 집안 전체에 냄새가 퍼진다.

03 ② 진공 상태에서는 향수 입자의 운동을 방해하는 물질이 없으므로 확산이 더 잘 일어난다.

04 수평인 상태에서 오른쪽 거름종이에 에탄올을 떨어뜨리면 오른쪽으로 기울었다가 에탄올이 증발하여 다시 수평을 이룬다.

05 이 실험을 통해 에탄올 입자가 스스로 운동하여 증발함을 알 수 있다.

06 (가)는 고체, (나)는 액체, (다)는 기체이다.
② 철, 암석, 얼음 등은 고체 (가)에 해당한다.

07 입자 사이의 거리가 멀어지는 상태 변화는 고체가 액체로 변하는 융해(A), 액체가 기체로 변하는 기화(C), 고체가 기체로 변하는 승화(E)이다.

08 입자 운동이 가장 둔한 것은 고체 상태, 입자 운동이 가장 활발한 것은 기체 상태이다. 따라서 입자 운동의 빠르기가 가장 크게 변하는 상태 변화는 고체가 기체로 변하는 승화(E) 또는 기체가 고체로 변하는 승화이다.

09 A는 융해, B는 응고, C는 기화, D는 액화, E는 승화이다.
① 물이 얼음으로 변하여 고드름이 생기는 것은 응고 현상(B)이다.
② 수증기가 얼음으로 변하여 성에가 생기는 것은 승화 현상이다.
③ 드라이아이스가 이산화 탄소로 변하여 드라이아이스의 크기가 작아지는 것은 승화 현상(E)이다.
④ 액체 손 소독제가 기체로 변하여 손 소독제가 사라지는 것은 기화 현상(C)이다.
⑤ 명태 속 얼음이 수증기로 변하여 명태가 마르는 것은 승화 현상(E)이다.

10 ① 액체 상태의 에탄올이 기체 상태로 변하는 동안 입자 배열이 더욱 불규칙해진다.
② 비닐봉지의 입구를 밀봉했기 때문에 입자의 수는 변하지 않는다.
③ 액체 상태의 에탄올이 기체 상태로 변하므로 기화에 해당한다.
④ 액체보다 기체일 때 입자 운동이 활발하다.
⑤ 상태 변화하는 동안 비닐봉지가 부풀었으므로 부피가 커졌음을 알 수 있다.

11 이 실험을 통해 물이 기화했다가 액화하는 동안 물의 성질이 변하지 않음을 확인할 수 있다.

④ 시계 접시 밑바닥에 맺힌 물방울은 비커 속 수증기가 차가운 시계 접시 밑바닥에 닿아 물로 액화된 것이다.

12 ① 얼음이 물로 변하면 부피가 줄어든다.

② 수증기가 얼음으로 변할 때 부피가 줄어든다.

③ 액체 상태의 촛농이 굳어 고체로 변하면 부피가 줄어든다.

④ 액체 상태의 알코올이 기체로 변하면 부피가 커진다.

⑤ 김은 수증기가 물로 변한 것으로, 수증기가 물로 변하면 부피가 줄어든다.

서술형 준비하기

본문 65쪽

01 **모범 답안** 아세톤 입자가 스스로 운동하여 증발하였기 때문이다.

해설 아세톤 입자가 스스로 운동하여 액체 상태인 아세톤의 표면에서 기화하기 때문에 거름종이에 남은 액체의 양이 줄어들어 질량이 감소한다.

채점 기준	배점
입자 운동과 관련지어 옳게 서술한 경우	100 %
입자 운동에 대한 언급 없이 증발로 옳게 서술한 경우	50 %

02 **모범 답안** (나), 온도가 높을수록 입자 운동이 활발하므로 물과 잉크가 잘 섞인다.

해설 온도가 높을수록 물 입자와 잉크 입자 모두 입자 운동이 활발해져 서로 잘 섞이므로 잉크의 확산이 잘 일어난다.

채점 기준	배점
온도가 높은 것을 옳게 고르고, 입자 운동과 관련지어 까닭을 옳게 서술한 경우	100 %
입자 운동과 관련지어 까닭만 옳게 서술한 경우	70 %
온도가 높은 것만 옳게 고른 경우	30 %

03 **모범 답안** 입자는 모든 방향으로 운동한다.

해설 암모니아 입자는 페놀프탈레인 용액과 만나면 붉게 변하는 특징이 있다. 묽은 암모니아수를 떨어뜨린 페트리 접시의 가운데를 중심으로 모든 방향의 솜이 같은 빠르기로 붉게 변한 것으로부터 암모니아 입자가 모든 방향으로 움직여 확산됨을 알 수 있다.

채점 기준	배점
입자의 운동 방향을 옳게 서술한 경우	100 %

04 **모범 답안** 기체는 입자 사이의 거리가 멀기 때문이다.

해설 고체나 액체는 기체에 비해 입자 사이의 거리가 매우 가깝기 때문에 빈 공간이 거의 없어서 입자 사이의 거리를 더 가깝게 압축시키기 어렵다.

채점 기준	배점
기체의 특징과 관련지어 옳게 서술한 경우	100 %

05 **모범 답안** 액체 양초가 고체로 응고하면서 부피가 감소하기 때문이다.

해설 액체 양초가 굳으면서 입자 사이의 거리가 가까워져 전체 부피가 감소하므로 양초 표면이 오목하게 들어간다.

채점 기준	배점
상태 변화와 관련지어 부피의 감소를 옳게 서술한 경우	100 %
상태 변화만 옳게 서술하거나 부피의 감소만 옳게 서술한 경우	50 %

06 **모범 답안** 아세톤 입자의 종류와 수가 변하지 않으므로 질량도 변하지 않는다.

해설 삼각 플라스크 입구를 막았기 때문에 아세톤 입자가 밖으로 나갈 수도 없고, 바깥에 있는 공기 입자가 안으로 들어올 수도 없다. 따라서 아세톤이 모두 기화하더라도 삼각 플라스크 안에 들어 있는 아세톤 입자의 종류와 수는 변하지 않는다.

채점 기준	배점
질량 변화를 입자와 관련지어 옳게 서술한 경우	100 %
질량 변화만 옳게 서술하거나 입자에 대해서만 옳게 서술한 경우	50 %

02 상태 변화와 열에너지

핵심 용어 익히기
본문 67, 69쪽

01 열에너지 **02** 흡수 **03** 방출 **04** 녹는점
05 끓는점 **06** 어는점 **07** 흡수 **08** 방출
09 흡수 **10** 흡수 **11** 흡수 **12** 방출
13 방출 **14** 방출

기본 다지기
본문 67, 69쪽

01 (1) B, C, E (2) A, D, F　**02** (1) 녹는점: (나), 끓는점: (가)
(2) 융해: B, 기화: D (3) A: 고체, B: 고체와 액체, C: 액체, D: 액체와 기체, E: 기체　**03** 활발해져서, 불규칙적, 멀어진다
04 B, C, E　**05** (1) E (2) B (3) D (4) F (5) A (6) C　**06**
(1) 흡수 (2) 흡수 (3) 흡수 (4) 흡수 (5) 흡수 (6) 흡수 (7) 흡수 (8) 방출 (9) 방출 (10) 흡수 (11) 흡수 (12) 방출 (13) 방출

01 (1) 열에너지를 흡수하면 입자 운동이 활발해지는 방향으로 상태 변화가 일어난다. 따라서 고체가 액체로 변하는 융해(B), 고체가 기체로 변하는 승화(C), 액체가 기체로 변하는 기화(E)가 열에너지를 흡수하는 상태 변화이다.
(2) 입자 운동이 둔해지는 방향으로 상태 변화가 일어날 때 물질은 열에너지를 방출한다. 따라서 액체가 고체로 변하는 응고(A), 기체가 고체로 변하는 승화(D), 기체가 액체로 변하는 액화(F)가 열에너지를 방출하는 상태 변화이다.

02 (1) 녹는점은 고체가 액체로 변하는 동안 일정하게 유지되는 온도이므로 (나)에 해당한다. 끓는점은 액체가 기체로 변하는 동안 일정하게 유지되는 온도이므로 (가)에 해당한다.
(2) 녹는점에 도달했을 때 물질 전체에서 융해가 일어나고(B), 끓는점에 도달했을 때 물질 전체에서 기화가 일어난다(D).
(3) 녹는점에서는 고체와 액체가 함께 존재하고, 끓는점에서는 액체와 기체가 함께 존재한다.

03 물질이 열에너지를 흡수하는 상태 변화가 일어날 때 입자 운동이 활발해지고, 입자 배열이 불규칙해지며 입자 사이의 거리가 멀어져서 전체 부피가 커진다.

04 물질이 상태 변화할 때 주변의 열에너지를 흡수하면 주변의 온도가 낮아진다. 따라서 열에너지를 흡수하여 입자 운동이 활발해지는 융해(B), 기화(E), 고체에서 기체로의 승화(C)가 이에 해당한다.

05 (1) 땀이 증발하면서 주변의 열에너지를 흡수하므로 기화(E)에 해당한다.
(2) 얼음 조각상이 녹으면서 주변의 열에너지를 흡수하므로 융해(B)에 해당한다.
(3) 구름 속의 수증기가 얼음으로 변하여 눈 결정이 만들어질 때 주변으로 열에너지를 방출하므로 승화(D)에 해당한다.
(4) 구름 속의 수증기가 물방울로 변할 때 주변으로 열에너지를 방출하므로 액화(F)에 해당한다.
(5) 액체 파라핀이 굳을 때 방출되는 열에너지를 이용하여 온찜질을 하므로 응고(A)에 해당한다.
(6) 고체 상태의 드라이아이스가 기체 상태의 이산화 탄소로 변할 때 주변의 열에너지를 흡수하므로 승화(C)에 해당한다.

06 (1) 얼음이 녹으면서 주변의 열에너지를 흡수하므로 열에너지를 빼앗긴 손이 차가워진다.
(2) 몸에 묻은 물이 기화하면서 열에너지를 흡수하므로 열에너지를 빼앗긴 몸은 춥게 느껴진다.
(3) 도로의 물이 기화하면서 열에너지를 흡수하므로 주위의 온도가 내려간다.
(4) 진흙 속의 물이 기화하면서 열에너지를 흡수하므로 하마의 체온이 낮아진다.
(5) 얼음이 녹으면서 열에너지를 흡수하므로 열에너지를 빼앗긴 음료수의 온도가 내려간다.
(6) 알코올이 기화하면서 열에너지를 흡수하므로 열에너지를 빼앗긴 손등이 시원해진다.
(7) 몸에 묻은 물이 기화하면서 열에너지를 흡수하므로 체온이 낮아진다.
(8) 얼음에 물을 뿌리면 물이 얼면서 주변에 열에너지를 방출하므로 얼음집 내부의 온도가 올라간다.
(9) 오렌지 나무에 뿌린 물이 얼면서 주변에 열에너지를 방출하므로 오렌지 나무가 얼지 않는다.
(10) 얼음이 녹으면서 열에너지를 흡수하므로 열에너지를 빼앗긴 생선의 온도가 내려간다.
(11) 얼음팩 속의 얼음이 녹으면서 열에너지를 흡수하므로 열에너지를 빼앗긴 식품의 온도가 내려간다.
(12) 공기 중의 수증기가 차가운 피부에 닿아 액화하면서 열

에너지를 방출하므로 덥게 느껴진다.
⑬ 그릇 속 물이 얼면서 열에너지를 방출하므로 겨울철에 과일 창고의 온도가 낮아지지 않는다.

1. 얼음이 녹아 물이 되므로 융해에 해당한다.

2. 고체 상태의 얼음이 주변의 열에너지를 흡수하여 액체 상태의 물로 변하면서 입자 운동이 활발해진다.

3. 뜨거운 물이 공급한 열에너지를 얼음이 흡수하여 상태 변화하는 데에 사용하기 때문에 온도가 올라가지 않고 일정하게 유지된다.

4. ㄱ. 실험 결과를 통해 얼음의 녹는점은 0 ℃라는 것을 알 수 있다.
ㄴ. 고체 상태인 얼음이 녹아 액체 상태인 물로 변하는 동안 입자 배열이 불규칙해진다.
ㄷ. 온도가 상승하는 구간에서는 얼음의 온도가 높아지지만 얼음이 녹지는 않는다.
ㄹ. 온도가 일정한 구간에서는 고체에서 액체로 상태 변화가 일어나므로 고체와 액체가 함께 존재한다.

01 물질이 가지고 있었던 열에너지를 방출하면 입자 운동이 둔해진다. 이에 해당하는 상태 변화는 (라) 액체가 고체로 변하는 응고, (마) 기체가 액체로 변하는 액화, (바) 기체가 고체로 변하는 승화이다.

02 ① (가)는 고체가 액체로 융해되는 과정이므로 입자 운동이 활발해진다.

② (나)는 액체가 기체로 변하는 과정이므로 기화이다.
④ (마)는 기체가 액체로 변하는 액화이고, (바)는 기체가 고체로 변하는 승화이다. 이러한 상태 변화가 일어나는 동안 입자 배열이 규칙적으로 변한다.
⑤ (가)는 융해, (나)는 기화, (다)는 승화(고체 → 기체)이다. 이러한 상태 변화가 일어나는 동안 주변의 열을 흡수하여 입자 운동이 활발해지고 주변의 온도는 낮아진다.

03 물을 가열하는 동안 공급된 열에너지는 물의 온도를 높이는 데 사용된다. 물이 수증기로 상태 변화할 때는 공급된 열에너지가 상태 변화하는 데 사용되기 때문에 온도가 올라가지 않고 일정하게 유지된다.

04 물질은 녹는점보다 낮은 온도에서는 녹지 않으므로 고체 상태로 존재한다. 물질은 녹는점보다 높고 끓는점보다 낮은 온도에서 액체 상태로 존재한다. 물질은 끓는점보다 높은 온도에서 기체 상태로 존재한다. A의 경우, 상온 (25 ℃)은 끓는점보다 높은 온도이므로 상온에서 기체로 존재한다. B와 C의 경우, 상온은 녹는점보다 높지만 끓는점보다 낮은 온도이므로 상온에서 액체로 존재한다. D와 E의 경우, 상온은 녹는점보다 낮으므로 상온에서 고체로 존재한다.

05 고체 물질을 가열할 때 온도가 올라가는 구간에서는 고체 상태로 존재하고, 온도가 일정한 구간에서는 고체에서 액체로 상태가 변하므로 고체와 액체가 함께 존재한다.

06 ① BC 구간에서는 융해, EF 구간에서는 응고가 일어나므로 두 구간에서 모두 상태 변화가 일어난다.
② BC 구간의 온도를 녹는점, EF 구간의 온도를 어는점이라고 하며, 같은 물질의 녹는점과 어는점은 같다.
③ AB 구간과 FG 구간은 모두 얼음(고체)으로 존재한다.
④ AD 구간은 온도가 올라가므로 가열 곡선, DG 구간은 온도가 내려가므로 냉각 곡선을 나타낸다.
⑤ BC 구간의 온도는 녹는점, EF 구간의 온도는 어는점이다.

07 ㄱ. A 구간에서 온도가 내려가므로 상태 변화가 일어나지 않음을 알 수 있다.

08 손등에 알코올을 바르면 알코올이 기화하면서 손등의 열에너지를 흡수하므로 손등이 시원해진다. 손 위에 얼음을 놓으면, 얼음이 녹으면서 손의 열에너지를 흡수하므로 손이 차가워진다. 드라이아이스는 기체 상태의 이산화 탄소로

변하면서 아이스크림의 열에너지를 흡수하므로 아이스크림이 잘 녹지 않는다.

② 기화, 융해, 승화(고체 → 기체)는 모두 입자 운동이 활발해지는 상태 변화이다.

③ 주변의 열에너지를 흡수하는 상태 변화이므로 주변의 온도가 낮아진다.

④ 기화, 융해, 승화(고체 → 기체)는 모두 입자 사이의 거리가 멀어지는 상태 변화이다.

⑤ 기화, 융해, 승화(고체 → 기체)는 모두 입자 배열이 불규칙해지는 상태 변화이다.

09 ① 드라이아이스가 승화하는 동안 주변의 열에너지를 흡수한다.

② 물이 기화하는 동안 몸의 열에너지를 흡수하여 체온이 낮아진다.

③ 진흙의 물이 기화하는 동안 몸의 열에너지를 흡수하여 체온이 낮아진다.

④ 얼음이 융해하는 동안 생선의 열에너지를 흡수하므로 생선을 신선하게 보관할 수 있다.

⑤ 물이 응고하는 동안 열에너지를 방출하므로 나무가 얼지 않는다.

10 ① (가) 액체가 기체로 변하는 기화, (나) 기체가 액체로 변하는 액화이다.

② (가) 기화하는 동안 입자 운동이 활발해지고, (나) 액화하는 동안 입자 운동이 둔해진다.

③ (가) 기화하는 동안 물질이 주변으로부터 열에너지를 흡수하고, (나) 액화하는 동안 물질의 주변으로 열에너지를 방출한다.

⑤ (가) 물질의 입자 운동이 활발해지면서 입자 사이의 거리가 멀어지고, (나) 물질의 입자 운동이 둔해지면서 입자 사이의 거리가 가까워진다.

11 ① 얼음이 융해하면서 음료수의 열에너지를 흡수하므로 음료수가 시원해진다.

② 도로의 물이 기화하면서 주변의 열에너지를 흡수하므로 주변이 시원해진다.

③ 구름 속 수증기가 승화하여 눈 결정을 만들 때 주변으로 열에너지를 방출하므로 날씨가 포근해진다.

④ 구름 속 수증기가 액화하여 물방울이 될 때 주변으로 열에너지를 방출하므로 날씨가 후텁지근해진다.

⑤ 그릇 속 물이 응고하면서 열에너지를 방출하므로 과일 창고의 온도가 내려가지 않는다.

01 **모범 답안**　(나)와 (라), 물질이 공급된 열에너지를 흡수하여 상태 변화하는 데 사용하기 때문이다.

해설　열에너지는 물질의 온도를 높이거나 상태를 변화시키는 데 사용된다. 고체가 액체로, 액체가 기체로 변하는 동안 가해 준 열에너지가 상태 변화에 이용되므로 온도가 일정하게 유지된다.

채점 기준	배점
온도가 일정한 구간을 모두 옳게 고르고, 그 까닭을 열에너지와 관련지어 옳게 서술한 경우	100 %
온도가 일정하게 유지되는 까닭만 열에너지와 관련지어 옳게 서술한 경우	70 %
온도가 일정한 구간만 옳게 고른 경우	30 %

02 **모범 답안**　시험관 A에서는 에탄올이 기화하면서 주변의 열에너지를 흡수하고, 시험관 B에서는 에탄올이 액화하면서 주변으로 열에너지를 방출한다.

해설　시험관 A에서는 에탄올을 가열하므로 액체 상태의 에탄올이 열에너지를 흡수하여 기체 상태로 기화된 후 시험관의 가지와 유리관을 통해 시험관 B로 이동한다. 시험관 B는 찬물 안에 있으므로 기체 상태의 에탄올이 열에너지를 방출하고 액체 상태로 액화되면서 시험관 아래쪽에 모인다.

채점 기준	배점
시험관 A와 B에서 일어나는 상태 변화 종류와 열에너지 출입을 모두 옳게 서술한 경우	100 %
시험관 A 또는 B에서 일어나는 상태 변화 종류와 열에너지 출입을 옳게 서술한 경우	70 %
시험관 A 또는 B에서 일어나는 상태 변화 종류만 옳게 쓰거나 열에너지 출입만 옳게 서술한 경우	30 %

03 **모범 답안**　78 ℃, 액체를 가열할 때 일정하게 유지되는 온도가 끓는점이기 때문이다.

해설　액체를 가열하면 온도가 올라가다 일정하게 유지되는 구간이 생긴다. 온도가 일정한 구간에서는 액체가 기체로 상태가 변한다. 상태가 변하는 데에 흡수한 열에너지를 사용하기 때문에 온도가 일정하게 유지되는 것이다.

채점 기준	배점
끓는점과 판단 근거를 모두 옳게 서술한 경우	100 %
끓는점만 옳게 서술한 경우	50 %

04 **모범 답안** (가)보다 (나)의 온도가 낮다. 에탄올이 기화하면서 주변의 열에너지를 흡수하기 때문이다.

해설 솜에 있던 에탄올이 증발하면서 온도계의 열에너지를 빼앗아가므로 열에너지를 잃은 온도계의 온도는 내려간다.

채점 기준	배점
온도를 옳게 비교하고, 그 까닭을 열에너지 출입과 관련지어 옳게 서술한 경우	100 %
까닭만 열에너지 출입과 관련지어 옳게 서술한 경우	70 %
온도만 옳게 비교하여 서술한 경우	30 %

05 **모범 답안** 물이 응고하면서 열에너지를 주변으로 방출하기 때문이다.

해설 액체 상태인 물이 응고하면서 고체 상태인 얼음으로 변하면 입자 운동이 느려지면서 주변으로 열에너지를 방출한다.

채점 기준	배점
물의 상태 변화와 열에너지 출입을 모두 옳게 서술한 경우	100 %
물의 상태 변화 또는 열에너지 출입만 옳게 서술한 경우	50 %

06 **모범 답안** 드라이아이스가 승화하면서 주변의 열에너지를 흡수하여 물이 얼었기 때문이다.

해설 드라이아이스가 이산화 탄소로 승화하면서 주변의 열에너지를 흡수하여 입자 운동이 활발해진다. 드라이아이스가 상태 변화할 때 나무판 위의 물은 열에너지를 빼앗겨 응고하여 얼음으로 변한다. 따라서 삼각 플라스크와 나무판이 함께 움직인다.

채점 기준	배점
드라이아이스의 상태 변화와 열에너지 출입을 모두 옳게 서술한 경우	100 %
드라이아이스의 상태 변화 또는 열에너지 출입만 옳게 서술한 경우	50 %

01 여러 가지 힘

핵심 용어 익히기

본문 75, 77쪽

01 힘　　**02** N　　**03** 크기, 방향　**04** 알짜힘, 합력
05 같은, 더한　　**06** 큰, 뺀　　**07** 평형
08 중력, 중력　　**09** 중심　　**10** 질량
11 탄성력, 탄성력　　**12** 마찰력　　**13** 크다
14 부력, 반대

기본 다지기

본문 75, 77쪽

01 (1) × (2) ○ (3) ○　　**02** (1) A (2) C (3) B　　**03** (1) ㉫
(2) ㉢ (3) ㉠　　**04** ㉠ 6 N ㉢ 2 N ㉣ 오른쪽 방향 (또는 →) ㉣
오른쪽 방향 (또는 →)　　**05** (1) ㉫ (2) ㉢ (3) ㉣ (4) ㉠　　**06**
A: →, B: ↑　　**07** (가) ← (나) → (다) ↑　　**08** (1) × (2) ×
(3) ○ (4) × (5) ○ (6) ×

01 (1) 얼음이 녹아 물이 되는 것은 물질의 상태가 변하는 현상이다. 물질의 상태 변화는 힘의 작용과 관계없다.

(2) 고무줄을 손으로 당겨서 늘어나게 하는 것은 힘에 의한 모양 변화에 해당한다.

(3) 공의 속력이 느려지다가 멈추는 것은 공의 운동 방향과 반대 방향으로 힘이 작용하기 때문이다.

02 찰흙을 손가락으로 지그시 누르는 것은 힘에 의해 물체의 모양만 변하는 경우이다. 테니스공을 라켓으로 힘껏 치면 테니스공의 운동 상태와 모양이 동시에 변한다. 야구공을 던지면 야구공의 모양은 유지되면서 운동 상태만 변한다.

03 힘을 화살표로 표시할 때, 화살표의 시작점은 힘의 작용점을, 화살표의 방향은 힘의 방향을, 화살표의 길이는 힘의 크기를 나타낸다.

04 (가)는 4 N과 2 N의 힘이 같은 방향으로 동시에 작용하므로 알짜힘의 크기는 두 힘의 크기를 더한 6 N이고 알짜힘의 방향은 오른쪽 방향이다.

(나)는 4 N과 2 N의 힘이 서로 반대 방향으로 동시에 작용하므로 알짜힘의 크기는 큰 힘에서 작은 힘을 뺀 2 N이고 알짜힘의 방향은 큰 힘의 방향인 오른쪽 방향이다.

05 ㉠ 무거운 배가 물 위에 떠 있는 까닭은 중력의 반대 방향으로 작용하는 부력 때문이다.

㉡ 폭포의 물이 아래로 떨어지는 현상은 물에 중력이 작용하기 때문이다.

㉢ 용수철을 잡아 당겼다가 놓으면 원래 모양으로 되돌아오는 까닭은 모양이 변형된 용수철에 탄성력이 작용하기 때문이다.

㉣ 매끈한 바닥보다 울퉁불퉁한 바닥에서 물체를 끌 때 더 큰 힘이 드는 까닭은 접촉면이 거칠수록 마찰력이 크기 때문이다.

06 지구에서 중력의 방향은 지구 중심을 향하는 방향이다.

07 용수철에 작용하는 탄성력의 방향은 용수철의 모양을 변형시킨 힘의 방향과 반대 방향이다.

08 (1) 부력은 액체나 기체 속에서 물체를 떠오르게 하는 힘으로 중력과 반대 방향으로 작용한다.

(2), (3) 마찰력의 크기는 물체가 무거울수록, 접촉면이 거칠수록 크다.

(4) 마찰력의 크기는 접촉면의 넓이와 상관없다.

(5) 부력의 크기는 물에 잠긴 부분의 부피가 클수록 크다.

(6) 마찰력은 운동을 방해하는 힘으로, 물체가 운동하거나 운동하려는 방향의 반대 방향으로 작용한다.

1. 탄성력   **2.** ↑   **3.** 18 cm   **4.** 1 N

1. 용수철에 매단 추가 정지해 있을 때, 추에는 아래로 작용하는 중력과 위로 작용하는 탄성력이 평형을 이룬다.

2. 용수철이 아래로 길어졌으므로 원래의 모양으로 되돌아 가려는 방향으로 탄성력이 작용한다. 따라서 탄성력의 방향은 ↑(위) 방향이다.

3. 용수철의 늘어난 길이는 추의 개수 또는 추의 무게에 비례한다. 실험에서 추의 무게가 1 N일 때 용수철의 늘어난 길이가 6 cm이므로, 무게가 3 N인 필통을 매달았을 때 용수철의 늘어난 길이는 18 cm이다.

4. 질량이 50 g인 추 2개가 매달려 있을 때 용수철의 탄성력의 크기는 추 2개의 무게와 같다. 따라서 탄성력의 크기는 1 N이다.

01 ③	**02** ⑤	**03** ③	**04** ⑤	**05** ③	**06** ③
07 ①	**08** ③	**09** ①	**10** ③	**11** ③	**12** ①

01 물체에 힘이 작용하면 물체의 모양 또는 운동 상태가 변한다. 질량은 물체의 고유한 양으로 변하지 않는다.

02 힘의 방향은 화살표의 방향과 같으므로 서쪽이다. 화살표의 길이 1 cm가 힘의 크기 2 N을 의미하므로 화살표의 길이가 3 cm인 경우 힘의 크기는 6 N이다.

03 일직선상에 있는 같은 크기의 힘이 서로 반대 방향으로 동시에 작용하여 두 힘이 힘의 평형을 이루고 있다. 물체에 작용하는 알짜힘은 0이므로 이 물체는 정지 상태를 유지한다.

04 ① 질량의 단위는 g 또는 kg이다.

② 질량은 양팔저울 또는 윗접시저울로 측정한다.

③ 무게의 단위는 N이다.

④ 질량은 물체의 고유한 양으로 측정 장소에 관계없이 일정하다.

⑤ 무게는 물체에 작용하는 중력의 크기이다.

05 지구 지표면 근처에서 물체에 작용하는 중력의 방향은 지구 중심 방향이다.

06 질량은 물체의 고유한 양이므로 달에서나 지구에서나 변하지 않고 일정하다. 지구에서 질량이 60 kg인 사람은 달에서도 60 kg이다. 달에서의 무게는 지구에서 무게의 $\frac{1}{6}$이므로, 지구에서 무게가 600 N인 사람은 달에서 무게가 100 N이다.

07 ㄱ. 용수철에 작용하는 탄성력의 크기는 용수철저울의 눈금과 같으므로 5 N이다.

ㄴ. 탄성력의 방향은 물체에 작용한 힘의 방향과 반대 방향이므로 왼쪽이다.

ㄷ. 용수철을 잡아당기는 힘이 커지면 원래 모양으로 되돌아가려는 힘인 탄성력은 커진다.

08 용수철에 무게가 1 N인 추를 매달 때 용수철이 3 cm 늘어 난다. 따라서 용수철의 늘어난 길이가 24 cm일 때 용수철에 매단 추의 무게를 x라 하면 1 N : 3 cm $=x$: 24 cm 이므로 용수철에 매단 추의 무게 $x=8$ N이다.

09 ① 자전거 체인에 기름을 칠하여 마찰력을 작게 한다.
② 등산화 바닥에 홈을 깊게 파서 마찰력을 크게 한다.
③ 체조 선수는 손에 횟가루를 묻혀 마찰력을 크게 한다.
④ 눈이 오는 날 바닥에 모래를 뿌려 마찰력을 크게 한다.
⑤ 계단 끝에 미끄럼 방지 패드를 부착하여 마찰력을 크게 한다.

10 나무 도막이 움직이기 시작하는 순간 용수철저울의 눈금이 마찰력의 크기이다.
ㄱ. 마찰력의 크기는 무게가 무거울수록 크다. 마찰력의 크기는 (가)에서가 (나)에서보다 작으므로 용수철저울의 눈금은 (가)에서가 (나)에서보다 작다.
ㄴ. 접촉면이 거칠수록 마찰력은 크게 작용한다.
ㄷ. 무게와 마찰력의 크기 관계를 알기 위해서는 (가)와 (나)에서 용수철저울의 눈금을 비교하면 된다.

11 공에 작용하는 중력의 방향은 지구 중심(아래) 방향인 C이다. 공에 작용하는 부력의 방향은 중력과 반대(위) 방향인 A이다.

12 부력의 크기는 '물 밖에서의 용수철 저울의 눈금—물속에서의 용수철저울의 눈금'이므로 물체에 작용하는 부력의 크기는 10 N-7 N$=3$ N이다.

본문 81쪽

01 **모범 답안** 중력, 중력은 지구 중심 방향으로 작용한다.
해설 눈 또는 비가 아래로 떨어지고 겨울에 고드름이 아래로 자라는 것은 모두 중력이 작용하기 때문이다. 지구에서 중력의 방향은 항상 지구 중심 방향이다.

채점 기준	배점
힘의 종류와 힘이 작용하는 방향을 모두 옳게 서술한 경우	100 %
힘의 종류 또는 힘이 작용하는 방향 중 한 가지만 옳게 서술한 경우	50 %

02 **모범 답안** 탄성력의 크기는 15 N이고 방향은 오른쪽이다.
해설 탄성력의 크기는 용수철에 작용한 힘의 크기와 같으므로 15 N이다. 탄성력의 방향은 용수철에 작용한 힘의 방향과 반대 방향이므로 오른쪽이다.

채점 기준	배점
탄성력의 크기와 방향을 모두 옳게 서술한 경우	100 %
탄성력의 크기, 방향 중 한 가지만 옳게 서술한 경우	50 %

03 **모범 답안** 14 cm, 2 N인 추를 매달았을 때 용수철의 늘어난 길이가 2 cm이므로 2 N인 추 2개를 매달았을 때 용수철의 늘어난 길이는 4 cm가 된다. 처음 용수철의 길이가 10 cm이므로 용수철의 전체 길이는 14 cm이다.
해설 용수철의 전체 길이는 '처음 길이 10 cm＋늘어난 길이'이다. 용수철의 늘어난 길이는 매달린 추의 무게에 비례하므로 2 N인 추를 2개 매달았을 때 늘어난 길이는 4 cm이다. 따라서 용수철의 전체 길이는 10 cm＋4 cm $=14$ cm 이다.

채점 기준	배점
용수철의 전체 길이와 그 까닭을 옳게 서술한 경우	100 %
용수철의 전체 길이만 옳게 서술한 경우	50 %

04 **모범 답안** (다), (나), (가), 용수철저울이 가리키는 눈금은 마찰력의 크기이며, 마찰력의 크기는 무게가 무거울수록, 접촉면이 거칠수록 크기 때문이다.
해설 용수철저울이 가리키는 눈금은 마찰력의 크기와 같으며 마찰력의 크기는 가장 무겁고 접촉면이 거친 (다)가 가장 크고, (가)가 가장 작다.

채점 기준	배점
용수철저울이 가리키는 눈금이 큰 순서대로 쓰고 그 까닭을 옳게 서술한 경우	100 %
용수철저울이 가리키는 눈금이 큰 순서만 옳게 쓴 경우	50 %

05 **모범 답안** B, 마찰력은 물체의 운동을 방해하는 힘으로, 물체의 운동 방향 또는 힘의 방향과 반대 방향으로 작용한다.
해설 오른쪽 방향으로 힘이 작용하고 있으므로 나무 도막에 작용하는 마찰력의 방향은 힘의 방향과 반대 방향인 왼쪽이다.

채점 기준	배점
마찰력의 방향과 그 까닭을 옳게 서술한 경우	100 %
마찰력의 방향만 옳게 서술한 경우	50 %

06 **모범 답안** 부력의 크기는 B가 A보다 크다. 부력은 물에 잠긴 부피에 비례하며 물에 잠긴 부피는 B가 A보다 크기 때문이다.

해설 부력의 크기는 물에 잠긴 물체의 부피가 클수록 크다. 따라서 물체에 작용한 부력의 크기는 B가 A보다 크다.

채점 기준	배점
부력의 크기를 옳게 비교하고 그 까닭을 옳게 서술한 경우	100 %
부력의 크기만 옳게 비교한 경우	50 %

02 힘과 운동

핵심 용어 익히기
본문 83, 85쪽

01 힘   **02** 빨라   **03** 느려   **04** 속력
05 수직   **06** 속력, 운동 방향   **07** 평형
08 0   **09** 반대   **10** 평형   **11** 중력, 탄성력

기본 다지기
본문 83, 85쪽

01 (1) ㉡ (2) ㉠   **02** 중력   **03** ㄱ, ㄴ   **04** ㉠ 변하지 않는다. ㉡ 변한다. ㉢ 변한다. ㉣ 변하지 않는다. ㉤ 변한다. ㉥ 변하지 않는다.   **05** ㄱ, ㄴ, ㄷ
06 (가) ㉠ 탁자가 컵을 떠받치는 힘 ㉡ 중력 (나) ㉢ 부력 ㉣ 중력
07 (1) × (2) × (3) ×   **08** (1) ○ (2) ○ (3) ○

01 (1) 자전거에 제동 장치를 작동하면 속력이 점점 느려진다.
(2) 자전거가 언덕을 내려올 때 속력이 점점 빨라진다.

02 인공위성이 지구 주위를 일정한 속력으로 돌게 하는 힘은 지구 중심 방향으로 작용하는 중력이다.

03 운동 방향과 나란하지 않은 방향으로 힘이 작용하는 경우 속력과 운동 방향이 모두 변한다. 그네의 운동, 비스듬히 던진 공의 운동의 경우 중력과 운동 방향이 비스듬하여 속력과 운동 방향이 모두 변한다.

04 (가) 무빙워크 위 여행 가방에 작용하는 알짜힘은 0이므로 속력 변화와 운동 방향의 변화가 없다.
(나) 내려가는 바이킹에는 운동 방향과 나란하지 않은 방향으로 힘이 작용한다. 바이킹은 속력이 점점 빨라지고 운동 방향은 계속 변한다.
(다) 수직 위로 던져올린 공은 운동 방향과 힘(중력)의 방향이 서로 반대이므로 속력만 점점 느려지는 운동을 한다.

05 ㄱ. 물체에 작용하는 두 힘이 평형을 이루면 물체의 운동 상태는 변하지 않는다.
ㄴ. 물체에 작용하는 알짜힘이 0인 경우 힘의 평형을 이룬다.

ㄷ. 같은 크기의 두 힘이 일직선상에서 서로 반대 방향으로 작용하면 두 힘은 평형이 된다.

06 (가)와 같이 탁자에 놓여 있는 컵에 작용하는 두 힘은 탁자가 컵을 위로 떠받치는 힘(㉠)과 지구가 지구 중심 방향으로 컵을 당기는 중력(㉡)이다.
(나)와 같이 물 위에 떠 있는 공에 작용하는 두 힘은 물이 공을 위로 떠오르게 하는 부력(㉢)과 지구가 공을 지구 중심 방향으로 당기는 중력(㉣)이다.

07 ⑴ 물체에 작용하는 두 힘이 평형을 이루면 물체의 속력과 운동 방향이 변하지 않는다.
⑵ 물 위에 떠서 정지해 있는 튜브에는 아래로 작용하는 중력과 위로 작용하는 부력이 힘의 평형을 이룬다.
⑶ 용수철에 매달려 정지한 추에 작용하는 두 힘은 중력과 탄성력이다. 이 두 힘은 크기가 서로 같고 방향이 서로 반대이다.

08 매듭이 정지해 있으므로 청팀과 홍팀에서 줄을 당기는 두 힘이 힘의 평형을 이룬다. 따라서 청팀에서 줄을 당기는 힘과 홍팀에서 줄을 당기는 힘의 크기는 서로 같고 방향은 반대이다.

탐구 확인 문제   본문 86쪽

1. 아래 방향   **2.** ㄷ

1. 물체에 운동 방향과 같은 방향으로 알짜힘이 작용할 때 물체의 속력이 빨라진다.

2. 물체에 운동 방향과 비스듬한 방향으로 힘이 작용하면 속력과 운동 방향이 모두 변한다. 물체의 속력만 변하는 경우는 물체의 운동 방향과 나란한 방향으로 힘이 작용할 때이며, 물체의 운동 방향만 변하는 경우는 물체의 운동 방향과 수직한 방향으로 힘이 작용할 때이다.

중단원 실력 확인   본문 87~88쪽

01 ⑤   **02** ②   **03** ④   **04** ①   **05** ⑤   **06** ①
07 ③   **08** ④   **09** ①   **10** ⑤   **11** ①

01 ① 그네는 운동 방향과 작용하는 힘의 방향이 비스듬하므로 속력과 운동 방향이 모두 변하는 운동을 한다.
② 에스컬레이터는 속력과 운동 방향이 모두 변하지 않는 운동을 한다.
③ 브레이크를 밟은 자동차는 운동 방향과 반대 방향으로 힘이 작용하므로 속력만 점점 느려진다.
④ 위로 던졌을 때 올라가는 공은 운동 방향(위)과 힘의 방향(아래)이 서로 반대인 경우이다.
⑤ 가만히 놓았을 때 떨어지는 공은 운동 방향(아래)과 힘의 방향(아래)이 같은 경우로 속력이 점점 빨라진다.

02 (가) 물체의 운동 방향과 같은 방향으로 중력이 작용하는 공은 속력만 점점 빨라지는 운동을 한다.
(나) 물체의 운동 방향과 수직인 방향으로 힘이 작용하는 경우 물체의 속력은 변하지 않고 운동 방향만 변한다.
(다) 올라가는 그네는 물체의 운동 방향과 비스듬한 방향으로 힘이 작용하며, 속력이 점점 느려지고 운동 방향이 계속 변하는 운동을 한다.

03 비스듬히 던져 올린 공에는 중력이 작용하며 공에 작용하는 중력의 방향은 항상 지구 중심(아래) 방향이다.

04 인공위성에는 운동 방향과 수직인 방향으로 중력이 작용하므로 인공위성은 속력은 변하지 않고 운동 방향만 변하는 운동을 한다.

05 ㄱ. 인공위성은 속력은 변하지 않고 운동 방향만 변하는 운동을 한다.

06 공이 위로 운동을 할 때 또는 아래로 운동을 할 때 공에 작용하는 중력의 방향은 항상 지구 중심(아래) 방향이다.

07 ㄷ. 공의 운동 방향을 반대로 하더라도 공의 운동 방향에 대해 반대 방향으로 마찰력이 작용하므로 공의 속력은 느려진다.

08 ㄱ, ㄷ. 같은 크기의 두 힘이 일직선상에서 반대 방향으로 작용하면, 물체에 작용하는 두 힘의 합력 즉 알짜힘이 0이 되고 힘은 평형을 이룬다.

09 ㄱ. 추가 정지하고 있으므로 추에 작용하는 알짜힘은 0이다.
ㄴ, ㄷ. 실이 추를 당기는 힘의 방향과 추에 작용하는 중력의 방향은 서로 반대이며 그 크기는 같다.

10 물 위에 떠 있는 튜브에 작용하는 두 힘은 부력과 중력이
다. 튜브가 물 위에 정지한 상태로 떠 있으므로 튜브에 작
용하는 부력과 중력은 크기가 같고 방향은 서로 반대이며,
이 두 힘은 힘의 평형을 이룬다.

11 무게가 12 N인 물체를 용수철에 매달았으므로 용수철에는
12 N의 탄성력이 작용한다. 중력과 탄성력은 크기가 서로
같고 방향은 반대이다. 따라서 이 물체에 작용하는 알짜힘
은 0이다.

01 **모범 답안**　(나), 커브길을 도는 자동차의 경우 속력과 운동
방향이 변하고 있으므로 알짜힘이 0이 아니다.
　해설　물체에 작용하는 알짜힘이 0이 아니면 물체의 운동
상태는 변한다.

채점 기준	배점
알짜힘이 0이 아닌 경우와 그 까닭을 모두 옳게 서술한 경우	100 %
알짜힘이 0이 아닌 경우만 옳게 쓴 경우	50 %

02 **모범 답안**　B, 일정한 속력으로 돌고 있으므로 물체의 운동
방향에 수직한 방향으로 힘이 작용한다.
　해설　물체의 운동 방향에 수직한 방향으로 힘이 작용하면
물체의 운동 방향만 변한다.

채점 기준	배점
힘의 방향과 그 까닭을 모두 옳게 서술한 경우	100 %
힘의 방향만 옳게 서술한 경우	50 %

03 **모범 답안**　(가) 속력과 운동 방향이 모두 변한다.
(나) 속력이 점점 빨라지고 운동 방향은 변하지 않는다.
(다) 속력이 점점 느려지고 운동 방향은 변하지 않는다.
(라) 물체의 속력은 변하지 않고 운동 방향만 변한다.
　해설　운동 방향과 나란한 방향으로 힘이 작용하면 물체의
속력만 변하고, 수직 방향으로 힘이 작용하면 물체의 운동
방향만 변한다. 운동 방향과 비스듬한 방향으로 힘이 작용
하면 물체의 속력과 운동 방향이 모두 변한다.

채점 기준	배점
(가) ~ (라)를 모두 옳게 서술한 경우	100 %
(가) ~ (라) 중 3개만 옳게 서술한 경우	75 %
(가) ~ (라) 중 2개만 옳게 서술한 경우	50 %
(가) ~ (라) 중 1개만 옳게 서술한 경우	25 %

04 **모범 답안**　선수의 속력과 운동 방향이 모두 변한다. 선수
의 운동 방향과 중력 방향이 비스듬하기 때문이다.
　해설　활주로를 떠난 직후 공중에 떠서 운동하는 스키점프
선수에게 지구 중심(아래) 방향으로 중력이 작용한다. 선수
의 운동 방향과 비스듬하게 힘이 작용하므로 속력과 운동
방향이 모두 변하는 운동을 한다.

채점 기준	배점
선수의 운동 상태를 쓰고 그 까닭을 옳게 서술한 경우	100 %
선수의 운동 상태만 쓴 경우	50 %

05 **모범 답안**　탄성력과 중력이 같은 크기의 힘으로 서로 반대
방향으로 작용한다.
　해설　중력은 지구 중심(아래) 방향으로 작용하고 용수철의
탄성력은 위로 작용한다.

채점 기준	배점
두 힘의 종류, 크기, 방향을 모두 옳게 서술한 경우	100 %
두 힘의 종류, 크기, 방향 중 두 가지만 옳게 서술한 경우	70 %
두 힘의 종류, 크기, 방향 중 한 가지만 옳게 서술한 경우	30 %

06 **모범 답안**　ⓒ 정지해, 물체에 작용하는 알짜힘이 0이면 물
체의 운동 상태가 변하지 않기 때문에 운동하던 물체는 계
속 운동한다.
　해설　알짜힘이 0이면 물체의 운동 상태는 변하지 않는다.
즉, 정지해 있던 물체는 계속 정지해 있고 운동하던 물체는
속력과 방향이 변하지 않는 운동을 한다.

채점 기준	배점
틀린 표현을 찾고 그 까닭을 옳게 서술한 경우	100 %
틀린 표현만 옳게 찾은 경우	50 %

01 기체의 압력과 부피

핵심 용어 익히기
본문 91, 93쪽

01 압력　　**02** 크다　　**03** 기체의 압력
04 모든, 같은　**05** 대기압　　**06** 감소　　**07** 증가
08 보일　　**09** 일정　　**10** 커진다

기본 다지기
본문 91, 93쪽

01 ㉠ 좁아서 ㉡ 크기　　**02** (1) (가)<(나) (2) (가)<(나)
03 ㉠ 증가 ㉡ 증가 ㉢ 증가　　**04** (1) × (2) × (3) × (4) ○
05 (1) × (2) ○ (3) ○　　**06** (1) ○ (2) × (3) × (4) × (5) ○
(6) ○　　**07** ㉠ 30 ㉡ 4　　**08** (1) A (2) C (3) A (4) C

01 누르는 힘이 같을 때 힘이 작용하는 넓이가 좁을수록 힘이 집중되기 때문에 압력이 더 크다.

02 (1) (가)와 (나)는 스펀지를 누르는 넓이는 같지만 누르는 힘이 (나)가 더 크므로 (나)의 압력이 더 크다.
(2) (가)와 (나)는 스펀지를 누르는 힘이 같지만 스펀지를 누르는 넓이가 (나)가 더 좁으므로 (나)의 압력이 더 크다.

03 고무풍선을 불면 풍선 속에 기체 입자가 많아져 풍선 안의 기압이 풍선 밖보다 커지므로 풍선 안팎의 압력이 같아질 때까지 기압이 높은 안에서 바깥으로 풍선이 커진다.

04 (1) 기체 입자는 모든 방향으로 움직이기 때문에 기체의 압력도 모든 방향으로 작용한다.
(2) 지표면에서 높이 올라갈수록 공기의 양이 적어지기 때문에 대기압이 작아진다.
(3) 지표면에서의 대기압은 보통 약 1 기압이다.
(4) 기체 입자가 용기 벽에 많이 충돌할수록 기체의 압력이 커진다.

05 (1) 물체에 의한 압력을 활용한 예이다.
(2) 공기주머니 속 기체의 압력을 이용하여 상품이 파손되지 않도록 보호한다.
(3) 혈압계의 공기주머니 속 기체의 압력이 팔에 작용하여 혈압을 측정한다.

06 (1) 기체 입자 사이의 거리가 가까워지므로 전체 부피가 작아진다.
(2) 기체 입자의 개수는 변하지 않으므로 전체 질량도 일정하다.
(3) 기체 입자가 주사기 안팎으로 이동할 수 없으므로 기체 입자의 개수는 변하지 않는다.
(4) 온도가 일정하므로 기체 입자의 운동 속도도 변하지 않는다.
(5) 기체 입자의 운동 속도는 일정하지만 기체 입자들이 움직일 수 있는 공간이 줄어들었기 때문에 기체 입자의 충돌 횟수가 늘어난다.
(6) 기체 입자가 움직일 수 있는 공간이 줄어들었기 때문에 기체 입자 사이의 거리가 감소한다.

07 일정한 온도에서 기체에 작용하는 압력과 부피의 곱은 일정하다. 따라서 $1 \times 60 = 2 \times ㉠ = 3 \times 20 = ㉡ \times 15 = 60$이므로 ㉠은 30, ㉡은 4이다.

08 (1) A의 부피는 40 mL, B의 부피는 20 mL, C의 부피는 10 mL이다.
(2) A의 압력은 1 기압, B의 압력은 2 기압, C의 압력은 4 기압이다.
(3) 기체 입자의 개수가 일정하므로 전체 부피가 클수록 입자 사이의 거리가 멀다.
(4) 기체 입자들이 용기 벽면에 충돌하는 횟수가 많을수록 기체의 압력이 크다.

탐구 확인 문제
본문 94쪽

1. (1) ○ (2) × (3) ○ (4) ×　　**2.** ④

1. (1) 실험 결과로부터 피스톤을 누르면 기체의 부피가 줄어들면서 기체의 압력이 커짐을 알 수 있다.
(2) 실험 결과로부터 피스톤을 누르면 기체의 부피가 줄어드는 것을 알 수 있다.
(3) 피스톤을 누르는 동안 기체가 빠져나가지 않았으므로 기체 입자의 개수는 변하지 않는다.
(4) 피스톤을 누르는 동안 기체의 압력이 커지므로 기체 입자의 충돌 횟수가 증가한다.

2. 일정한 온도에서 기체의 압력과 부피의 곱은 일정하다. 1기압×20 L=x 기압×10 L이므로 기체의 부피가 10 L일 때 압력은 2기압이다.

중단원 실력 확인

본문 95~96쪽

01 ②	**02** ⑤	**03** ④	**04** ④	**05** ③	**06** ③
07 ③	**08** ⑤	**09** ④	**10** ①	**11** ①	**12** ②

01 ① 압력은 힘을 넓이로 나누어 구하므로 압력의 단위는 힘의 단위를 넓이의 단위로 나눈 N/m^2를 사용한다.
② 압력은 단위 넓이 당 수직으로 받는 힘의 크기로 정의한다.
③ 압력은 힘의 크기를 힘을 받는 면의 넓이로 나누어 구한다.
④ 힘을 받는 면의 넓이가 같을 때 힘의 크기가 클수록 압력이 크다.
⑤ 힘의 크기가 같을 때 힘을 받는 면의 넓이가 좁을수록 압력이 크다.

02 ㄱ. 스펀지에 작용하는 힘의 크기는 물체의 무게이므로 (가)<(나)=(다)이다. 스펀지를 누르는 면의 넓이는 (가)=(나)>(다)이다. 스펀지가 눌린 깊이는 스펀지에 작용하는 압력에 비례하므로 무게가 같을 때 넓이가 좁을수록 크고, 넓이가 같을 때 무게가 클수록 크다. 따라서 스펀지에 작용하는 압력은 (다)>(나)>(가) 순으로 크다.
ㄴ. (가)와 (나)는 스펀지를 누르는 면의 넓이가 같지만 힘의 크기가 다르므로 힘의 크기와 압력의 관계를 알 수 있다.
ㄷ. (나)와 (다)는 스펀지를 누르는 힘의 크기가 같지만 힘이 작용하는 넓이가 다르므로 힘을 받는 면의 넓이와 압력의 관계를 알 수 있다.

03 압력은 힘의 크기를 힘을 받는 면의 넓이로 나누어 구한다.
① $12/3=4 \ N/m^2$ ② $20/1=20 \ N/m^2$
③ $20/2=10 \ N/m^2$ ④ $30/1=30 \ N/m^2$
⑤ $30/2=15 \ N/m^2$

04 ① 기체는 모든 방향으로 움직이기 때문에 기체에 의해 나타나는 압력도 모든 방향에 같은 크기로 작용한다.
② 기체 입자의 수가 많을수록 용기 벽과 충돌하는 횟수가 많아져서 기체의 압력이 커진다.
③ 기체 입자가 운동하면서 용기 벽에 충돌하기 때문에 단

위 넓이 당 작용하는 힘의 크기인 압력이 작용한다.
④ 기체 입자가 용기 벽에 충돌하는 횟수가 많을수록 기체의 압력이 커진다.
⑤ 부피가 일정한 용기 안에서 기체 입자의 운동이 활발할수록 용기 벽에 충돌하는 횟수가 많아지므로 기체의 압력이 커진다.

05 ① (나)의 기체 입자의 수가 적으므로 압력은 (가)>(나)이다.
② 기체 입자의 개수는 (가)>(나)이다.
③ 기체 입자의 수가 많을수록 충돌을 많이 하므로 (가)>(나)이다.
④ 같은 부피 안에 존재하는 기체 입자의 수가 적을수록 기체 입자 사이의 거리는 멀어지므로 (가)<(나)이다.
⑤ 온도가 변하지 않았으므로 기체 입자의 운동 빠르기는 (가)=(나)이다.

06 ③ 공기주머니가 열의 이동을 차단하여 열손실을 막는 방법이므로 기체의 압력과 관련이 없다.

07 ①, ② 피스톤을 누르면 기체의 부피가 작아지고 기체의 충돌 횟수가 많아지기 때문에 주사기 속 기체의 압력이 커진다.
③ 주사기 속 기체 입자의 개수는 변하지 않는다.
④ 주사기 속 기체의 부피가 작아지므로 기체 입자 사이의 거리는 가까워진다.
⑤ 기체의 압력이 커지는 것으로부터 기체 입자 사이의 충돌 횟수가 많아짐을 알 수 있다.

08 ① 고무풍선에 작용하는 압력이 작아지므로 고무풍선 안과 밖의 압력이 같아질 때까지 고무풍선이 커져서 고무풍선 속 기체의 압력이 작아진다.
② 고무풍선 속 기체 입자들이 안과 밖으로 출입하지 않았으므로 기체 입자의 개수는 변하지 않는다.
③ 온도가 일정하므로 기체 입자의 빠르기는 변하지 않는다.
④ 고무풍선 속 기체의 압력이 작아지므로 기체 입자의 충돌 횟수가 줄어든다.
⑤ 고무풍선이 커지므로 기체 입자 사이의 거리가 멀어진다.

09 높이 올라갈수록 대기압이 작아지고 따라서 풍선에 작용하는 압력이 작아지므로 풍선이 커진다. 압력이 작을수록 부피가 커지고, 압력이 높을수록 부피가 작아지는 그래프는 ④이다.

10 온도가 일정할 때 기체에 작용하는 압력이 4배 커지면 부피는 $\frac{1}{4}$배로 작아진다. 따라서 $120 \times \frac{1}{4}=30 \ mL$이다.

11 일정한 온도에서 기체에 작용하는 압력을 2배로 높이면 기체의 부피가 $\dfrac{1}{2}$배로 줄어든다. 하지만 기체 입자의 개수나 운동 빠르기는 변하지 않는다.

12 ① 비행기가 이륙하면 대기압이 작아지므로 고막 안의 공기가 팽창하여 귀가 먹먹해짐을 느낀다.

② 찌그러진 탁구공 속 공기가 뜨거워지면서 부피가 늘어난다. 이는 기체의 온도와 부피 사이의 관계이므로 샤를 법칙과 관련이 있다.

③ 잠수부가 내뿜은 공기 방울이 수면으로 올라갈수록 공기 방울에 작용하는 수압이 작아지므로 공기 방울의 부피가 커진다.

④ 감압 용기의 공기를 빼면 고무풍선 주변의 압력이 낮아지므로 고무풍선이 팽창한다.

⑤ 높은 곳에서 지상으로 내려오면 대기압이 커지므로 마개를 막아 둔 빈 페트병의 부피가 작아진다.

서술형 준비하기

본문 97쪽

01 모범 답안 A>B, 누르는 힘의 크기는 같지만 A가 B보다 힘이 작용하는 넓이가 좁으므로 압력이 더 크게 작용한다.

해설 압력은 단위 넓이에 작용하는 힘의 크기이다. 따라서 압력은 작용하는 힘의 크기가 클수록, 힘이 작용하는 넓이가 좁을수록 커진다.

채점 기준	배점
압력을 옳게 비교하고, 까닭을 옳게 서술한 경우	100 %
압력만 옳게 비교한 경우	50 %

02 모범 답안 5 N/cm², 무게가 일정할 때 누르는 면의 넓이가 좁을수록 압력이 크기 때문이다.

해설 직육면체는 같은 넓이의 면이 2개씩이므로 구할 수 있는 면의 넓이는 3가지이고, 만들 수 있는 압력의 크기도 3가지이다. $30 \text{ N}/(2 \times 3) \text{ cm}^2 = 5 \text{ N/cm}^2$, $30 \text{ N}/(2 \times 5) \text{ cm}^2 = 3 \text{ N/cm}^2$, $30 \text{ N}/(3 \times 5) \text{cm}^2 = 2 \text{ N/cm}^2$이다.

채점 기준	배점
압력을 옳게 구하고, 까닭을 옳게 서술한 경우	100 %
압력만 옳게 구하거나 까닭만 옳게 서술한 경우	50 %

03 모범 답안 50 mL, 일정한 온도에서 기체에 작용하는 압력을 2배로 크게 하면 부피는 $\dfrac{1}{2}$배로 작아지기 때문이다.

해설 일정한 온도에서 기체의 압력과 부피 사이의 관계는 보일 법칙으로 설명할 수 있다. 온도가 일정할 때 기체의 압력과 부피는 반비례하므로 압력이 2배로 커지면 부피는 $\dfrac{1}{2}$배로 줄어든다.

채점 기준	배점
부피를 옳게 구하고, 까닭을 옳게 서술한 경우	100 %
부피만 옳게 구한 경우	50 %

04 모범 답안 40, 일정한 온도에서 기체의 압력과 부피의 곱은 일정하기 때문이다.

해설 일정한 온도에서 기체의 압력과 부피 사이의 관계는 보일 법칙으로 설명할 수 있다. 온도가 일정할 때 기체의 압력과 부피의 곱은 항상 일정하므로 $1.0 \times 60 = 1.5 \times \text{㉠} = 2.0 \times 30 = 60$이다. 따라서 ㉠은 40이다.

채점 기준	배점
부피를 옳게 구하고, 까닭을 옳게 서술한 경우	100 %
부피만 옳게 구한 경우	50 %

05 모범 답안 감압 용기에서 공기를 뺀다. 그 까닭은 과자 봉지의 부피가 커지려면 과자 봉지에 작용하는 압력이 작아져야 하기 때문이다.

해설 일정한 온도에서 기체에 작용하는 압력이 작을수록 기체의 부피가 커진다. 따라서 과자 봉지 주변의 압력을 낮추기 위해 감압 장치로 과자 봉지 주변의 공기를 빼면 과자 봉지가 부푼다.

채점 기준	배점
방법과 까닭을 모두 옳게 서술한 경우	100 %
방법 또는 까닭 중 하나만 옳게 서술한 경우	50 %

06 모범 답안 과자 봉지에 작용하는 대기압(압력)이 커졌기 때문이다.

해설 지표면으로 내려올수록 대기압이 커지므로 기체에 작용하는 압력이 커져 기체의 부피가 작아진다.

채점 기준	배점
까닭을 옳게 서술한 경우	100 %

02 기체의 온도와 부피

핵심 용어 익히기
본문 99쪽

01 증가　　**02** 감소　　**03** 샤를　　**04** 뜨거운

기본 다지기
본문 99쪽

01 (1) × (2) × (3) × (4) ○ (5) ×　　**02** (1) < (2) < (3) <
(4) <　　**03** (1) 샤를 (2) 보일 (3) 보일 (4) 샤를 (5) 보일 (6) 샤를
(7) 샤를 (8) 보일 (9) 샤를 ⑽ 보일

01 (1) 기체의 온도가 높아지면 부피가 커진다.
(2), (3) 가열하는 동안 기체 입자의 수는 변하지 않으므로
기체의 질량은 변하지 않는다.
(4) 기체의 온도가 높아지면 기체 입자의 운동 속도가 빨라
진다.
(5) 기체의 부피가 커지므로 기체 입자 사이의 거리가 멀어
진다.

02 기체의 온도가 높을수록 기체 입자의 운동이 활발해지며
기체 입자 사이의 거리가 멀어져서 기체의 부피가 증가한다.

03 (1) 고무풍선 속 공기가 따뜻해지면 고무풍선의 부피가 커진다.
(2) 높은 산에 올라가면 대기압이 작아지므로 과자 봉지의
부피가 커진다.
(3) 비행기가 높이 올라가면 대기압이 작아지므로 귓속의 공
기 부피가 커지면서 고막을 밀어낸다.
(4) 빈 페트병 속 공기가 차가워지면서 페트병의 부피가 작
아진다.
(5) 하늘 높이 올라갈수록 대기압이 작아지므로 헬륨 풍선의
부피가 커진다.
(6) 열기구 속 공기가 따뜻해지면 공기의 부피가 커지면서
일부의 공기가 열기구 밖으로 빠져 나와 열기구가 가벼워지
므로 떠오른다.
(7) 탁구공 속 공기가 따뜻해지므로 탁구공 속 공기의 부피
가 커지면서 찌그러졌던 부분이 펴진다.
(8) 공기 방울이 수면으로 올라갈수록 수압이 작아져 공기

방울의 부피가 커진다.
(9) 고무풍선 속 공기가 차가워져서 고무풍선의 부피가 작아
진다.
⑽ 고무풍선 주변의 기압이 낮아져 고무풍선의 부피가 커진다.

탐구 확인 문제
본문 100쪽

1. (1) ○ (2) ○ (3) × (4) ×　　**2.** 작아진다, 감소, 증가

1. (1) 실험 결과로부터 온도가 낮아질수록 기체의 부피가 작
아짐을 확인할 수 있다.
(2) 잉크가 아래로 내려오는 것으로부터 기체의 부피가 작
아짐을 알 수 있다.
(3) 잉크로 막혀서 공기가 안팎으로 출입할 수 없으므로 기
체 입자의 수는 변하지 않는다.
(4) 온도가 낮아질수록 기체 입자의 운동이 느려진다.

2. 실험 결과로부터 압력이 일정할 때 온도가 낮아질수록 부
피가 일정하게 감소하고, 온도가 높아질수록 부피가 일정
하게 증가함을 알 수 있다.

중단원 실력 확인
본문 101쪽

01 ③　　**02** ③　　**03** ⑤　　**04** ④

01 온도가 높을수록 기체 입자의 운동이 활발하여 기체 입자
사이의 거리가 멀어지므로 기체의 부피가 커진다.

02 뜨거운 물에 탁구공을 담그면 탁구공 속 기체의 온도가 올
라가면서 기체 입자의 운동이 빨라지고 기체 입자 사이의
거리가 멀어지면서 기체의 부피가 증가하여 찌그러진 탁구
공이 펴진다.
③ 탁구공 속 기체 입자의 개수는 변하지 않는다.

03 삼각 플라스크를 가열하면 플라스크 속 기체의 온도가 높
아지면서 기체 입자의 운동 속도가 빨라지므로 화살표의
길이를 길게 표현해야 한다. 또한 기체 입자 사이의 거리가
멀어지면서 기체의 부피가 커지므로 풍선이 커질 것이다.

그러나 플라스크 안팎으로 기체가 출입하지 않으므로 기체 입자의 개수는 일정하다.

04 그래프를 통해 기체의 온도가 높아질수록 부피가 일정한 비율로 커지는 관계를 알 수 있고, 이를 샤를 법칙이라고 한다.
① 높은 산에 올라가면 대기압이 작아져 과자 봉지의 부피가 커지는데 이는 보일 법칙과 관련있는 현상이다.
② 비행기가 높이 이륙하면 대기압이 작아져 귓속 공기의 부피가 커져 고막을 밀어내어 귀가 먹먹해지는데 이는 보일 법칙과 관련있는 현상이다.
③ 고무풍선에 공기를 넣으면 기체 입자의 수가 많아져 고무풍선이 커진다.
④ 뚜껑을 닫은 빈 페트병을 냉장고에 넣으면 페트병 속 공기의 온도가 내려가 페트병의 부피가 작아지므로 페트병이 찌그러지는데 이는 샤를 법칙과 관련있는 현상이다.
⑤ 주사기의 피스톤을 누르면 주사기 속 기체에 작용하는 압력이 커지므로 기체의 부피가 작아지는데 이는 보일 법칙과 관련있는 현상이다.

서술형 준비하기
본문 101쪽

01 **모범 답안** A, 플라스크 속 기체의 온도가 높아지면서 기체의 부피가 증가하기 때문이다.
해설 둥근 바닥 플라스크를 손으로 감싸면 체온에 의해 플라스크 속 기체의 온도가 높아진다. 기체의 온도가 높아지면 기체 입자의 운동이 활발해지면서 기체 입자 사이의 거리가 멀어져 기체의 부피가 커진다. 따라서 잉크 방울이 바깥 방향으로 밀린다.

채점 기준	배점
잉크 방울이 움직이는 방향과 까닭을 모두 옳게 서술한 경우	100 %
잉크 방울이 움직이는 방향만 옳게 서술한 경우	50 %

02 **모범 답안** 국솥 안에 있던 공기의 온도가 높아지면서 공기의 부피가 커지기 때문이다.
해설 국솥을 가열하면 국솥 안에 있던 기체의 온도가 높아져 기체 입자의 운동이 활발해지고 기체 입자 사이의 거리가 멀어지면서 기체의 부피가 커지므로 뚜껑을 쉽게 열 수 있다.

채점 기준	배점
까닭을 옳게 서술한 경우	100 %

Ⅶ. 태양계

01 태양계의 구성

핵심 용어 익히기
본문 103, 105쪽

01 태양계　**02** 행성　**03** 금성　**04** 수소
05 지구형　**06** 목성형　**07** 광구　**08** 흑점
09 채층　**10** 코로나　**11** 홍염, 플레어　**12** 홍염

기본 다지기
본문 103, 105쪽

01 (1) × (2) × (3) ○ (4) ○　　**02** (1) ⑩ (2) ⓒ (3) ⑦ (4) ⓔ (5) ⓛ　　**03** (1) 목 (2) 목 (3) 지 (4) 지　　**04** 천왕성
05 ㄷ, ㄹ　　**06** (1) ③, ⓛ (2) ①, ⑦ (3) ②, ⓒ　　**07** 홍염
08 (1) × (2) ○ (3) × (4) ○

01 (1) 수성과 목성은 태양계 행성이며, 달은 지구의 위성이다.
(2) 혜성은 태양 근처를 지나가게 되면 태양의 반대 방향으로 꼬리가 발달한다.
(3) 태양계 내에서 유일하게 스스로 빛을 내는 천체는 태양이다.
(4) 태양계는 태양과 태양의 영향을 받는 천체인 행성, 왜소행성, 소행성, 혜성, 위성, 유성, 운석 등으로 이루어진다.

02 (1) 수성은 행성 중 가장 작으며, 대기가 거의 없어 표면에 많은 운석 구덩이가 있다.
(2) 화성은 토양에 산화 철이 포함되어 있어 붉은색으로 보인다. 화성 표면에는 물이 흐른 흔적이 있고, 극지방에 극관이 존재한다.
(3) 목성은 표면에 가로줄 무늬와 대기의 소용돌이인 대적점이 있다.
(4) 토성은 물보다 평균 밀도가 작고, 얼음 알갱이와 암석으로 이루어진 크고 뚜렷한 고리가 있다.
(5) 해왕성은 태양계의 가장 바깥에 위치하며, 대기의 소용돌이인 대흑점이 있다.

03 (1) 목성형 행성은 크기와 질량이 크다.
(2) 목성형 행성에는 목성, 토성, 천왕성, 해왕성이 있다.
(3) 지구형 행성은 평균 밀도가 크고, 암석으로 된 단단한 표면을 가진다.

(4) 지구형 행성은 위성이 없거나 적고, 고리를 가지고 있지 않다.

04 천왕성은 희미한 고리와 많은 수의 위성을 가지고 있으며, 자전축이 거의 누워 있는 형태로 자전을 한다. 또, 주로 수소, 헬륨, 메테인으로 되어 있으며, 청록색으로 보인다.

05 태양의 표면인 광구에서는 쌀알 무늬와 흑점을, 대기에서는 채층, 코로나, 홍염, 플레어를 관측할 수 있다.

06 그림 ㉠은 코로나, ㉡은 채층, ㉢은 플레어이다.
(1) 채층은 광구 바로 위의 얇고 붉은 대기층으로 광구보다 온도가 높다.
(2) 코로나는 채층 바깥으로 수백만 km까지 퍼져 있는 청백색의 대기층이다.
(3) 플레어는 흑점 부근에서 일어나는 강한 폭발 현상으로, 이때 태양 내부에서 매우 많은 물질과 에너지가 방출된다.

07 홍염은 광구에서 고온의 물질이 대기로 솟아오르는 현상으로, 불꽃이나 고리 등 다양한 모양으로 나타난다.

08 (1) 흑점의 수는 11 년을 주기로 증가와 감소를 반복하는데, 태양의 활동이 활발한 시기에 흑점 수는 많아진다.
(2) 태양의 활동이 활발한 시기에는 흑점 근처에서 홍염과 플레어가 자주 나타난다.
(3) 태양의 활동이 활발한 시기에는 코로나의 크기가 평소보다 커지고, 태양풍이 강해져 평소보다 많은 에너지와 물질이 우주로 방출된다.
(4) 태양의 활동이 활발한 시기에는 인공위성이 궤도를 이탈하거나 부품이 고장 나는 현상이 나타나기도 한다.

1. 수성, 금성, 화성　　　　**2.** 토성, 천왕성, 해왕성
3. ㄴ, ㄷ

1. 지구와 물리적 특성이 비슷한 행성은 지구형 행성이다. 수성, 금성, 지구, 화성이 지구형 행성에 속한다.

2. 목성과 물리적 특성이 비슷한 행성은 목성형 행성이다. 목성, 토성, 천왕성, 해왕성이 목성형 행성에 속한다.

3. 목성형 행성들은 반지름과 질량이 비교적 크고, 평균 밀도가 비교적 작다. 또, 고리가 있으며 위성의 수가 많다.

01 ①	**02** ④	**03** ③	**04** 화성	**05** ①	**06** ④
07 ③	**08** ⑤	**09** 채층	**10** ③	**11** ②	**12** ③

01 ① 태양계 행성 중 수성과 금성은 위성을 가지고 있지 않다.

02 그림은 목성을 나타낸 것이다. 목성은 태양계 행성 중 가장 크고, 주로 수소와 헬륨으로 이루어져 있다.
ㄴ. 두꺼운 이산화 탄소 대기가 있는 행성은 금성이다.

03 (가)는 지구형 행성, (나)는 목성형 행성이다.
① (가)는 (나)보다 질량이 작다.
② (나)는 고리를 가지고 있다.
④ (가)는 위성이 없거나 그 수가 적다.
⑤ 주로 수소와 헬륨으로 이루어진 행성은 (나)이다.

04 화성은 토양에 산화 철이 포함되어 붉은색을 띠고 표면에 물이 흐른 흔적이 존재한다. 화성의 극지방에는 극관이 있으며, 대기가 있지만 매우 희박하다.

05 A는 평균 밀도가 작고 질량이 큰 목성형 행성, B는 평균 밀도가 크고 질량이 작은 지구형 행성이다.
ㄱ. A는 목성형 행성이므로, 위성 수가 많다.
ㄴ. 지구형 행성 중 가장 크기가 큰 것은 지구이다.
ㄷ. 주로 기체로 이루어진 행성은 목성형 행성이다.

06 A는 수성, B는 화성, C는 토성이다.
① A는 지구형 행성으로 고리가 없다.
② A와 B는 반지름과 질량이 작고, 평균 밀도가 크며, 위성 수가 없거나 적기 때문에 지구형 행성이다.
③ 표면 온도가 매우 높은 행성은 금성이다. 금성은 두꺼운 이산화 탄소 대기로 인해 표면 온도가 매우 높다.
④ C는 평균 밀도가 물의 평균 밀도(1 g/cm^3)보다 작은 토성이다. 토성은 얼음 알갱이와 암석으로 이루어진 크고 뚜렷한 고리를 가지고 있다.

⑤ C는 목성형 행성이며, 기체로 이루어져 있어 단단한 표면이 없다.

07 ① 흑점은 주변보다 온도가 낮아 어둡게 보인다.
② A는 어두운 부분이므로 흑점, B는 쌀알 무늬이다.
③ 흑점과 쌀알 무늬는 태양의 표면에서 관측할 수 있으므로, 태양의 표면이 완전히 가려지는 개기일식 때는 관측할 수 없다.
④ 태양의 활동이 활발한 시기에 흑점의 수는 증가한다.
⑤ 흑점의 수는 11년을 주기로 증가와 감소를 반복한다.

08 (가)는 코로나, (나)는 홍염이다.
ㄱ. 광구 바로 위의 얇은 대기층은 채층이다. 코로나는 채층 바깥으로 수백만 km까지 퍼져 있는 청백색의 대기층이다.
ㄴ. 코로나의 크기는 태양의 활동이 활발한 시기에 커진다.
ㄷ. 홍염은 태양의 대기에서 관측할 수 있다.
ㄹ. 태양의 활동이 활발한 시기에 흑점 수가 많아지며 홍염이 자주 나타난다.

09 채층은 광구 바로 위에 있는 붉은색의 대기층이다. 평소에는 광구의 빛이 강하여 관측이 어렵지만, 개기일식으로 광구의 강한 빛이 가려지면 관측할 수 있다.

10 ① 흑점은 주변보다 온도가 낮다.
② 태양의 표면인 광구에서 흑점과 쌀알 무늬가 나타난다.
③ 채층의 바깥쪽으로 코로나가 나타난다.
④ 홍염과 플레어는 태양의 대기에서 관측할 수 있는 현상이다.
⑤ 태양의 자전으로 인해 흑점의 위치가 변한다.

11 ② 태양의 활동이 활발한 시기에 코로나의 크기는 커진다.

12 ㄱ. A 시기는 흑점 수가 많은 시기이므로, 태양의 활동이 활발한 시기이다.
ㄴ. 태양의 활동이 활발한 시기에는 지구에서 무선 통신이 끊기는 현상이 나타나기도 한다.
ㄷ. 태양의 활동이 활발한 시기에는 태양 표면에서 방출되는 전기를 띤 입자의 흐름이 증가한다.

01 **모범 답안** (가)는 수성, (나)는 화성, (다)는 토성, (라)는 목성이므로 태양에서부터 가까운 것부터 순서대로 나열하면 (가), (나), (라), (다)이다.
해설 태양을 중심으로 수성, 금성, 지구, 화성, 목성, 토성, 천왕성, 해왕성의 순으로 8개의 행성이 태양 주변을 공전하고 있다.

채점 기준	배점
(가)~(라) 행성의 이름을 모두 옳게 서술하고, (가)~(라)를 태양에서부터 가까운 것부터 순서대로 옳게 나열한 경우	100 %
(가)~(라)를 태양에서부터 가까운 것부터 순서대로 옳게 나열만 한 경우	50 %

02 **모범 답안** 질량은 (나)가 (가)보다 크고, 평균 밀도는 (가)가 (나)보다 크다.
해설 (가)는 지구형 행성, (나)는 목성형 행성이다. 지구형 행성은 질량은 작고 평균 밀도는 크다. 목성형 행성은 질량은 크고 평균 밀도는 작다.

채점 기준	배점
질량과 평균 밀도를 모두 옳게 비교한 경우	100 %
질량과 평균 밀도 중 하나만 옳게 비교한 경우	50 %

03 **모범 답안** B, (나)는 목성형 행성인 토성이며, (가)의 B가 목성형 행성이므로 (나)는 B에 속한다.
해설 (가)에서 A는 반지름과 질량이 모두 작으므로 지구형 행성, B는 반지름과 질량이 모두 크므로 목성형 행성이다. (나)는 목성형 행성에 속하는 토성이므로, (나)는 B에 속한다.

채점 기준	배점
(나)가 (가)의 B에 속하는 것과 까닭을 모두 옳게 서술한 경우	100 %
(나)가 (가)의 B에 속하는 것만 서술한 경우	50 %
(가)의 B가 목성형 행성인 것만 서술한 경우	20 %

04 **모범 답안** A는 흑점이며, 주변보다 온도가 낮아 어둡게 보인다.

해설 A는 흑점을 나타낸 것이다. 흑점은 주변보다 온도가 2000 ℃ 정도 낮아 어둡게 보인다.

채점 기준	배점
A가 주변보다 온도가 낮아서 어둡게 보인다고 서술한 경우	100 %
A가 온도가 낮아서 어둡게 보인다고 서술한 경우	50 %

05 모범 답안 채층과 코로나, 개기일식 때는 태양의 표면이 가려지므로, 태양의 대기인 채층과 코로나를 관측할 수 있다.

해설 평소에는 밝은 광구 때문에 태양의 대기를 관측하기 어렵지만, 태양의 표면이 달에 의해 완전히 가려지는 개기일식 때는 태양의 대기를 관측할 수 있다. 채층과 코로나는 태양의 대기에 해당하며, 쌀알 무늬와 흑점은 태양의 표면인 광구에서 관측할 수 있다.

채점 기준	배점
개기일식 때 관측할 수 있는 현상과 까닭을 모두 옳게 서술한 경우	100 %
개기일식 때 관측할 수 있는 현상만 모두 옳게 서술한 경우	50 %
개기일식 때 태양의 대기를 관측할 수 있다고 서술한 경우	20 %

06 모범 답안 태양 활동이 활발한 시기이므로 흑점 수는 증가한다.

해설 그림은 플레어를 나타낸 것이다. 태양의 활동이 활발한 시기에 플레어가 자주 관측되고, 흑점 수는 증가한다.

채점 기준	배점
흑점 수의 변화와 까닭을 모두 옳게 서술한 경우	100 %
흑점 수의 변화만 옳게 서술한 경우	50 %

02 지구와 달

핵심 용어 익히기

본문 111, 113, 115쪽

01 자전 **02** 일주 **03** 겉보기 **04** 공전
05 연주 **06** 황도 **07** 위상 **08** 삭
09 망 **10** 상현, 하현 **11** 일식 **12** 월식
13 천체 망원경 **14** 대물렌즈, 접안렌즈
15 경통, 가대 **16** 경통 **17** 저

기본 다지기

본문 111, 113, 115쪽

01 (1) ○ (2) × (3) × **02** (1) ㉠ (2) ㉢ (3) ㉣ (4) ㉡
03 ㄴ, ㄷ **04** 태양의 연주 운동, 계절에 따른 별자리의 변화
05 (1) 공전 (2) ㉠ 물병자리 ㉡ 사자자리
06 (1) × (2) ○ (3) ○ (4) × **07** (1) ㉢ (2) ㉡ (3) ㉣ (4) ㉠
08 (1) 일식 (2) 오른쪽 (3) 삭 **09** (1) C (2) B
10 (1) ㄷ (2) ㄱ (3) ㅁ (4) ㄹ (5) ㄴ **11** (1) ㉤ (2) ㉣ (3) ㉡
(4) ㉠ (5) ㉢ **12** ㄹ, ㄴ, ㄱ, ㄷ **13** (1) ○ (2) × (3) ×

01 (1) 지구는 자전축을 중심으로 서쪽에서 동쪽으로 하루에 한 바퀴씩 자전한다.
(2) 별의 일주 운동 속도는 1시간에 15°이다.
(3) 지구의 자전 방향과 별의 일주 운동 방향은 반대이다.

02 (1) 동쪽 하늘: 지평선으로부터 별이 비스듬히 뜨는 모습으로 일주 운동을 한다.
(2) 남쪽 하늘: 별이 지표면과 나란하게 동쪽에서 서쪽으로 움직인다.
(3) 북쪽 하늘: 북극성을 중심으로 별이 동심원을 그리며 시계 반대 방향으로 회전한다.
(4) 서쪽 하늘: 지평선으로부터 별이 비스듬히 지는 모습으로 일주 운동을 한다.

03 ㄱ. 지구의 공전 속도는 약 1°/일이다.
ㄹ. 별의 일주 운동은 지구의 자전 때문에 나타나는 현상이다.

04 지구의 공전으로 인해서 태양이 별자리 사이를 움직이는 겉보기 운동을 하는데 이를 태양의 연주 운동이라고 한다.

태양이 연주 운동을 할 때, 태양 근처에 있는 별자리는 보기 어렵지만, 태양 반대쪽에 있는 별자리는 한밤중에 남쪽 하늘에서 관측할 수 있다. 따라서 계절에 따라 관측되는 별자리가 달라진다.

05 (1) 매달 관측되는 별자리가 달라지는 까닭은 지구가 공전하기 때문이다.
(2) 지구가 A에 위치할 때 태양은 물병자리 부근에 있다. 한밤중에는 태양의 반대쪽에 있는 별자리인 사자자리가 보인다.

06 (1) 달이 지구 주위를 공전하면서 태양, 지구, 달의 상대적인 위치가 변함에 따라 달의 위상이 달라지게 된다.
(2) 달은 지구를 중심으로 약 한 달에 한 바퀴씩 서쪽에서 동쪽으로 공전한다.
(3) 매일 같은 시각에 달을 관측하면 달의 위치가 조금씩 서쪽에서 동쪽으로 이동한다.
(4) 달이 태양과 같은 방향에 있으면 빛을 받는 달의 밝은 면은 지구에서 보이지 않는다.

07 A에서는 태양－지구－달이 직각을 이루어 오른쪽 반원이 밝게 보이는 상현달이 관측된다. B에서는 햇빛을 받는 밝은 면 전체가 둥글게 보이는 보름달이 관측된다. C에서는 태양－지구－달이 직각을 이루어 왼쪽 반원이 밝게 보이는 하현달이 관측된다. D에서는 달이 태양과 같은 방향에 있어 달의 모습이 보이지 않는다.

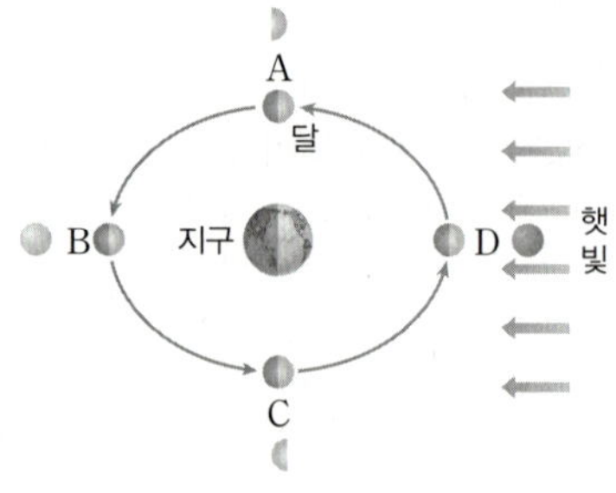

08 (1) 일식은 달이 태양을 가려 태양의 전체 또는 일부가 보이지 않는 현상이다.
(2) 북반구에서는 일식이 일어날 때, 태양의 오른쪽 부분이 먼저 가려진다.
(3) 일식은 달이 삭의 위치에 와서 태양－달－지구의 순서로 일직선을 이룰 때 일어난다.

09 (1) 부분월식은 달의 일부가 지구의 그림자에 가려질 때 일어나므로 C에서 일어난다.

(2) 개기월식은 달 전체가 지구의 그림자에 가려질 때 일어나므로 B에서 일어난다.

10

11 (1) 가대는 경통과 삼각대를 연결하고 지지해 준다.
(2) 경통은 대물렌즈와 접안렌즈를 연결해 준다.
(3) 대물렌즈는 천체에서 오는 빛을 모아 주는 역할을 한다.
(4) 접안렌즈는 눈을 대고 관찰하는 부분으로, 상을 확대해 준다.
(5) 보조 망원경은 관측할 천체를 찾을 때 사용한다.

12 천체 망원경은 아래에서부터 위로 균형을 맞춰 가며 조립한다.

13 (1) 천체 망원경은 주위가 트여 있고, 빛이 적은 곳에 설치해야 한다.
(2) 천체를 관측할 때는 먼저 넓은 범위를 볼 수 있는 저배율로 관찰하고 필요하면 배율을 높인다.
(3) 천체를 관측할 때는 보조 망원경의 십자선 중앙에 천체가 오도록 한 뒤에 접안렌즈로 초점을 맞추고 관측한다.

탐구 확인 문제　　　　　본문 116쪽

1. ㄱ, ㄴ　　**2.** 상현달　　**3.** ⑤

1. ㄴ. 실험에서 전등은 태양, 스타이로폼 공은 달, 스마트폰을 든 학생은 지구에 해당한다.
ㄷ. 달이 공전하기 때문에 달의 위상이 달라지게 된다.

2. 스타이로폼 공이 (나) 위치에 오면 오른쪽 반원이 밝게 보이게 되는데, 이는 상현달에 해당한다.

3. ① 달은 스스로 빛을 내지 못하고, 태양 빛을 반사한 부분만 밝게 보인다.

②, ⑤ 달이 공전하면서 태양, 지구, 달의 위치가 변하기 때문에 지구에서 보는 달의 위상은 달라진다.
③ 지구에서 보는 달의 밝게 보이는 부분은 변한다.
④ 달의 위상은 상현달 – 보름달 – 하현달 순으로 변한다.

01 ③　　**02** ①　　**03** ⑤　　**04** ④　　**05** ㄱ, ㄴ, ㅁ
06 ②　　**07** ③　　**08** ㄱ, ㄷ　**09** ①　　**10** ③
11 B, 경통　　　　**12** ④

01 태양이 동쪽에서 떠서 서쪽으로 지고, 별의 일주 운동이 나타나는 까닭은 지구가 자전하기 때문이다.

02 ㄱ. 별의 일주 운동 속도는 1 시간에 15° 이므로 2 시간 동안 움직인 각도는 30°이다.
ㄴ, ㄷ. 우리나라의 북쪽 하늘에서 별의 일주 운동을 관측하면 북극성을 중심으로 별이 동심원을 그리며 시계 반대 방향으로 회전하는 모습으로 나타난다.
ㄹ. 북쪽 하늘에서 별들은 시계 반대 방향으로 회전하기 때문에 A → B로 움직인다.

03 ⑤ 태양의 연주 운동 방향과 지구의 공전 방향은 모두 서 → 동이다.

04 ① 별자리는 하루에 약 1°씩 움직인다.
② 별자리는 태양을 기준으로 동쪽에서 서쪽으로 연주 운동하므로 관측 순서는 (나) → (다) → (가)이다.
③ 지구가 공전하기 때문에 나타나는 현상이다.
⑤ 별자리는 태양을 기준으로 동쪽에서 서쪽으로 연주 운동한다.

05 지구의 공전, 지구의 자전, 달의 공전, 태양의 연주 운동 방향은 모두 서 → 동이다. 별의 일주 운동과 태양의 일주 운동 방향은 동 → 서이다.

06 A 위치에서는 태양 – 지구 – 달이 직각을 이루어 오른쪽 반원이 밝게 보인다.

07 (가)는 상현달, (나)는 초승달, (다)는 보름달이다.
① (가)의 위상은 상현달이다.
② 음력 7~8일경에는 상현달을 관측할 수 있다.
③ 보름달일 때 태양 – 지구 – 달의 순서로 천체가 배열되므로 태양과 달 사이의 거리가 가장 멀다.
④ 달의 위상은 (나) → (가) → (다)의 순으로 변한다.
⑤ 달의 위상이 (다)일 때, 달은 태양과 반대 방향에 있다.

08 ㄱ. 실험에서 전등은 태양, 스타이로폼 공은 달, 스마트폰을 든 학생은 지구에 해당한다.
ㄴ. (가)~(라)는 달의 공전 경로를 나타낸 것이다.
ㄷ. 달이 공전하면서 태양, 지구, 달의 상대적인 위치가 변하기 때문에 달의 위상은 변하게 된다.

09 ① 월식은 달이 망의 위치에 와서 태양 – 지구 – 달의 순서로 일직선을 이룰 때 일어난다.

10 ① 달이 A에 위치할 때 달의 일부가 지구의 그림자에 가려지는 부분월식이 일어난다.
② 달이 C에 위치할 때 달이 지구의 그림자에 가려지지 않았으므로 월식은 일어나지 않는다.
③, ④ 달이 B에 위치할 때 달 전체가 지구의 그림자에 가려져 붉게 보이는 개기월식이 일어난다.
⑤ 이날 지구에서는 밤에 보름달을 관측할 수 있다.

11 대물렌즈와 접안렌즈를 연결해 주는 역할을 하는 부분은 경통이다.

12 ① 태양을 접안렌즈로 직접 관측하면 매우 위험하다.
② 가대를 고정하고 균형추를 매단 뒤에 경통을 올려 고정한다.
③ 천체 망원경은 주위가 탁 트여 있는 곳에 설치한다.
⑤ 관측할 천체는 보조 망원경으로 찾은 뒤, 접안렌즈로 관측한다.

01 모범 답안 북쪽 하늘에서 별의 일주 운동 방향은 북극성을 중심으로 시계 반대 방향이며, 일주 운동 속도는 15°/시간이다. 따라서 별 A는 6 시간 뒤에 현재 위치에서 시계 반대 방향으로 90°만큼 이동한 위치에 있다.

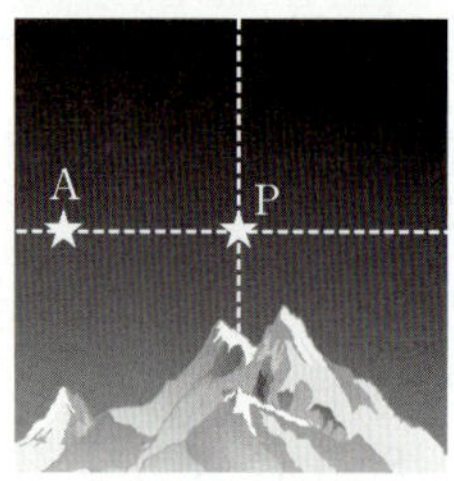

해설 북쪽 하늘에서는 별이 북극성을 중심으로 동심원을 그리며 시계 반대 방향으로 회전하는 일주 운동을 한다.

채점 기준	배점
별의 위치를 옳게 표시하고, 별의 일주 운동의 방향과 속도를 모두 옳게 서술한 경우	100 %
별의 위치를 옳게 표시하고, 별의 일주 운동의 방향과 속도 중 하나만 옳게 서술한 경우	50 %
별의 위치만 옳게 표시한 경우	20 %

02 모범 답안 지구가 태양 주위를 공전하기 때문이다.
해설 지구의 공전으로 태양이 별자리 사이를 움직이는 것처럼 보인다.

채점 기준	배점
지구가 태양 주위를 공전한다고 서술한 경우	100 %
지구가 운동한다고 서술한 경우	50 %

03 모범 답안 황소자리, 지구에서 한밤중에 남쪽 하늘에서 볼 수 있는 별자리는 태양 반대쪽에 있는 별자리이다.
해설 지구가 A에 있으면 밤에 태양 반대쪽에 있는 물병자리가 보인다. 공전 방향을 볼 때 3 개월 뒤에 한밤중에 남쪽 하늘에서 볼 수 있는 별자리는 태양 반대쪽에 있는 황소자리이다.

채점 기준	배점
별자리를 고르고, 까닭을 옳게 서술한 경우	100 %
별자리는 고르지 못하고, 까닭만 옳게 서술한 경우	50 %
별자리만 옳게 고른 경우	20 %

04 모범 답안 A, (가) 현상은 개기일식으로, 달에 의해 태양 전체가 가려지는 위치인 A에서 관측이 가능하다.
해설 개기일식은 태양이 달에 완전히 가려지는 현상이다. (나)의 A에서는 태양 빛이 모두 차단되어 달이 태양 전체를 가리는 개기일식을 관측할 수 있고, B에서는 태양 빛의 일부가 차단되어 부분일식을 관측할 수 있다.

채점 기준	배점
A를 고르고, 까닭을 옳게 서술한 경우	100 %
A를 고르고, 까닭을 설명하지 못한 경우	50 %

05 모범 답안 B, 월식은 달이 망의 위치에 왔을 때 나타날 수 있다.

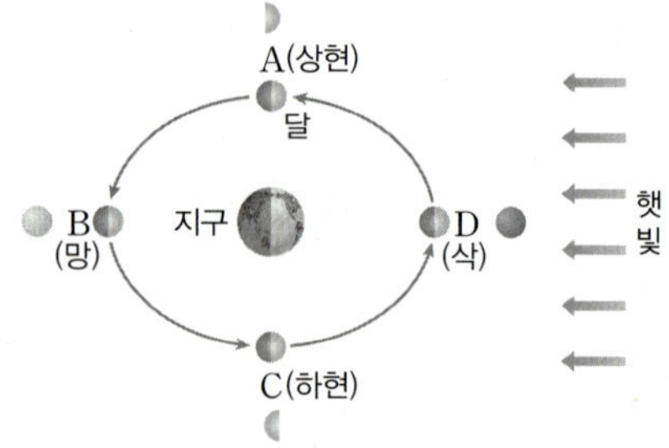

해설 월식은 달이 망의 위치에 와서 태양 – 지구 – 달의 순서로 일직선을 이룰 때 일어난다.

채점 기준	배점
B를 고르고, 까닭을 옳게 서술한 경우	100 %
B를 고르지 못하고, 까닭만 옳게 서술한 경우	50 %
B를 고르고, 까닭을 설명하지 못한 경우	20 %

06 모범 답안 균형추, 천체 망원경의 경통부와 무게 균형을 맞추는 역할을 한다.
해설 균형추는 경통이 가대에서 안정적으로 움직일 수 있도록 균형을 잡아주는 역할을 한다.

채점 기준	배점
A의 이름과 역할을 모두 옳게 서술한 경우	100 %
A의 이름 또는 역할 중 하나만 옳게 서술한 경우	50 %

EBS

중학 신입생 예비과정

과학